高等职业教育
智能制造专业群
“德技并修 工学结合”
系列教材

单片机应用项目化教程

主　编　王　宇　乔　倩
副主编　成　祺　燕秀秀　闫峥嵘
参　编　刘艳华　王晓丽　郑剑海
主　审　孔　红

INTELLIGENT MANUFACTURING

中国教育出版传媒集团
高等教育出版社·北京

内容提要

本书是职业教育国家在线精品课程“单片机应用技术”的配套教材。

全书共7个项目，每个项目均包含两个任务，构建以项目为载体、任务为驱动、能力培养为主线的体系结构，按照由浅入深、循序渐进的方式分别介绍单片机及其开发软件、单片机最小系统、单片机输入/输出系统、单片机中断控制系统、单片机定时/计数器系统、单片机串行通信系统、单片机综合应用等内容，将相关知识点和技能点的学习贯穿于每个任务中，并系统融入思政元素，最终使学习者获得综合素质的提升。

本书配套提供丰富的数字化教学资源，包括微课、动画、教学课件、拓展阅读材料、课程标准等，除通过扫描书中二维码观看视频资源外，也可以访问“智慧职教”平台（www.icve.com.cn），通过本书配套的在线开放课程来观看和使用，具体使用方法参见“智慧职教”服务指南。读者也可发送电子邮件至 gzdz@pub.hep.cn 获取部分资源。

本书可作为高职院校装备制造大类、电子与信息大类各专业相关课程的教材，也可作为相关专业选修课教材和业余爱好者的自学用书，还可作为学习者了解单片机行业最新进展和动态、熟悉电子产品设计和实践的参考书。

图书在版编目（CIP）数据

单片机应用项目化教程 / 王宇，乔倩主编. -- 北京：高等教育出版社，2024.4

ISBN 978-7-04-061507-4

Ⅰ. ①单… Ⅱ. ①王… ②乔… Ⅲ. ①单片微型计算机－高等职业教育－教材 Ⅳ. ① TP368.1

中国国家版本馆 CIP 数据核字（2024）第 012735 号

单片机应用项目化教程
DANPIANJI YINGYONG XIANGMUHUA JIAOCHENG

策划编辑 郑期彤　　责任编辑 郑期彤　　封面设计 赵　阳　　版式设计 马　云
责任绘图 于　博　　责任校对 王　雨　　责任印制 刁　毅

出版发行	高等教育出版社	网　　址	http://www.hep.edu.cn
社　　址	北京市西城区德外大街4号		http://www.hep.com.cn
邮政编码	100120	网上订购	http://www.hepmall.com.cn
印　　刷	涿州市京南印刷厂		http://www.hepmall.com
开　　本	787mm×1092mm　1/16		http://www.hepmall.cn
印　　张	18		
字　　数	380千字	版　　次	2024年4月第1版
购书热线	010-58581118	印　　次	2024年4月第1次印刷
咨询电话	400-810-0598	定　　价	49.80元

本书如有缺页、倒页、脱页等质量问题，请到所购图书销售部门联系调换

物 料 号　61507-00

“智慧职教”服务指南

“智慧职教”(www.icve.com.cn)是由高等教育出版社建设和运营的职业教育数字教学资源共建共享平台和在线课程教学服务平台,与教材配套课程相关的部分包括资源库平台、职教云平台和App等。用户通过平台注册,登录即可使用该平台。

● 资源库平台:为学习者提供本教材配套课程及资源的浏览服务。

登录“智慧职教”平台,在首页搜索框中搜索“单片机应用技术”,找到对应作者主持的课程,加入课程参加学习,即可浏览课程资源。

● 职教云平台:帮助任课教师对本教材配套课程进行引用、修改,再发布为个性化课程(SPOC)。

1. 登录职教云平台,在首页单击“新增课程”按钮,根据提示设置要构建的个性化课程的基本信息。

2. 进入课程编辑页面设置教学班级后,在“教学管理”的“教学设计”中“导入”教材配套课程,可根据教学需要进行修改,再发布为个性化课程。

● App:帮助任课教师和学生基于新构建的个性化课程开展线上线下混合式、智能化教与学。

1. 在应用市场搜索“智慧职教icve”App,下载安装。

2. 登录App,任课教师指导学生加入个性化课程,并利用App提供的各类功能,开展课前、课中、课后的教学互动,构建智慧课堂。

“智慧职教”使用帮助及常见问题解答请访问help.icve.com.cn。

前 言

党的二十大报告指出:加快构建新发展格局,着力推动高质量发展;坚持把发展经济的着力点放在实体经济上,推进新型工业化,加快建设制造强国、质量强国、航天强国、交通强国、网络强国、数字中国;实施产业基础再造工程和重大技术装备攻关工程,支持专精特新企业发展,推动制造业高端化、智能化、绿色化发展;教育、科技、人才是全面建设社会主义现代化国家的基础性、战略性支撑;统筹职业教育、高等教育、继续教育协同创新,推进职普融通、产教融合、科教融汇,优化职业教育类型定位;深化教育领域综合改革,加强教材建设和管理,完善学校管理和教育评价体系,健全学校家庭社会育人机制。为了加快推进党的二十大精神进教材、进课堂、进头脑,落实立德树人根本任务,我们瞄准制造业创新目标,结合职业教育发展现状,深化课程教学改革,特组织编写了本书。

单片机技术是现代工业自动化、电子电气、通信及物联网等领域的一项主流技术。单片机作为微型计算机的一个重要分支,凭借着强大的数据处理技术和计算功能,充分应用于智能电子设备中,如智能仪表、实时工控、通信设备、导航系统、家用电器等。

目前,各工科院校中广泛开设单片机应用作为嵌入式系统的入门课程。该课程普遍存在原理难以理解、设计能力难以提高等问题,众多初学者不知道该如何学习单片机。针对此问题,本书制定了一套科学的学习方法和思路,学习者使用本书进行学习及实践,便可轻松学会单片机的相关知识及技能。

本书除讲解简单的实验和编程语法、由浅入深地介绍单片机技术和C语言编程技巧外,更重要的是结合多个任务,以实际工程项目的编程规则来逐步带领大家学习实际开发中的电路设计和编程思路。本书结合编者多年的教学成果,采用新思路、新方法编写而成,更加适合单片机初学者学习。

本书的主要特点如下:

1. 有机融入思政元素,强化综合育人效果

本书在内容编排时注重融入思政育人元素,将解决芯片“卡脖子”问题、高端技术国产化等国家重大战略需求和人才需求融入本书内容,构成“芯系列”拓展阅读材料。同时,本书通过采用多维多元的任务评价模式实现评价的客观性和科学化,强化过程性育人、多方位育人等综合育人效果。

2. 实践为主,理论与实践相结合

现阶段,学习单片机需要真正领会单片机开发技术。本书通过每一个项目的学习,使学习者了解如何去实际操作与编程,从而达到学习和掌握单片机技术的目的。

3. 科学的学习方案，由浅入深，循序渐进

本书介绍的学习流程和传统方法大不相同，传统教材先讲基本原理，然后再举例；本书则是先进行任务分析和模块化讲解剖析，建立起模块化思维，然后再带领学习者去探求其中的奥秘，逐一解决每个知识点的原理，这样更有利于学习者理解书中的示例程序和进行实际的软、硬件联调。

4. 采用项目教学法，使学习者在“做中学，学中做”

本书用 7 个项目分别介绍了 51 单片机的基础知识、单片机最小系统、单片机输入 / 输出系统、单片机中断控制系统、单片机定时 / 计数器系统、单片机串行通信系统及单片机综合应用等内容。项目中涵盖了 51 单片机的重要知识点，各项目之间采用由浅入深、由易到难的顺序进行编排。

5. 针对当今技术需求，讲解热点知识

本书突出对当今热点知识的讲解，把重点放在定时器、中断、串行通信、键盘、温度采集等知识的应用上。例如，项目七中介绍的智能道闸控制系统可实现智能测温功能，结合曾给人类社会造成重大影响的新冠疫情，能使学习者体会到疫情防控的重要性及艰巨性，突出了知识的实际运用。

6. 配套国家级精品课程，满足在线教学需求

“单片机应用技术”在线课程

本书配套在线课程“单片机应用技术”为职业教育国家在线精品课程，接入国家职业教育智慧教育平台，已在“智慧职教 MOOC 学院”平台上线，并持续更新。课程基于真实项目、真实环境、真实工作、真实案例构建“四真教学情境”，将单片机抽象难懂的知识融入寓教于乐的任务实施过程中。采用“精讲理论、虚拟操练、实践提升”的“理、虚、实”一体化教学过程，原理探究奠基础，虚拟仿真固理论，实操训练强技能，“理、虚、实”环环相扣，互相支撑。课程设计“导、学、仿、调、评、研”六个层级，遵循行为导向任务教学，方便教师根据在线教学需求灵活选用。课程页面按项目化分任务布局，能有效引导学生循序渐进地开展线上学习，每个任务都提供视频、文档、PPT、动画、虚拟仿真等丰富的数字资源，可满足不同学习者的个性化学习需求。教师和企业导师在线答疑解惑，师生互动踊跃，教学评价良好。

本书由山西工程职业学院王宇、乔倩担任主编，山西工程职业学院成祺、燕秀秀、闫峥嵘担任副主编，山西工程职业学院刘艳华、王晓丽和北京杰创永恒科技有限公司郑剑海参编。具体分工如下：项目 1 由王宇编写，项目 2 由刘艳华编写，项目 3 由闫峥嵘编写，项目 4 由王晓丽编写，项目 5 由成祺编写，项目 6 由燕秀秀编写，项目 7 由乔倩编写，郑剑海负责项目 3 ～项目 7 各任务相关程序的调试运行及全书“芯系列”拓展阅读材料的编写。全书由王宇、乔倩负责统稿，由山西工程职业学院孔红担任主审。

本书是所有编者多年教学及工作经验的积累和总结，其中如存在疏漏和不足之处，恳请广大读者指正和谅解。

编　者

2024 年 1 月

目 录

项目一

认识单片机

项目导读

本项目从单片机的初步认识入手，介绍单片机的定义，讲解单片机的类型和应用。通过了解其封装形式，使学生对STC89C51单片机有一个总体性的认识。在掌握单片机的数制与码制原理之后，详细介绍单片机开发软件Keil C51和EDA仿真工具软件Proteus的安装与使用。在进行软件安装和使用的过程中，进一步锻炼学生的自主动手操作能力，加深其对单片机原理的认识。

知识目标	1. 了解单片机的定义、分类及发展与应用 2. 掌握进制之间相互转换的方法 3. 掌握 Keil C51 和 Proteus 软件的使用方法
能力目标	1. 能够熟练进行进制转换 2. 能够使用 Keil C51 软件进行工程的建立与编译 3. 能够使用 Proteus 软件进行工程的建立
素养目标	1. 具有自主意识，主动培养自身兴趣，进行深入学习 2. 具有批判性思维和创新能力，勇于探索，敢于创新 3. 掌握正确的认识论和方法论，具有求真务实、开拓进取的精神
教学重点	1. 进制之间的相互转换 2. Keil C51 和 Proteus 软件的使用
教学难点	1. 单片机的初步认识 2. Keil C51 和 Proteus 软件的正确使用
建议学时	8 学时
推荐教学方法	从单片机的简介入手，通过讲解单片机的内外部结构，结合一些真实样例，让学生了解单片机的主体框架。在进行软件安装与调试的过程中，初步熟悉软件的操作
推荐学习方法	勤学勤练、动手操作是学好单片机结构及软件使用的关键，动手完成进制转换，并使用相关软件进行工程新建，通过边做边学获得更好的学习效果

任务 1.1　初识单片机

课前准备

教师活动：利用线上教学平台提前下发单片机相关资料，使学生能够对单片机有初步了解，通过课前测验了解学生学情，及时调整教学策略。

学生活动：通过线上教学平台对初识单片机任务进行学习，并在平台中积极互动交流，进行头脑风暴，激发探究热情，为课堂的深入学习打好基础。

知识回顾

回顾线上教学平台中给出的知识要点，通过预习了解本任务的重点、难点，使课堂学习更加游刃有余。本任务就是初识单片机。

任务描述

初步认识单片机，单片机内部的数据总线宽度决定单片机的字长，市场上常见到 8 位、16 位、32 位字长的单片机，不同字长单片机的应用场合不同。

本任务要求对单片机有一个基础性的认识，在学习进制转换后，了解单片机的特点，掌握数制与码制对数据的处理方法。

知识链接

微课
单片机学什么

一、单片机概述

单片机是单片微型计算机的简称，其将普通微型计算机的四大功能部件（中央处理器、存储器、接口和专用功能部件）全部集成到一个芯片内。从外部来看，单片机就是一片集成电路，如图 1.1 所示。但这一片（单片）集成电路中具备了微型计算机的基本功能，因此才有了单片机（single chip microcomputer）这个名称。

微课
什么是单片机

图 1.1　单片机外形

与普通计算机相比，单片机具有体积小、可靠性高、抗干扰能力强的特点，特别适合在生产设备的自动控制、生产过程的数据采集等领域作为控制器来使用。正因为如此，单片机也称为微控制器（micro controller unit，MCU）。由于在

动画
单片机是什么

使用时，作为控制器的单片机往往要被放到被控设备中，因此单片机控制系统也称为嵌入式系统（embedded micro controller unit，EMCU）。人们日常生活中常见的全自动洗衣机就是依靠嵌入在洗衣机中的一个单片机来完成对洗衣过程的自动控制。

二、单片机的分类

单片机内部数据总线的宽度决定单片机的字长。一般来说，字长越长的单片机其处理能力也越强。现在市面上能见到 8 位、16 位和 32 位三种字长的单片机。32 位单片机适合于比较复杂的控制系统，往往需要系统软件的支持，不适合初学者学习和使用。8 位和 16 位单片机中，英特尔公司推出的 MCS-51 系列和 MCS-96 系列具有比较大的影响力。特别是 MCS-51 系列 8 位单片机，它在完全兼容之前的 MCS-48 系列单片机的基础上增加了许多新的功能，一经推出便受到新老用户的欢迎。单片机及其应用技术从 20 世纪 80 年代初传入我国，MCS-51 系列单片机也是我国技术人员使用最多的一种单片机。目前，虽然英特尔公司已经停止生产 MCS-51 系列单片机，但考虑到 MCS-51 系列单片机庞大的用户群，多家著名的芯片生产商（如 Atmel、飞利浦、西门子、Silicon Labs、STC 等）均生产出与 MCS-51 系列单片机兼容的单片机芯片，以适应市场的需求。

三、单片机的发展与应用

微课
单片机的发展

从 1946 年第一台电子计算机诞生至今，几十年的时间内，依靠微电子技术和半导体技术的进步，从电子管、晶体管到集成电路再到大规模集成电路，现在一块芯片上完全可以集成几百万甚至上千万个晶体管，使得计算机体积更小、功能更强。但计算机再小也不方便在微电子领域使用，于是单片机于 20 世纪 70 年代诞生，如 Fairchild 公司研制的 F8 单片微型计算机。单片机利用大规模集成电路技术把中央处理单元（central processing unit，CPU）和随机存取存储器（RAM）、只读存储器（ROM）及其他 I/O 通信口集成在一块芯片上，构成一个最小的计算机系统，而现代的单片机则又增加了中断单元、定时单元及 A/D 转换等更复杂、更完善的电路，使得单片机的功能越来越强大，应用越来越广泛。

1976 年，英特尔公司推出了 MCS-48 单片机并推向市场，这个时期的单片机才是真正的 8 位单片微型计算机。它以体积小、功能全、价格低赢得了广泛应用，为单片机的发展奠定了基础，成为单片机发展史上重要的里程碑。在 MCS-48 的带领下，其后各大半导体公司相继研制和发展了自己的单片机，如 ZiLOG 公司的 Z8 系列。到了 20 世纪 80 年代初，单片机已发展到了高性能阶段，如英特尔公司的 MCS-51 系列、摩托罗拉公司的 6801 和 6802 系列、Rokwell 公司的 6501 及 6502 系列等。此外，日本 NEC 和日立公司都相继开发了具有自己特色的专用单片机。

自从 20 世纪 70 年代问世以来，在庞大的市场需求推动下，单片机及其应用技术有了突飞猛进的发展。目前，市场上的单片机产品不下千种。这些不同性能、不同制造厂商、不同系列、不同型号的单片机产品给使用者提供了极大的选择余地。

可以预见，在未来几年，MCS-51 兼容单片机仍将具有旺盛的生命力，会在单片机应用的中低端市场上继续扮演重要角色。这也是本书仍然将 MCS-51 兼容单片机作为目标芯片的原因。事实上，只要真正学会一种单片机的使用方法，再学习其他种类的单片机时也会感觉非常容易上手。

四、单片机的封装

笔记栏

本书中采用了 MCS-51 架构下的 STC51 系列单片机，此系列单片机的封装主要有 LQFP-44、PDIP-40、PLCC-44、PQFP-44 四种类型，如图 1.2 所示。

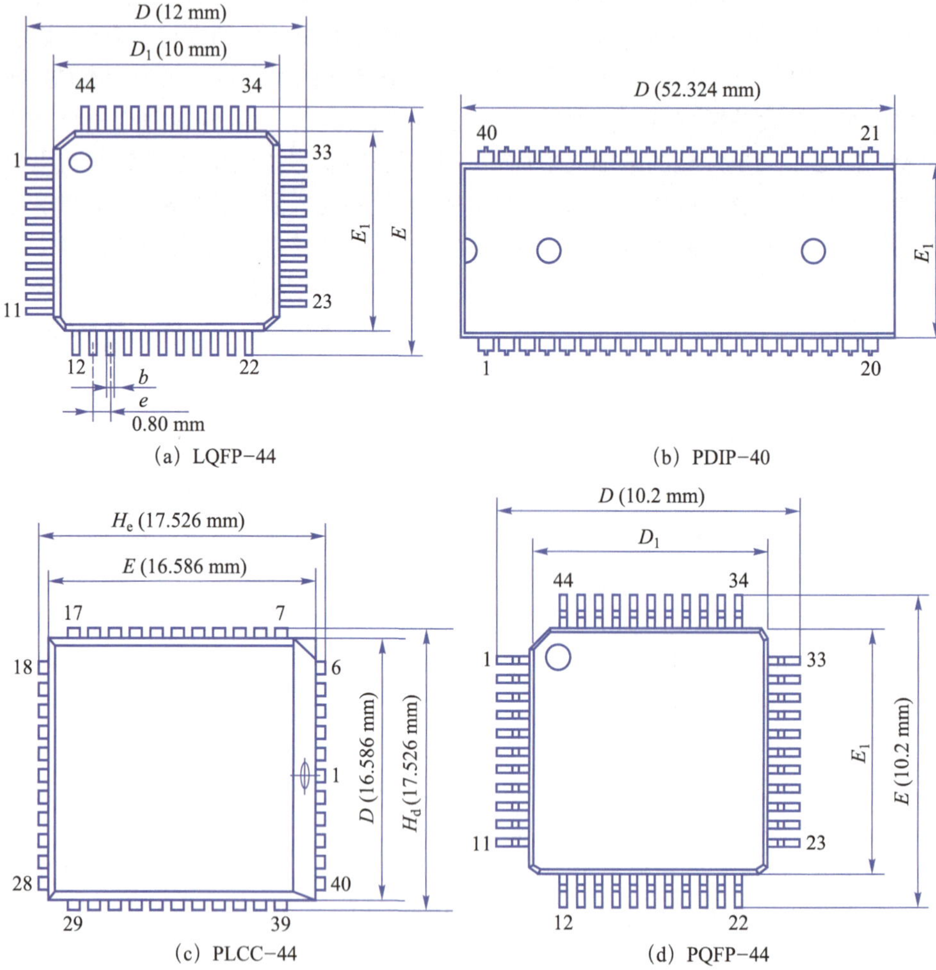

图 1.2　STC 系列单片机封装

知识拓展

一、数制与码制

微课
数制与码制

我们最熟悉的是十进制数，它有 0 ~ 9 共 10 个计数符号，计数规则是"逢十进一"。算盘每 1 档上的 1 个顶珠和 4 个底珠刚好可以组合出 10 种不同的状态，分别表示十进制数的 0 ~ 9 这 10 个计数符号，因此算盘可以直接表示和计算十进制数。

计算机也是一种计算工具，但计算机主要是由逻辑电路组成的，逻辑电路只有

"高电平"和"低电平"两个不同的状态，无法对应十进制数的 10 个计数符号，所以计算机不能直接表示和计算十进制数。

二进制数只有 0 和 1 两个计数符号，计数规则是"逢二进一"。只要规定用逻辑电路的高电平表示二进制数的 1，低电平表示二进制数的 0（反过来也可以，只不过人们已经习惯于这种表达方式了），就可以用逻辑电路表示和处理二进制数。

如图 1.3 所示，在一个脉冲作用后，电路的状态变为：Q_3 为高电平，Q_2 为低电平，Q_1 为低电平，Q_0 为高电平，它表示了一个二进制数 1001。

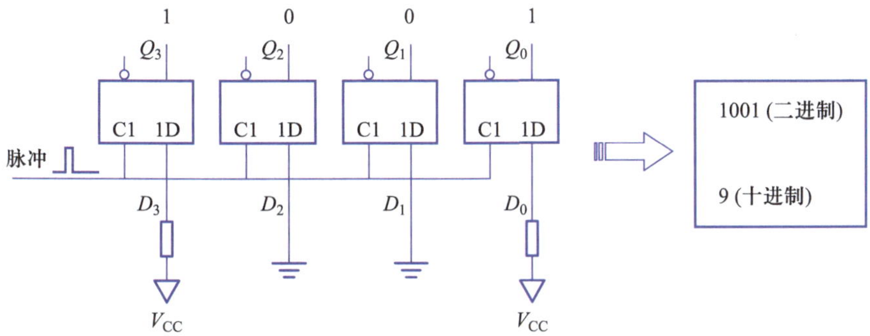

图 1.3　电路和数的关系

十进制数和二进制数是可以等值互换的，相关方法在数字电路技术课程中有详细介绍，在此不赘述。

由于计算机只能表示和处理二进制数，因此在学习和使用计算机尤其是单片机时使用二进制数会方便一些。但二进制数书写起来比较麻烦，一个不大的数就要写一长串。比如，十进制数的 127 只有 3 位，换成等值的二进制数为 1111111，需要写 7 位。为了解决这个问题，人们使用了十六进制数。十六进制数有 16 个计数符号，前 10 个为 0 ~ 9，后 6 个为 A ~ F。十六进制数的计数规则是"逢十六进一"。不难看出，4 位二进制数的全部 16 个数均一一等值对应于 1 位十六进制数，见表 1.1。

微课
十进制数转换为二进制数

微课
认识二进制、十六进制

表 1.1　二进制数与十六进制数的对应关系

4 位二进制数	0000	0001	0010	0011	0100	0101	0110	0111
1 位十六进制数	0	1	2	3	4	5	6	7
4 位二进制数	1000	1001	1010	1011	1100	1101	1110	1111
1 位十六进制数	8	9	A	B	C	D	E	F

这样，就可以将多位二进制数从右到左每 4 位分为一组（最后一组不够 4 位时前面补 0），然后按照表 1.1 的对应关系直接写出等值的十六进制数。如二进制数 1111111，分组结果为 0111 1111，转换成十六进制数后为 7F。

由于 3 种不同进制的数中有相同的计数符号，为了不至于混淆，在 3 种不同进制的数同时出现的场合，采用了一些标记的方法，常见的一种是：在十进制数后加字母"D"（可以省略），在二进制数后加字母"B"，在十六进制数后加字母"H"。如：1111111B=7FH=127D。

微课
二进制数与十六进制数之间的转换

由于十六进制数中包含字母，为了与其他字符串进行区分，往往在以字母开头的十六进制数前加一个数字“0”。比如，将十六进制数 ABH 写为 0ABH，表示其是一个数而非字符串。

任何一个无符号数，不管是哪种进制，都可以转换为二进制数，再按“规定”表示为高、低电平后由计算机来处理。

微课
不一样的 101

1. 字符的编码

计算机由逻辑电路组成，只能识别和处理高、低电平，所以计算机中的数都是按照“规定”表示的二进制数。实际中，计算机不仅要处理数，还要处理很多字符，如标点符号、运算符、字母和文字等。这些非数字符要如何在计算机中表示呢？

将一组非数字符按一定规律进行排序并依次编号，再把得到的编号转换为二进制数的形式，即得到这一组字符的“码”，有时也称为“代码”。字符→排序→编号→码，这个过程称为编码。由于码具有二进制数的形式，所以可以很方便地用计算机来表示和处理。

ASCII 码就是典型的关于字符的编码，也是学习和使用单片机时最常用的一种码。ASCII 是 American standard code for information interchange 的缩写，是美国于 1963 年制定的信息交换标准代码。它是将大、小写英文字母，十进制计数字符，运算字符，标点字符和控制字符一共 128 个字符进行排序编号后得到的一组代码，ASCII 码表就是这 128 个字符及其代码的对照表，见表 1.2。

表 1.2　ASCII 码表

行	LSB $(b_3b_2b_1b_0)$	列							
		0	1	2	3	4	5	6	7
		MSB $(b_6b_5b_4)$							
		000	001	010	011	100	101	110	111
0	0000	NUL	DLE	SP	0	@	P	`	p
1	0001	SOH	DC1	!	1	A	Q	a	q
2	0010	STX	DC2	″	2	B	R	b	r
3	0011	ETX	DC3	#	3	C	S	c	s
4	0100	EOT	DC4	$	4	D	T	d	t
5	0101	ENQ	NAK	%	5	E	U	e	u
6	0110	ACK	SYN	&	6	F	V	f	v
7	0111	BEL	ETB	′	7	G	W	g	w
8	1000	BS	CAN	(	8	H	X	h	x
9	1001	HT	EM	)	9	I	Y	i	y
A	1010	LF	SUB	*	:	J	Z	j	z
B	1011	VT	ESC	+	;	K	[	k	{
C	1100	FF	FS	,	<	L	\	l	|
D	1101	CR	GS	−	=	M	]	m	}
E	1110	SO	RS	.	>	N	^	n	~
F	1111	SI	US	/	?	O	_	o	DEL

后来，国际标准化组织（ISO）和国际电报电话咨询委员会（CCITT）以 ASCII 码为基础制定了国际标准。虽然美国制定的这个信息交换标准代码已经属于国际标准了，但人们还是习惯上把它称为 ASCII 码。在表 1.2 中，128 个字符被分为 8 列 16 行，列的编号是 0 ~ 7（000B ~ 111B），行的编号是 0 ~ F（0000B ~ 1111B）。将表中任意一个字符的列号作为高 3 位，行号作为低 4 位，可以组成一个 7 位二进制码，这个 7 位二进制码就是对应字符的 ASCII 码。人们常常把表 1.2 中的字符称为 ASCII 字符。例如，“A”是一个 ASCII 字符，其 ASCII 码为 1000001B（41H）。

笔记栏

表 1.2 中的前两列字符和最后一个字符是控制字符，主要应用于通信中的传输控制、格式控制和设备控制等，其他的都为可视字符，在学习和使用单片机时常用的是可视字符。

有了 ASCII 码，计算机就可以方便地处理英文文本。相似的，计算机要处理汉字，就需要有汉字的编码。1980 年，我国颁布了汉字编码的国家标准 GB/T 2312—1980《信息交换用汉字编码字符集 基本集》，对 6 763 个常用汉字和一些常用字符进行了编码。由于数量较多，因此每个汉字的编码长度为 16 位。

实际用单片机处理汉字的情况不多，相关内容在此就不多做介绍了。

2. 数字的编码

（1）带符号数的编码

对于带符号数，由于有“+、−”两个符号的存在，必须先对其进行编码，然后才能用计算机进行处理。

由于数的符号只有“+、−”两种，而 1 位二进制数也只有 0、1 两种，所以可以用 1 位二进制数对数的符号进行编码。一般规定最高位为 0 表示“+”，最高位为 1 表示“−”，其他位表示数的绝对值。例如，+63=+111111B，对符号编码并放入 8 位的计数工具里为 00111111B；−63=−111111B，对符号编码并放入 8 位的计数工具里为 10111111B。把带符号数经过上述处理后得到的结果称为带符号数的原码。显然，将带符号数表示为原码后就可以方便地用计算机进行处理了。

这里要特别注意以下两点：

① 一个带符号二进制数和它的原码之间不是相等关系而只是“表示”关系，就像 ASCII 码用 41H 表示 A 一样。

② 一个带符号二进制数的位数是由这个数的绝对值决定的，绝对值越大，位数就越多；而原码的位数却是由计数工具决定的。例如，对于 8 位的计数工具，它以原码形式存放的最大正数是 01111111B=+127，最小负数是 11111111B=−127，超出这个范围的数就不能以原码的形式存放在 8 位的计数工具里了。

将带符号数用原码表示很方便也很直观，但却不便于计算机进行加减运算，因为计算机在进行加减运算时不区分符号位。例如，用一个 8 位的计算机计算 −3+3 时，由于 −3 的原码为 10000011，+3 的原码为 00000011，因此计算机用原码计算时得到的结果为

$$\begin{array}{r} 10000011 \\ +\,00000011 \\ \hline 10000110 \end{array}$$

该结果显然不对。

实际上，带符号数在计算机中不是以原码，而是以补码的形式存在的。用补码表示带符号数就是为了解决原码只便于表示而不便于计算的问题。关于补码这里不做详细讲述，只是从实用的角度用一些例子进行简单通俗的介绍。

笔记栏

谈到补码就离不开“模”和“溢出”的概念。计算机是一个计算工具，同时也是一个计数工具，对于一个 8 位的计数工具，它的计数能力怎么样呢？假定一个 8 位计数工具的初始值为 00000000B，不停地在最低位加 1，它的值会从 00000000B 变成 00000001B，再变成 00000010B……直至变成 11111111B。这时如果再加 1，它的值就会变成 00000000B，而最高位的进位就会因为没地方放而丢失，这就是“溢出”。溢出前的最后一个值 11111111B 就是 8 位计数工具所能计的最大值，溢出后计数工具的值变为 00000000B，考虑到最高位溢出的 1，8 位计数工具溢出时的值为 100000000B=2^8，这就是 8 位计数工具的模。显然，模体现了计数工具的计数能力。计数工具的位数越多，其模就越大，则其计数能力就越强。对于任何一个实际的计数工具，其位数总是确定并且已知的，所以它的模也是已知的。

假设一个已知计数工具的模为 K，对于这个计数工具，任意数 X 的原码可以表示为 $[X]_{原}$，则 X 的补码 $[X]_{补}$定义为：如果 $X \geqslant 0$（为正数或 0），则 $[X]_{补}=[X]_{原}$；如果 $X<0$（为负数），则 $[X]_{补}=K+X$。

例如，对于 8 位计数工具，若 X=+3=+11B，则 $[+3]_{原}$=00000011B，$[+3]_{补}=[+3]_{原}$=00000011B；若 X=−3=−11B，则 $[-3]_{原}$=10000011B，$[-3]_{补}$=100000000B+(−00000011B)=11111101B。

现在再来看一下应用了补码的概念后，8 位的计算机如何计算 −3+3。这时，计算机实际计算的是 $[-3]_{补}+[+3]_{补}$，结果为

$$
\begin{array}{r}
11111101 \\
+\ \ 00000011 \\
\hline
100000000
\end{array}
$$

由于计算机只有 8 位，最高位的 1 溢出后就丢掉了，则剩下的结果为 00000000B。

可以这样来理解补码：将计数工具想象成一个容器，把一个正数放入这个容器里时会占用一块地方，这个数越大，占用的地方也越大，可以用占用的这块地方来表示这个正数；如果是一个负数，把它的绝对值放入这个容器中时也会占用一块地方，用绝对值占用后容器中剩下的那块地方来表示这个负数。显然，如果这个正数和这个负数的绝对值相等，则它们一起放入容器中（加起来）时将占用整个容器的容积（模）。

实际中计算补码并不复杂，仍以 8 位计数工具中 −3 的补码为例：

$$
\begin{aligned}
[-3]_{补} &= 100000000B+(-00000011B)=11111111B+00000001B+(-00000011B) \\
&= 11111111B+(-00000011B)+00000001B=11111100B+00000001B
\end{aligned}
$$

由于 11111100B 正好是 10000011B（原码）保持符号位不变，其他位取反的结果，通常称为反码，可用 $[X]_{反}$表示，很容易即可根据原码直接写出来，所以，对于补码的求法可以归纳为：当计数工具一定时，对于正数，$[X]_{补}=[X]_{原}$；对于负数，$[X]_{补}=[X]_{反}+1$。

【例 1.1】已知计数工具为 8 位，求下列数的补码：−1、−127、1、127。

解：$[-1]_{原}$=10000001B，$[-1]_{反}$=11111110B，$[-1]_{补}$=$[-1]_{反}$+1=11111110B+1=11111111B。

$[-127]_{原}$=11111111B，$[-127]_{反}$=10000000B，$[-127]_{补}$=10000001B。

$[1]_{原}$=00000001B，$[1]_{补}$=$[1]_{原}$=00000001B。

$[127]_{原}$=01111111B，$[127]_{补}$=01111111B。

（2）十进制数的编码

BCD 码将每 1 位十进制数用二进制数编码，它保留了十进制的权，数字则用二进制数表示，因而也称为二 – 十进制码，一般用标识符 [...]BCD 表示。BCD 码种类较多，如 8421BCD 码和 2421BCD 码等，其中最常用的是 8421BCD 码。

8421BCD 码的编码原则是每 1 位十进制数用 4 位二进制数来表示。4 位二进制数共有 16 种组合，8421BCD 码用其中的 10 种组合 0000B ~ 1001B 来表示 0 ~ 9 这 10 个十进制数，而将其余 6 种组合 1010B ~ 1111B 舍弃不用。它们之间的对应关系见表 1.3。

笔记栏

表 1.3　1 位十进制数和 8421BCD 码的对应关系

十进制数	8421BCD 码	十进制数	8421BCD 码
0	0000B	5	0101B
1	0001B	6	0110B
2	0010B	7	0111B
3	0011B	8	1000B
4	0100B	9	1001B

例如，123 的 8421BCD 码为 0001 0010 0011。由此可以看出，不论十进制数为几位数，转换时只要把十进制数按位写成相应的 4 位 8421BCD 码即可。

二、STM32 单片机介绍

本书使用的 STC51 系列单片机为 8 位单片机，此外还有更高速的 32 位单片机，如 STM32。STM32 单片机是由意法半导体公司设计的微控制器，具有低功耗、低成本和高性能的特点，适用于嵌入式应用。它采用 ARM Cortex–M0 内核，根据内核架构的不同，可以分成一系列产品，当前主流的产品有 STM32F0、STM32F1、STM32F3，具有超低功耗特性的产品包括 STM32L0、STM32L1、STM32L4 等。

课后训练

1. 什么是单片机？它与微处理器、微计算机、微型计算机系统有何区别？
2. 单片机的特点有哪些？
3. 十六进制数能被计算机直接执行吗？为什么要用十六进制数？
4. 什么是 ASCII 码？查表写出下列字符的 ASCII 码。

（1）A　（2）7　（3）b　（4）@

（5）=　（6）?　（7）G　（8）回车 CR

中国“芯”

新一代脑机接口专用采集国产芯片研发成功

脑机接口技术被公认为是新一代人机交互和人机混合智能的关键核心技术，而这一核心部件目前仍主要依赖进口。为实现我国脑机接口关键技术自主可控，突破基础元器件“卡脖子”难题，脑机海河实验室科研团队联合中国电子布局脑机接口专用芯片研发，先后发布“脑语者”系列高集成芯片。

据国家重点研发计划项目首席科学家刘秀云教授介绍，新一代 8 通道脑电采集国产芯片较上一代采用了更为先进的拓扑结构，其模拟数字转换器动态范围提升至 125 dB 以上，放大器低噪声技术将输入等效噪声减小至 0.8 μV（峰 - 峰值）以下，低功耗设计技术将单通道功耗减小至 4 mW 以下，且在信噪比、功耗、输入阻抗等核心指标方面具有显著优势。

新一代芯片还实现了与目前常见商用芯片的完全兼容，并支持菊花链扩展和双电源配置，进一步优化了用户体验。今后，科研团队将继续对芯片升级迭代，进一步提升采样率、增益范围以及其他核心技术指标，提高芯片良率和可靠性，服务于构建自主可控的神经电生理信号采集计算系统，为我国相关产业发展提供储备及关键技术支撑。

（资料来源：学习强国）

任务 1.2　初识单片机开发软件

课前准备

笔记栏

教师活动：利用线上教学平台提前布置任务，通过课前测验了解学生学情，及时调整教学策略。

学生活动：进一步认识单片机的关键在于学习相关的程序设计方法和仿真软件的使用方法。通过线上教学平台对单片机开发软件进行初步了解，并在平台中积极互动交流，进行头脑风暴，激发探究热情，为课堂的深入学习打好基础。

知识回顾

回顾任务 1.1 的内容，对单片机有了初步了解后再使用相关开发软件工具，更好地完成相关软、硬件联调设计。本任务就是学习单片机开发软件的使用。

任务描述

通过软、硬件结合的方法学习单片机的工作方式。

本任务要求对单片机有一个基础性的认知，学习单片机编程软件 Keil C51 和单片机虚拟仿真软件 Proteus 的使用，掌握单片机与计算机之间的交互。

知识链接

一、Keil C51 软件

Keil C51 是美国 Keil Software 公司出品的 51 系列兼容单片机 C 语言软件开发系统，它提供丰富的库函数和功能强大的集成开发调试工具，使用全 Windows 界面。

Keil C51 提供了包括 C 编译器、宏汇编、链接器、库管理和一个功能强大的仿真调试器等在内的完整开发方案，并通过一个集成开发环境（μVision）将这些部分组合在一起。即使不使用 C 语言而仅用汇编语言编程，它方便易用的集成环境、强大的软件仿真调试工具也会令用户事半功倍。

微课
Keil C51 功能介绍

这里主要介绍 C51 工具包的整体结构。μVision 与 Ishell 分别是 C51 用于 Windows 和 DOS 的集成开发环境（IDE），可以完成编辑、编译、连接、调试、仿真等整个开发流程。开发人员可用工具包自带 IDE 或其他编辑器编辑 C 汇编源文件，然后由 C51 编译器编译生成目标文件（.obj）。目标文件可由 LIB51 创建生成库文件，也可以与库文件一起经 BL51 链接定位生成绝对目标文件（.abs）。abs 文件由 OH51 转换成标准的 hex 文件，以供调试器 dScope51 或 tScope51 使用进行源代码级调试，也可由仿真器使用直接对目标板进行调试，或是直接写入程序存储器如 EPROM 中。

微课
Proteus 软件介绍

二、Proteus 软件

Proteus 是由英国 Labcenter Electronics 公司开发的 EDA（electronic design automation，电子设计自动化）工具软件。本书采用的是 Proteus 8.13 版本。

笔记栏

识图和制图是工程技术人员的基本功。Proteus 是一款制图工具，它庞大的图形符号库和强大的图形管理功能使得绘制电气原理（系统）图变成一件既轻松又规范的事情。Proteus 还是一款仿真工具，它能使用户设计绘制好的电气原理图像真的焊接好的电路一样“运行”起来，用户还可以通过各种“仪器仪表”去观察和测量电路运行中的各种现象和数据，而不用担心人员和设备的安全。Proteus 可以对模拟电路、数字电路和单片机应用电路进行仿真，让用户能够在接近实际的操作和运行中观察并理解各种电路现象，特别是完成单片机控制系统的电路仿真、调试（联调）。同时，Proteus 也是一款辅助设计软件，它可以自动生成电气原理图的 PCB（printed circuit board，印制电路板）文件，提交厂商进行印制。

任务设计与实施

教师展示单片机开发软件的使用过程，学生通过小组协作的形式进行软件的初步使用操作。通过组内交流学习，在遇到问题时可以综合大家意见，更快地发现并解决问题。

一、Keil C51 软件的安装

① 运行安装文件夹内的 C51.V957.exe 文件进行软件安装。

② 在弹出的 Keil C51 软件安装说明界面中，单击“Next”进行下一步，如图 1.4 所示。

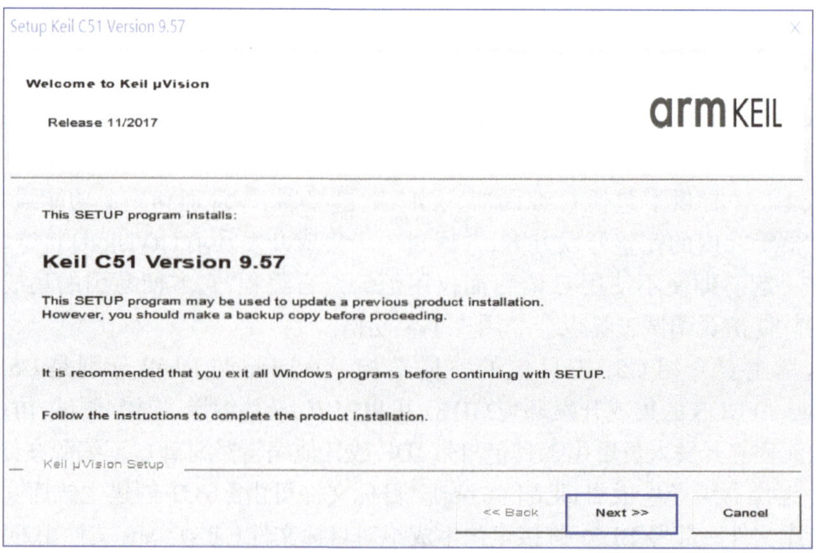

图 1.4　Keil C51 软件安装说明界面

③ 在弹出的 Keil C51 软件安装授权界面中，勾选“I agree to all the terms of the preceding License Agreement”，然后单击“Next”进行下一步，如图 1.5 所示。

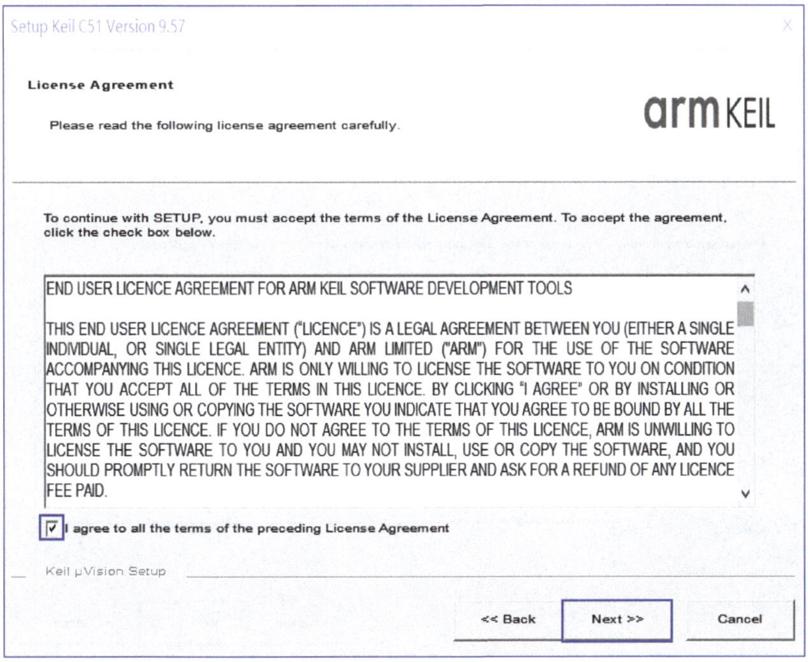

图 1.5　Keil C51 软件安装授权界面

④ 在弹出的 Keil C51 软件安装路径选择界面中，选择安装路径为“C:\Keil_v5”，然后单击“Next”进行下一步，如图 1.6 所示。

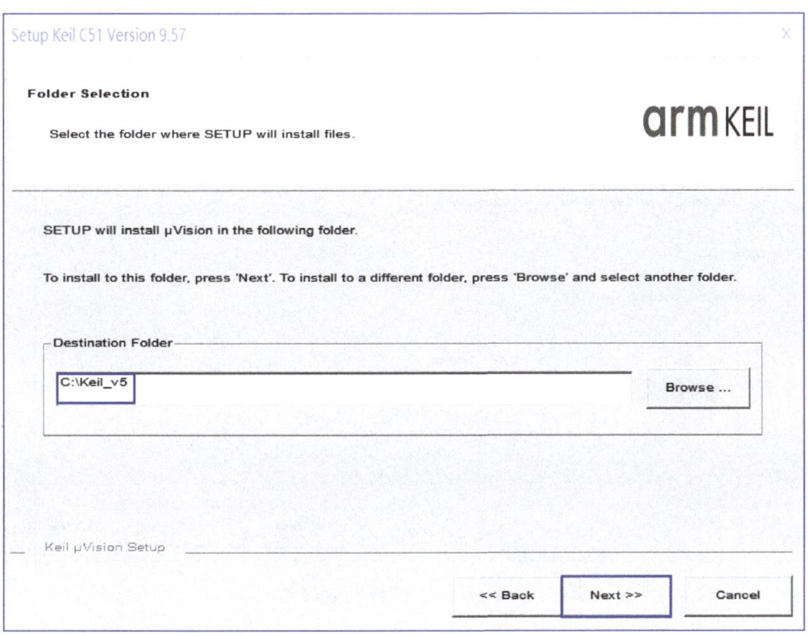

图 1.6　Keil C51 软件安装路径选择界面

笔记栏

⑤ 在弹出的 Keil C51 软件安装个人信息界面中，输入用户信息（可随意输入，保证文本框不空白即可），然后单击 “Next” 进行下一步，如图 1.7 所示。

笔记栏

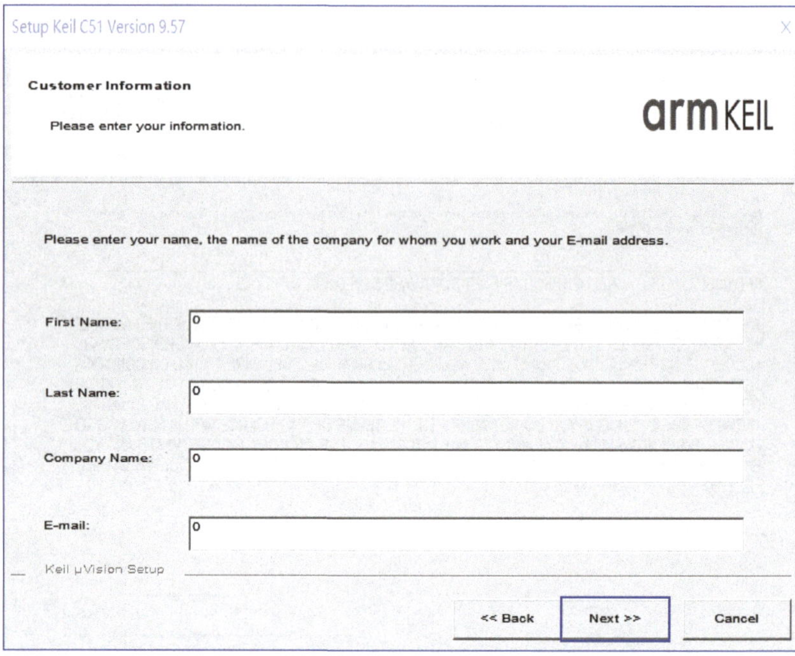

图 1.7　Keil C51 软件安装个人信息界面

⑥ 进入 Keil C51 软件安装过程界面，无须任何操作，如图 1.8 所示。

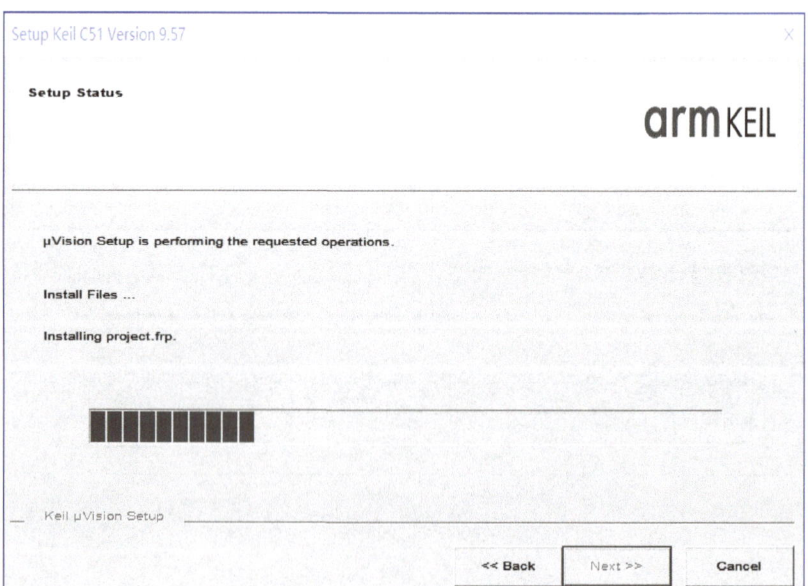

图 1.8　Keil C51 软件安装过程界面

⑦ 单击 “Finish”，完成软件安装，如图 1.9 所示。

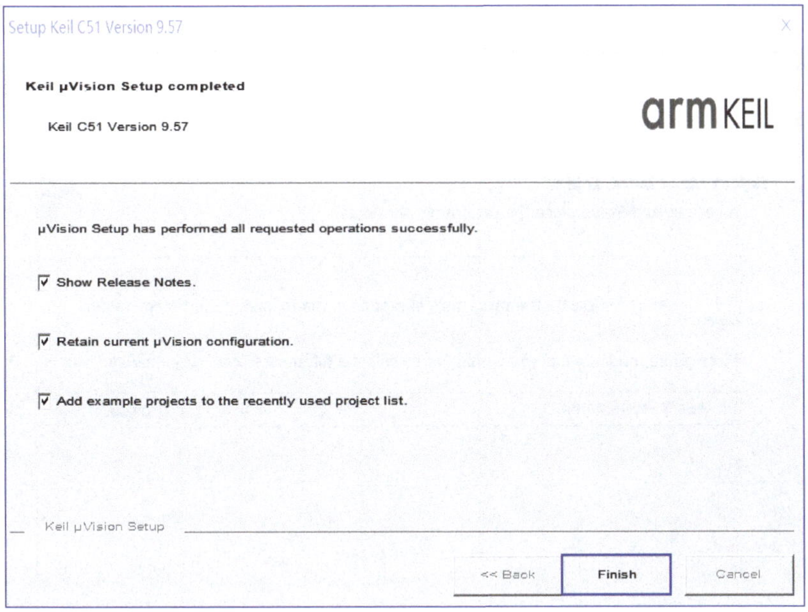

图 1.9　Keil C51 软件安装完成界面

微课
Keil C51 软件的使用：新建工程

二、Proteus 软件的安装

① 运行安装文件夹内的 Proteus_8.13_SP0.exe 文件进行软件安装。

② 在弹出的 Proteus 软件安装路径选择界面中，选择文件安装路径为“C:\Program Files(x86)\Labcenter Electronics\Proteus 8 Professional”，然后单击“Next”进行下一步，如图 1.10 所示。

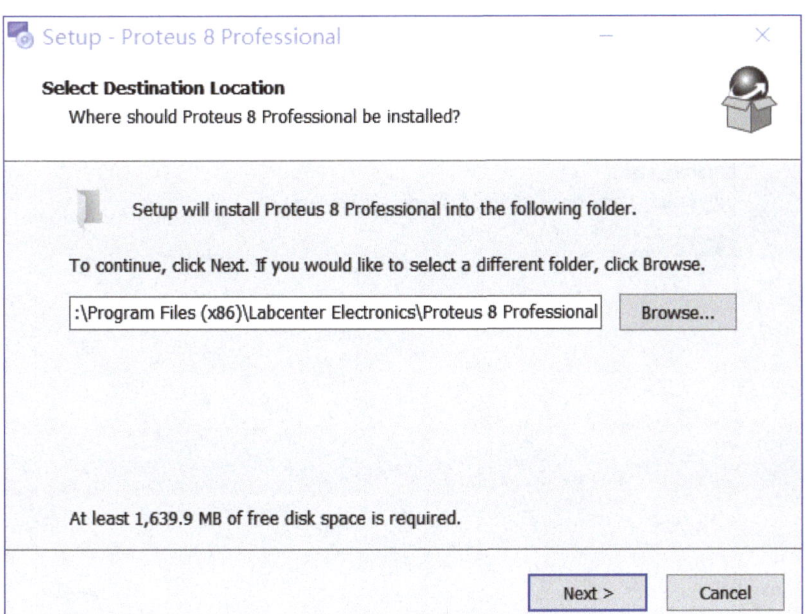

图 1.10　Proteus 软件安装路径选择界面

③ 在弹出的 Proteus 软件安装启动菜单文件夹选择界面中，单击 “Next” 进行下一步，建立文件夹，如图 1.11 所示。

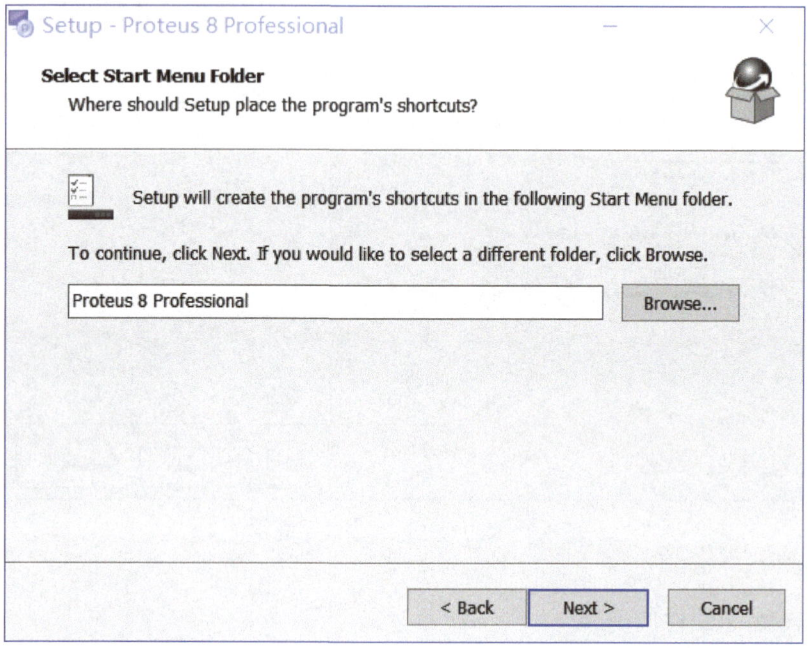

图 1.11　Proteus 软件安装启动菜单文件夹选择界面

微课
Proteus 软件的使用：新建工程

微课
Proteus 软件的使用：添加源代码

④ 进入 Proteus 软件安装过程界面，无须任何操作，如图 1.12 所示，等待安装完成。

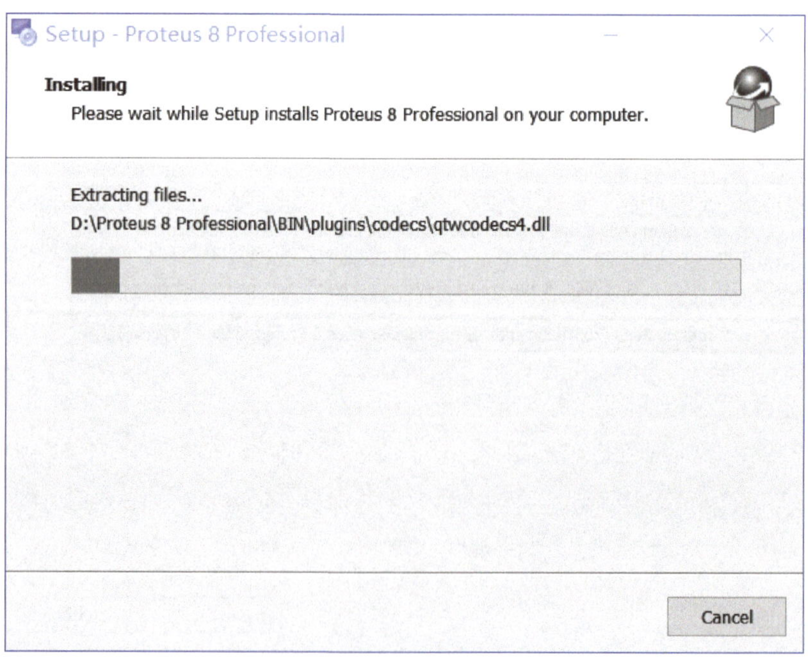

图 1.12　Proteus 软件安装过程界面

微课
Proteus 软件的使用：调试方法

微课
Proteus 软件的使用：单片机最小系统绘制

任务评价

一、任务总结

本任务在认识单片机的基础上，拓展学习单片机软件的安装及调试，实现软、硬件的准备工作。本任务相对基础，适用性强，适合初学者入门。

二、考核评价体系表

本任务的考核评价体系表见表 1.4。

笔记栏

表 1.4　考核评价体系表

序号	评价指标	评价内容	分值	自我评价 30%	小组互评 30%	教师评价 40%
1	理论知识	单片机的内部结构和进制转换	40			
2	任务实施	实现任意二进制数与十进制数的互换	30			
		实现软件的正确安装	30			

知识拓展

Keil 软件的拓展功能

Keil MDK 与 Keil C51 是针对不同平台的编程工具，这里主要以 Keil MDK V5 版本为例对 Keil MDK 进行介绍。

1. Software packs（MDK 软件包）

这部分较 MDK V4 版本做出了很大的更新。Software packs 分为 Device、CMSIS、MDK Professional Middleware 三部分，包含了各类可用的设备驱动。MDK V5 版本软件可以在 Software packs 窗口中选择需要安装或者更新的软件组件。

2. MDK Core（MDK 核心）

MDK Core 包含微控制器开发的所有组件，包括 IDE（μVision5）、编辑器、ARM C/C++ 编辑器、μVision 调试跟踪器和 Pack Installer。

3. μVision5 IDE 集成开发界面

μVision5 IDE 集成开发界面与 μVision4 相差不大，在编译工具栏右侧多了两个绿色按钮，为 Manage Run-Time Environment 按钮和 Pack Installer 按钮。

课后训练

1. 使用 Keil C51 软件新建 C 语言工程文件并保存到固定文件夹中。
2. 使用 Proteus 软件新建仿真工程文件并保存到固定文件夹中。

中国“芯”

我国科学家研制出首个全模拟光电智能计算芯片

近年来，如何构建新的计算架构，发展新型人工智能计算芯片，是国际关注的前沿热点。利用光波作为载体进行信息处理的光计算，因具有高速度、低功耗等优点成为科学界研究热点。然而，计算载体从电变为光，还要替代现有电子器件实现系统级应用，面临诸多难题。

为此，清华大学信息科学技术学院院长戴琼海院士、自动化系助理教授吴嘉敏，以及电子工程系副教授方璐、副研究员乔飞，结合光计算、纯模拟电子计算等技术，突破传统芯片架构中数据转换速度、精度与功耗相互制约的物理瓶颈，提出一种全新的计算框架，有望解决大规模计算单元集成、光计算与电子信号计算的高效接口等国际性难题。

经长期联合攻关，清华大学研究团队突破传统芯片的物理瓶颈，创造性提出光电融合的全新计算框架，并研制出国际首个全模拟光电智能计算芯片（ACCEL）。经实测，该芯片在智能视觉目标识别任务方面的算力可达目前高性能商用芯片的3 000余倍，为超高性能芯片的研发开辟了全新路径。

（资料来源：新华社）

项目二

单片机最小系统的应用

项目导读

本项目从单片机系统的控制任务入手，介绍 STC89C51 单片机的总体结构，讲解 STC89C51 单片机的最小系统以及单片机 C51 语言的应用。通过对单片机的系统性了解，学生能够使用 Proteus 软件搭建和仿真电路，通过控制 LED 灯的亮、灭实现对单片机控制的深度了解，加深对单片机系统开发流程的认识。

知识目标	1. 了解单片机总体结构 2. 认识 STC89C51 单片机的最小系统 3. 掌握单片机的 C51 语言 4. 掌握 Proteus 软件的使用方法
能力目标	1. 能够搭建 51 单片机的最小系统电路 2. 能够使用 Proteus 软件搭建和仿真电路
素养目标	1. 具有独立思考能力，能够主动发现并解决问题，培养学习兴趣 2. 具有创新能力，勇于探索，勤于学习 3. 提高自身人文素质，增强科学探索精神，促进思想道德素质、科学文化素质和健康素质协调发展
教学重点	1. 单片机的最小系统 2. Proteus 软件的使用
教学难点	1. 单片机的 C51 语言 2. 单片机电路设计原理
建议学时	8 学时
推荐教学方法	从任务入手，通过对单片机总体结构的认识和对 51 单片机最小系统的学习，让学生了解单片机的原理，进而掌握单片机的软、硬件设计
推荐学习方法	多提问、多思考、多动手是学好单片机的关键，通过边做边学获得更好的学习效果

任务 2.1 搭建单片机最小系统

课前准备

笔记栏

教师活动：利用线上教学平台提前布置任务，使学生对单片机最小系统有相应认识，通过课前测验了解学生学情，及时调整教学策略。

学生活动：通过线上教学平台对搭建单片机最小系统任务进行初步了解，并在平台中积极互动交流，进行头脑风暴，激发探究热情，为课堂的深入学习打好基础。

知识回顾

回顾项目一的内容，对单片机有初步的认识，具备相对完善的知识体系后，在进行单片机系统的学习时就能快速衔接联系之前的知识要点。本任务就是搭建单片机最小系统。

任务描述

单片机最小系统，或者称为最小应用系统，是指用最少的元件组成的单片机可以工作的系统。

本任务要求使用所学知识搭建单片机最小系统，即实现单片机最小系统三要素：复位电路、晶振电路（时钟电路）、电源。

知识链接

一、STC89C51 单片机总体结构

1. 外部结构

STC89C51 单片机实物图如图 2.1 所示，其引脚排列如图 2.2 所示。

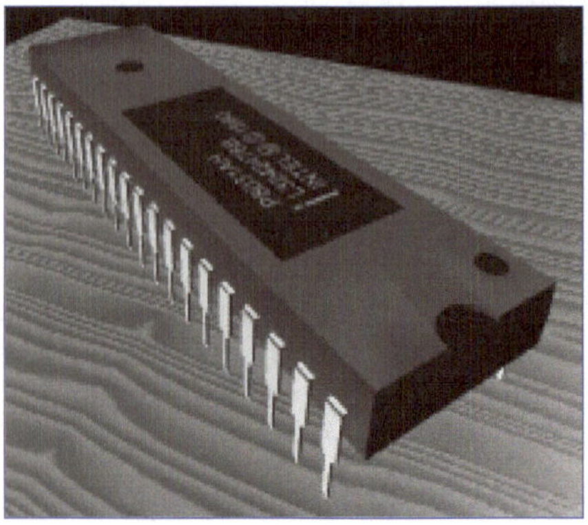

图 2.1 STC89C51 单片机实物图

STC89C51 单片机的封装有两种形式，一种是 PDIP（塑料双列直插式封装），另一种是 PLCC（带引线的塑料芯片载体）。HMOS 工艺的单片机采用 40 引脚的 PDIP 封装（图 2.2），而 CHMOS 工艺的单片机除采用 40 引脚的 PDIP 封装外，还采用 44 引脚的 PLCC 封装，其中有 4 个 NC 为空引脚。受到引脚数目的限制，不少引脚具

有两种功能，用斜杠或括号加以区分。

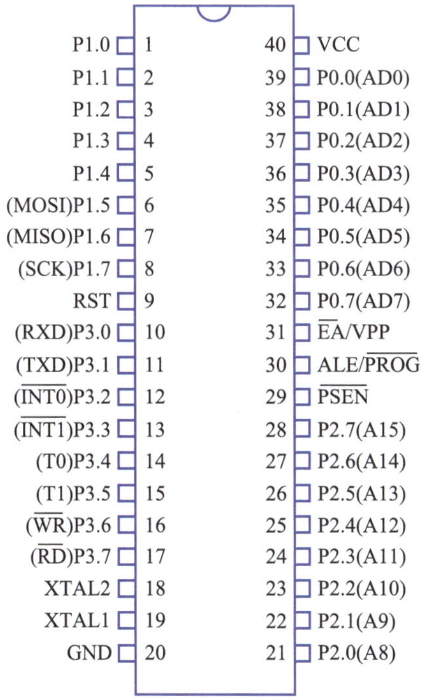

图 2.2　STC89C51 单片机引脚排列

2. 引脚分类

在 STC89C51 单片机的 40 个引脚中，包括：4 个并行输入 / 输出口（P0 口 ~ P3 口）的引脚，每个并行输入 / 输出口占用 8 个引脚，共 32 个引脚；2 个电源及接地引脚；2 个晶振引脚；4 个控制信号引脚。

(1) 并行输入 / 输出口引脚

① P0 口的引脚 P0.0 ~ P0.7（39 ~ 32 脚），用作 8 位通用输入 / 输出的端口和片外 8 位数据 / 低 8 位地址复用总线的端口。

微课
单片机引脚功能(1)

② P1 口的引脚 P1.0 ~ P1.7（1 ~ 8 脚），用作 8 位通用输入 / 输出的端口。其中有 3 个引脚具有第二功能，主要用于在线系统编程。

③ P2 口的引脚 P2.0 ~ P2.7（21 ~ 28 脚），用作 8 位通用输入 / 输出的端口和片外高 8 位地址总线的端口。

④ P3 口的引脚 P3.0 ~ P3.7（10 ~ 17 脚），用作 8 位通用输入 / 输出的端口，并具有用于串行通信、外中断、计数和外部存储器选通等第二功能。

微课
单片机引脚功能(2)

(2) 电源及接地引脚

① VCC（40 脚）为接电源端，接 +5 V 电压。

② GND（20 脚）为接地端。

(3) 晶振引脚

① XTAL1（19 脚）为外接石英晶体和微调电容引脚。它是片内振荡电路反向放大器的输入端。采用外部振荡器时，此引脚接地。

② XTAL2（18 脚）为外接石英晶体和微调电容引脚。它是片内振荡电路反向放大器的输出端。采用外部振荡器时，此引脚为外部振荡信号的输入端。

(4) 控制信号引脚

① ALE/$\overline{\text{PROG}}$（30 脚）为低 8 位地址锁存信号输出引脚。访问片外程序存储器或片外数据存储器时，用该引脚的输出来使锁存器锁存 P0 口送出的低 8 位地址信号。不访问片外存储器时，该引脚以 1/6 振荡器频率输出正脉冲信号，可供其他需要使用。但要注意，在访问片外数据存储器时，会丢失一个脉冲。对 Flash 存储器编程期间，该引脚还用于输入编程脉冲（PROG）。

② $\overline{\text{PSEN}}$（29 脚）为读片外程序存储器选通信号输出引脚，低电平有效。访问片外程序存储器时，$\overline{\text{PSEN}}$ 信号在 1 个机器周期中两次有效。

③ RST（9 脚）为复位信号输入引脚。单片机刚接上电源时，其内部各寄存器处于随机状态，在该引脚上输入两个周期以上的高电平将使单片机复位。该引脚还具有第二功能，作为备用电源输入端，如果接上 +5 V 备用电源，一旦芯片在使用中 V_{CC} 突然下降或断电（称掉电或断电），能保护片内 RAM 中的信息不丢失。

④ $\overline{\text{EA}}$/VPP（31 脚）为片内与片外程序存储器选择信号引脚（输入引脚）。当 $\overline{\text{EA}}$ 引脚接入高电平时，CPU 首先从片内程序存储器取指令；当 $\overline{\text{EA}}$ 引脚接入低电平时，CPU 只能从片外程序存储器取指令。对于 STC89C51 组成的系统而言，因没有存储器扩展，$\overline{\text{EA}}$ 引脚应接高电平。Flash 存储器编程时，该引脚加 +12 V 的编程电压 V_{PP}。

微课
单片机内部结构

3. 内部结构

STC89C51 单片机的内部结构如图 2.3 所示。其主要由 4 类部件组成，包括 CPU（中央处理器）、存储器、并行口（P0 ~ P3）和专用功能部件，它们通过内部总线连接在一起。

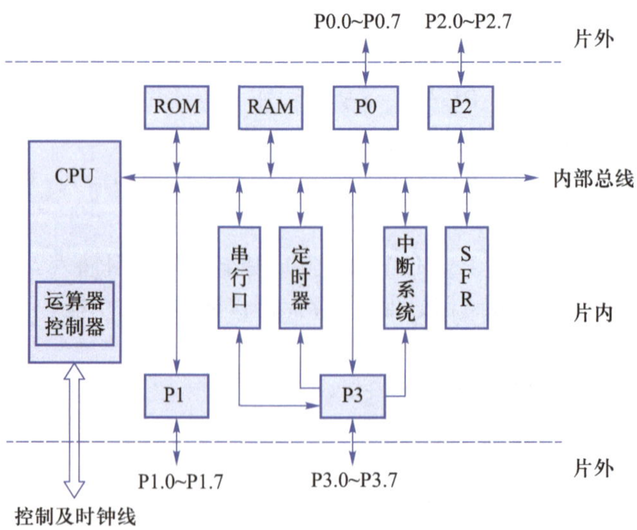

图 2.3　STC89C51 单片机的内部结构

微课
程序存储器
ROM

笔记栏

二、单片机的存储器配置

单片机系统中主要采用 MOS 存储器。MOS 存储器按其功能不同，可分为随机存取存储器（random access memory，RAM）、只读存储器（read only memory，ROM）两大类，往下还可细分，如图 2.4 所示。

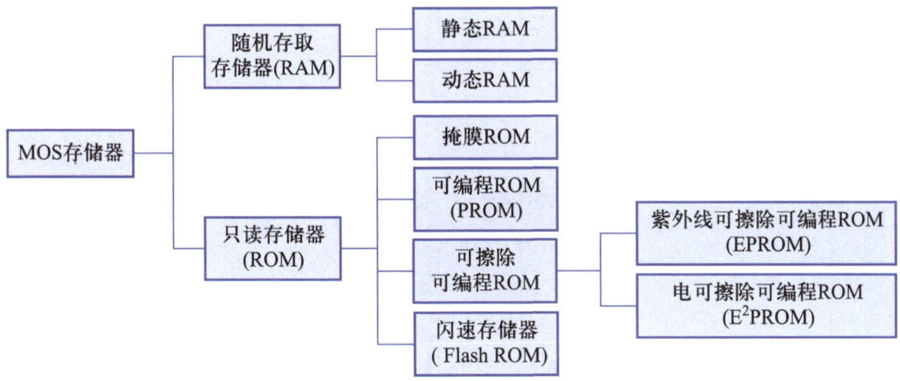

图 2.4　MOS 存储器分类

三、单片机的 CPU

1. 组成

(1) 运算器

运算器包括算术逻辑运算部件（ALU）、位处理器、累加器 A、寄存器 B、暂存寄存器及程序状态寄存器（PSW）等。ALU 的功能十分强大，它不仅可以实现 8 位数据的加、减、乘、除、增量、减量、十进制调整、比较等算术运算和“与”“或”“异或”“求补”等逻辑运算，同时还具有一般微型计算机所不具备的位处理功能，可对位变量进行如置“1”、清“0”、“求补”及“与”“或”等操作。

(2) 控制器

控制器是识别指令并根据指令性质协调单片机内部各组成单元进行工作的部件，它保证单片机各部分能自动协调地工作，是单片机的神经中枢。控制器主要包括程序计数器（PC）、PC 增量器、指令寄存器、指令译码器、定时及控制逻辑电路等。其功能是以主振频率为基准产生时钟信号，向单片机内部各组成单元发出各种微控制信号，控制指令的读入、译码和执行，并对指令执行过程进行定时和逻辑控制。

2. 工作机制

CPU 与程序存储器 ROM 关系密切，工作时，PC 中存放着将要执行的指令在程序存储器 ROM 中的地址。单片机接通电源复位后，PC 的值为 0000H，如图 2.5（a）所示。CPU 从 0000H 地址单元开始取指令，如图 2.5（b）所示。CPU 取回指令后进行译码并执行，如图 2.5（c）所示。同时 PC 按照工作节拍自动加 1，如图 2.5（d）所示。随后读取下一条指令，如图 2.5（e）所示。CPU 取回指令后再次进行译码并执行，如图 2.5（f）所示。

笔记栏

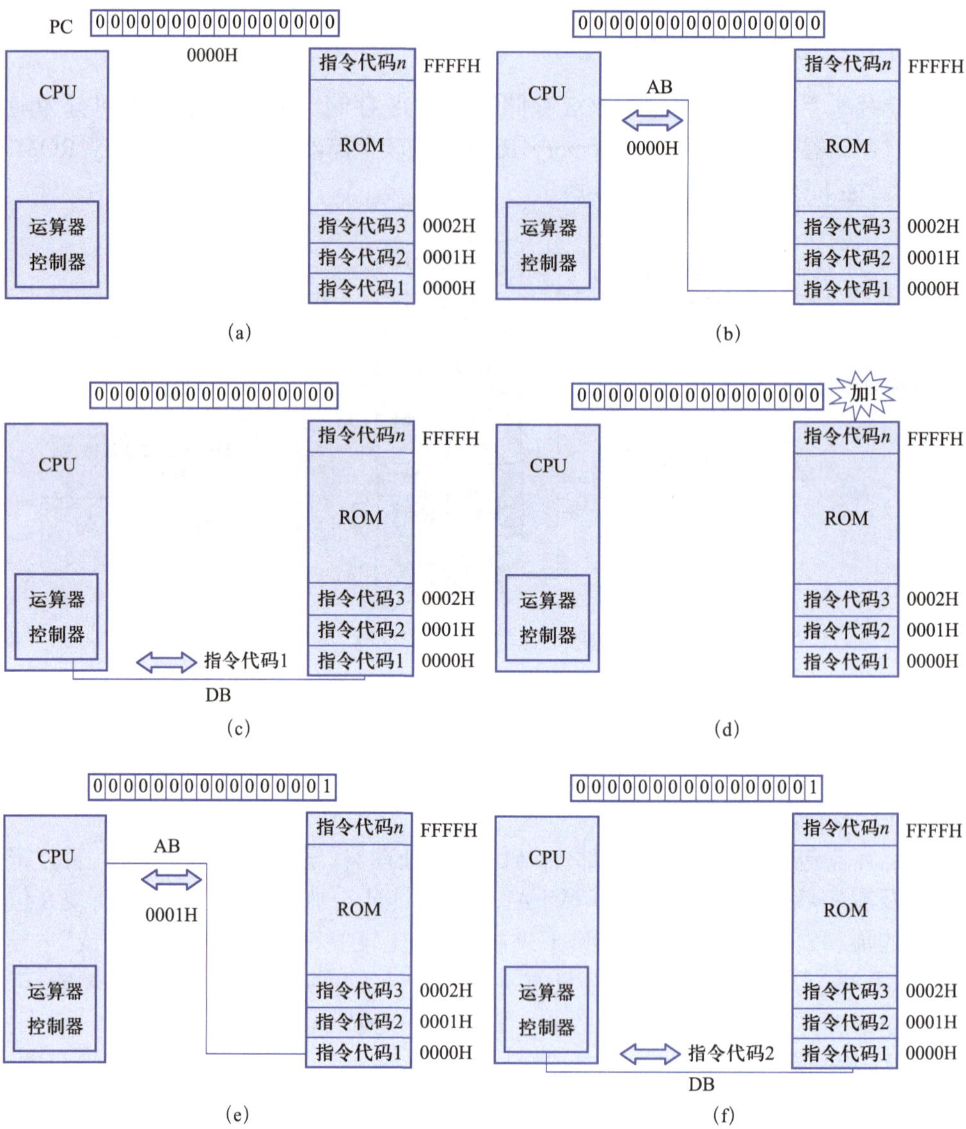

AB—地址总线；DB—数据总线

图 2.5 CPU 的工作过程

PC 是一个 16 位的专用寄存器，没有地址，用户不能通过编程操作它。由于 PC 是 16 位的，所以程序存储器 ROM 的最大容量不能超过 64 KB。PC 中放的是指令的地址，而不是指令的内容。

CPU 执行指令完成什么任务不由 CPU 决定，而是由存放在程序存储器 ROM 中的指令决定。

四、单片机最小系统

单片机最小系统是指单片机能够工作的由最少元件组成的系统（只满足基本条件），不包括控制对象，由单片机、复位电路、晶振电路、电源组成。STC89C51 单片机最小系统如图 2.6 所示。

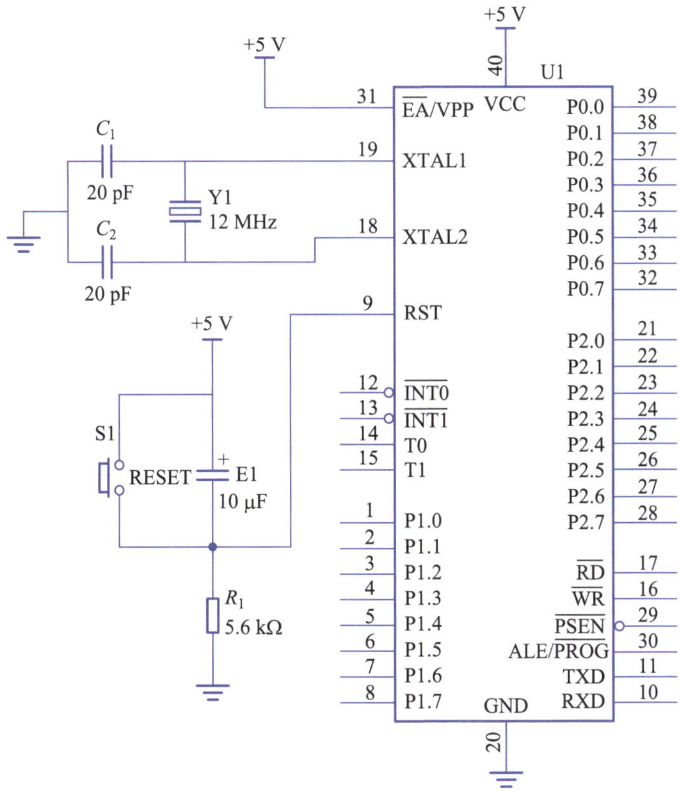

图 2.6 STC89C51 单片机最小系统

1. 复位电路

9 脚(RST)所连接的电路为复位电路,复位电路分为两种:手动复位电路和自动复位电路。图 2.7 所示为自动复位电路,即单片机一上电即进行复位。

微课
复位电路

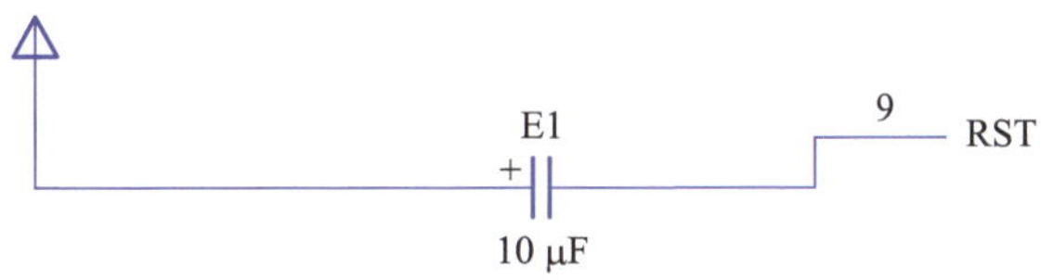

图 2.7 自动复位电路

2. 晶振电路

如图 2.8 所示,18 脚(XTAL2)、19 脚(XTAL1)所连接的电路为晶振电路,用来产生 CPU 工作的振荡周期和执行指令用的机器周期。Y1 为晶振元件,晶振频率通常设置为 6/12 MHz。

微课
晶振电路
(时钟电路)

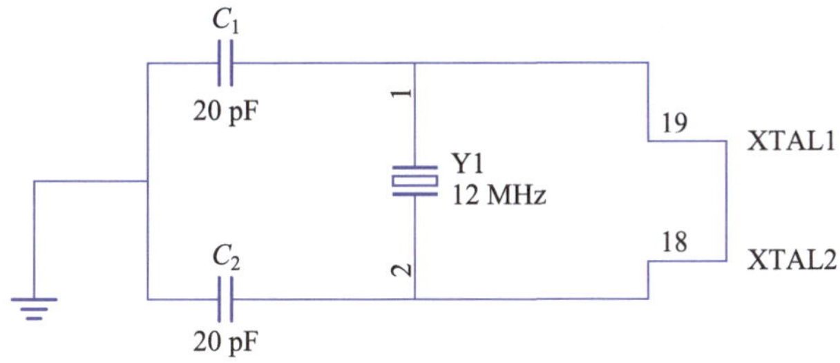

图 2.8 晶振电路

微课
单片机时序

3. 电源

STC89C51 单片机的 40 脚（VCC）为电源正极接入端，20 脚（GND）为电源负极接入端。运用 Proteus 绘制电路原理图时，控件的 VCC 和 GND 已经默认接入，可选择不连接。

任务设计与实施

笔记栏

教师展示单片机最小系统设计作品样例，学生通过小组协作分析作品的设计方案及方法，通过每一个电路的组合完成设计，再进行电路搭建，实现单片机最小系统功能。

一、总体方案设计

单片机最小系统主要包括单片机、复位电路、晶振电路和电源，如图 2.9 所示。

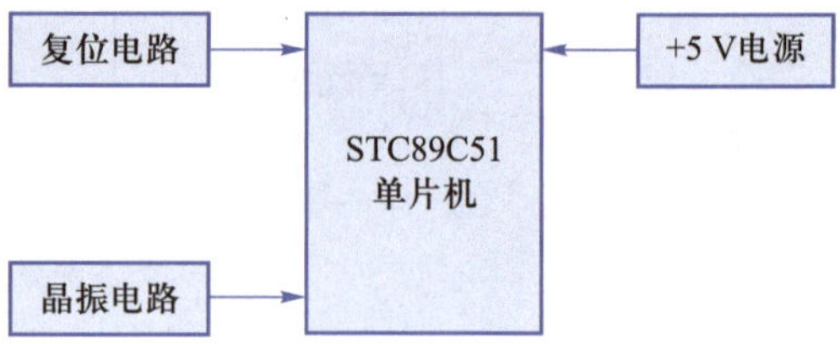

图 2.9　单片机最小系统框图

二、硬件电路设计

由 STC89C51 单片机、复位电路、晶振电路构成一个基本的单片机系统。

① 复位电路可以提供自动复位和手动复位两种复位方式。

② 晶振电路以 12 MHz 的频率向单片机提供振荡脉冲，保证单片机以规定的频率运行。

③ $\overline{EA}$ 引脚接 V_{CC}（高电平），表示选择使用从单片机内部 0000H ~ 0FFFH 到外部 1000H ~ FFFFH 这一区域的 ROM。

任务评价

一、任务总结

本任务通过使用 Proteus 软件进行单片机最小系统电路的搭建，加深学生对单片机的理解。本任务元器件少、成功率高、修改和扩展性强，适合初学者入门，迅速掌握单片机最小系统的结构及原理。

任务完成后需撰写设计报告。撰写设计报告的能力是工程技术人员在产品设计过程中必须具备的能力，设计报告中应包括摘要、目录、正文、参考文献、附录等，其中正文要求包含总体设计思路、硬件电路图、程序设计思路（含流程图）及程序清单、仿真调试结果，以及软 / 硬件综合调试、测试及结果分析等。

二、任务评价表

本任务的评价指标及评价内容见表 2.1 ~ 表 2.6。

表 2.1　总 评 成 绩

<table>
<tr><td colspan="9">总评成绩</td></tr>
<tr><td>项目名称</td><td colspan="4"></td><td>任务名称</td><td colspan="3"></td></tr>
<tr><td>班级</td><td colspan="4"></td><td>日期</td><td colspan="3"></td></tr>
<tr><td rowspan="2">姓名</td><td rowspan="2">学号</td><td rowspan="2">组号</td><td rowspan="2">自我评价10%</td><td rowspan="2">小组互评10%</td><td colspan="3">教师评价</td><td rowspan="2">总评成绩</td></tr>
<tr><td>仿真操作30%</td><td>作品制作与调试排故30%</td><td>设计报告20%</td></tr>
<tr><td></td><td></td><td></td><td></td><td></td><td></td><td></td><td></td><td></td></tr>
</table>

笔记栏

表 2.2　自 我 评 价

<table>
<tr><td colspan="8">自我评价</td></tr>
<tr><td>项目名称</td><td colspan="3"></td><td>任务名称</td><td colspan="3"></td></tr>
<tr><td>班级</td><td colspan="3"></td><td>日期</td><td colspan="3"></td></tr>
<tr><td>姓名</td><td></td><td>学号</td><td></td><td>组号</td><td></td><td>组长</td><td></td></tr>
<tr><td>序号</td><td colspan="3">评价项目</td><td>分值</td><td colspan="3">得分</td></tr>
<tr><td>1</td><td colspan="3">参与查阅单片机最小系统资料</td><td>5 分</td><td colspan="3"></td></tr>
<tr><td>2</td><td colspan="3">参与同组成员间的交流沟通</td><td>5 分</td><td colspan="3"></td></tr>
<tr><td>3</td><td colspan="3">参与设计单片机初始程序</td><td>10 分</td><td colspan="3"></td></tr>
<tr><td>4</td><td colspan="3">参与设计单片机最小系统仿真电路</td><td>15 分</td><td colspan="3"></td></tr>
<tr><td>5</td><td colspan="3">参与实物制作</td><td>15 分</td><td colspan="3"></td></tr>
<tr><td>6</td><td colspan="3">参与作品调试</td><td>15 分</td><td colspan="3"></td></tr>
<tr><td>7</td><td colspan="3">参与作品汇报</td><td>10 分</td><td colspan="3"></td></tr>
<tr><td>8</td><td colspan="3">撰写作品设计报告</td><td>10 分</td><td colspan="3"></td></tr>
<tr><td>9</td><td colspan="3">课程结束操作台干净</td><td>5 分</td><td colspan="3"></td></tr>
<tr><td>10</td><td colspan="3">课程结束计算机关闭</td><td>5 分</td><td colspan="3"></td></tr>
<tr><td>11</td><td colspan="3">参与交流区讨论、答疑</td><td>5 分</td><td colspan="3"></td></tr>
<tr><td>总分</td><td colspan="7"></td></tr>
</table>

表 2.3　小 组 互 评

<table>
<tr><td colspan="8">小组互评</td></tr>
<tr><td>项目名称</td><td colspan="3"></td><td colspan="2">任务名称</td><td colspan="2"></td></tr>
<tr><td>班级</td><td colspan="3"></td><td colspan="2">日期</td><td colspan="2"></td></tr>
<tr><td>被评人姓名</td><td></td><td>被评人学号</td><td></td><td>被评人组号</td><td></td><td>评价人姓名</td><td></td></tr>
<tr><td>序号</td><td colspan="4">评价项目</td><td>分值</td><td colspan="2">得分</td></tr>
<tr><td>1</td><td colspan="4">前期资料准备完备</td><td>10 分</td><td colspan="2"></td></tr>
<tr><td>2</td><td colspan="4">程序设计正确</td><td>20 分</td><td colspan="2"></td></tr>
<tr><td>3</td><td colspan="4">仿真电路设计正确</td><td>20 分</td><td colspan="2"></td></tr>
<tr><td>4</td><td colspan="4">实物制作实现功能正确</td><td>20 分</td><td colspan="2"></td></tr>
<tr><td>5</td><td colspan="4">心得体会汇总丰富翔实</td><td>10 分</td><td colspan="2"></td></tr>
<tr><td>6</td><td colspan="4">积极参与平台上的讨论、答疑</td><td>10 分</td><td colspan="2"></td></tr>
<tr><td>7</td><td colspan="4">积极对遇到困难的小组给予帮助与技术支持</td><td>10 分</td><td colspan="2"></td></tr>
<tr><td>总分</td><td colspan="7"></td></tr>
</table>

笔记栏

表 2.4　仿真操作（教师评价）

仿真操作					
项目名称			任务名称		
班级			日期		
姓名		学号	组号		
序号	评价项目			每处错误扣分值	得分
1	仿真前准备	软件测试		3 分	
		项目程序		5 分	
2	Proteus 仿真电路	元器件使用		5 分	
		元器件参数		3 分	
		接线		4 分	
总分					

表 2.5　作品制作与调试排故（教师评价）

作品制作与调试排故					
项目名称			任务名称		
班级			日期		
姓名		学号	组号		
序号	评价项目			分值	得分
1	调试流程合理可行			10 分	
2	实物调试	能选择合适调试设备		5 分	
		完成故障排查		10 分	
		实现效果与设计方案一致		20 分	
	故障排除	故障原因排查得当		15 分	
		故障解决方法得当		15 分	
3	仪器使用完毕后归放整齐有序			5 分	
4	完成调试记录单			10 分	
5	课程结束操作台干净			5 分	
6	课程结束计算机关闭			5 分	
总分					

表 2.6　设计报告（教师评价）

设计报告					
项目名称			任务名称		
班级			日期		
姓名		学号	组号		
序号	评价项目			分值	得分
1	设计方案描述准确			20 分	
2	元器件选用正确合理			20 分	
3	仿真效果正确可行			20 分	
4	调试方法得当有效			20 分	
5	报告排版设计美观大方			20 分	
总分					

知识拓展

STC89C51 单片机工作方式

1. 程序执行方式

STC89C51 单片机上电复位后，从程序存储器的 0000H 单元开始执行程序，程序执行方式是单片机的基本工作方式。

笔记栏

2. 掉电保护方式

单片机系统在运行过程中，如果发生突然掉电故障，将会导致系统数据丢失，造成严重后果。STC89C51 单片机设置有掉电保护措施，掉电时先保存重要数据，然后启用备用电源维持供电。

3. 低功耗方式

STC89C51 单片机有两种低功耗方式，即空闲方式（idle mode）和掉电保持方式（power down mode），其目的是尽可能降低系统功耗。在掉电保持方式下，VCC 引脚可由后备电源供电。在 VCC 引脚恢复正常工作水平后，才能启动硬件复位，而且复位信号必须维持足够的时间，允许振荡器重新启动并达到稳定。图 2.10 所示为两种低功耗方式工作原理图。

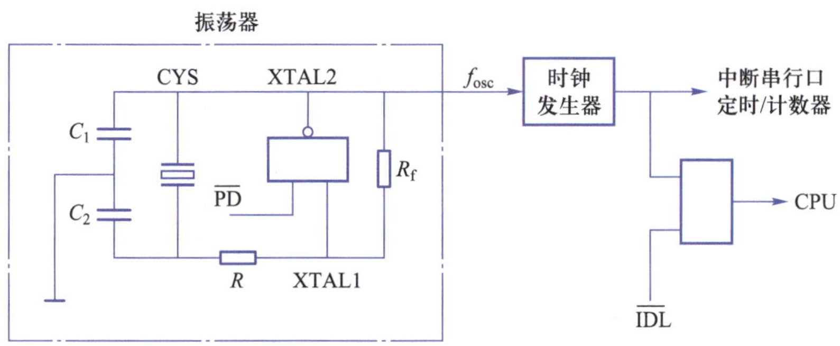

图 2.10 低功耗方式工作原理图

课后训练

1. 独立完成单片机最小系统电路的设计并正确使用 Proteus 软件绘制电路。
2. 掌握基本的单片机系统的工作方式。

"芯"需求

人工智能技术对高算力、高能效芯片的需求

人工智能技术的发展浪潮极大地改变了人类的生产生活方式，对当前人类文明的各个领域产生了深刻的影响，并且还将持续深入地影响下去。

但人工智能技术依靠大算力的支撑，随着技术的爆炸式发展，它对大算力的需求也节节高升。然而，现有的算力短缺与庞大的算力需求之间形成了越来越突出的矛盾。芯片作为算力的物质载体，面临着急需攻克的挑战。如何加快研制高算力、高能效的芯片，解决庞大的算力缺口，实现算力的大幅提升，是当前的硬件技术需要解决的迫切问题，也是卡住人工智能技术发展速度"脖子"的核心问题。

2023 年 10 月，清华大学集成电路学院教授吴华强、副教授高滨团队基于存算一体计算范式，研制出全球首颗全系统集成的、支持高效片上学习（机器学习能在硬件端直接完成）的忆阻器存算一体芯片，在支持片上学习的忆阻器存算一体芯片领域取得重大突破，有望促进人工智能、自动驾驶、可穿戴设备等领域的发展。

（资料来源：学习强国）

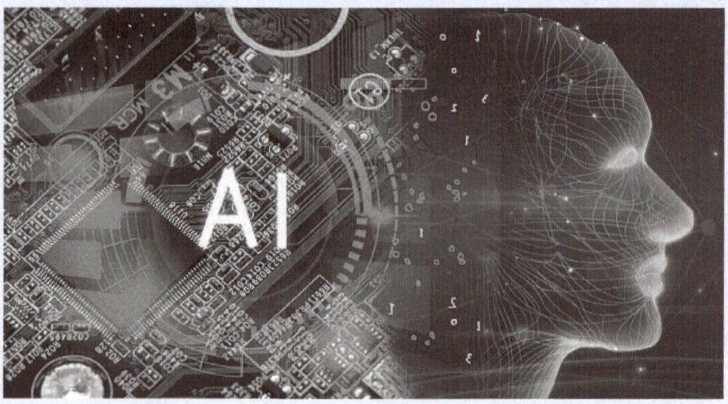

任务 2.2　用单片机最小系统点亮 1 个 LED 灯

课前准备

教师活动：利用线上教学平台提前布置任务，使学生在单片机最小系统学习的基础上进行本任务的学习，通过课前测验了解学生学情，及时调整教学策略。

学生活动：通过线上教学平台对所学知识进行自主学习、主动思索，借助单片机最小系统相关知识对用单片机最小系统点亮 1 个 LED 灯任务进行初步了解，在平台中积极互动交流，进行头脑风暴，激发探究热情，为课堂的深入学习打好基础。

知识回顾

回顾任务 2.1 的内容，搭建好基础电路后使得单片机能够正常稳定运行，再控制相应的输入 / 输出端口实现对应的功能要求。本任务需要用单片机最小系统点亮 1 个 LED 灯。

微课
LED 的使用

任务描述

通过对单片机最小系统的学习与电路搭建，初步掌握单片机系统的工作机制。

本任务要求继续以软、硬件结合方式使用单片机最小系统点亮 1 个 LED 灯，通过任务实施熟练单片机 C51 语言的使用，并用 Proteus 软件搭建和仿真单片机控制电路。

微课
单片机实验箱介绍

知识链接

一、51 系列单片机的 C 语言简介

在汇编语言指令中，人们用助记符来表示机器语言指令中的操作码和操作数，一条汇编语言指令对应一条机器码。汇编语言指令是最接近机器语言的一种语言，在控制底层硬件方面有着良好的性能，占用资源少，程序执行效率高。汇编语言是面向机器的，51 指令系统中的每一条指令与单片机内部各部件相关联，指令每一步的执行动作都有实体所指，只要熟悉 51 系列单片机各个组成部分的功能，学习指令功能就一点也不会感到抽象，并且程序大小和堆栈调用情况都容易控制，调试起来也比较方便。但也正是因为如此，对于不相兼容的单片机来说，其汇编语言会有差异，所以不容易互相移植，可读性也差。

C51 语言是针对 51 系列及其扩展系列单片机的语言，支持符合 ANSI 标准的

C 语言程序设计,同时针对 51 系列单片机的一些特点进行了扩展。C 语言向 51 系列单片机上的移植始于 20 世纪 80 年代中后期,虽然移植的难度不小,但经过 Keil/Franklin、Archimedes、IAR、BSO/Tasking 等公司艰苦不懈的努力,终于在 20 世纪 90 年代趋于成熟,C51 语言成为专业化的单片机高级语言。由于 C 语言生成的代码太长、占用资源较多、执行效率没有汇编语言高等缺点已被大幅度地克服,因此 C51 语言在单片机编程中具备了以下优点:

笔记栏

① 单片机 C51 程序由若干函数组成,具有良好的模块化结构,用户不需要掌握繁杂的指令集,一般情况下也不必对单片机的具体硬件做过多的深入接触。

② 在使用单片机 C51 语言时,无须进行人工分配单片机资源(如寄存器、存储器等)的工作,C 编译器会根据程序中所定义的变量类型自动分配相关资源。

③ 单片机 C51 语言提供复杂的数据类型(数组、结构、联合、枚举、指针等),极大地增强了程序处理能力和灵活性。

④ 单片机 C51 语言对 51 系列单片机的内部数据存储空间、外部数据存储空间和程序存储空间提供 data、bdata、idata、pdata、xdata 和 code 等存储器类型,并能自动为变量合理分配地址。

⑤ C51 编译器能够自动实现中断服务程序的现场保护和恢复。

⑥ 单片机 C51 语言提供常用的标准函数库,以供用户直接使用,从而能够大大减少用户编译的工作量。

编制 C51 程序,就要学习 C51 编程的基础知识。

首先要了解 C51 的数据类型主要分为基本类型、构造类型、指针类型和空类型。其中,基本类型又可分为位型 bit、字符型 char、整型 int、长整型 long 和浮点型 float(也称为实型);构造类型又可分为数组类型 array、结构体类型 struct、共用体类型 union 和枚举类型 enum 等。数据类型决定了该数据占用存储空间的大小、表达形式、取值范围及可参与运算的种类。

在编程语言中的数据可分为常量和变量。在程序运行过程中,其值不能改变的量称为常量。常量按数据类型可分为位型常量、字符型常量、整型常量、浮点型常量、字符常量、字符串常量和符号常量。在程序运行过程中,其值可以改变的量称为变量。变量有两个要素,即变量名和变量值。变量名要求按标识符规则定义;变量值存储在存储器中。变量必须先定义,后使用,在程序运行中,通过变量名引用变量值。变量按数据类型可分为字符型变量、整型变量、浮点型变量、位变量和指针变量。变量按使用范围可分为局部变量和全局变量。

另外,还要了解 C51 的一些运算符,如赋值运算符、算术运算符、关系运算符、逻辑运算符、位逻辑运算符、复合赋值运算符等。最后,要学习和掌握 C51 基本语句,如表达式语句、复合语句、选择语句和循环语句,通过编程实现各种复杂的运算和操作。

二、单片机应用系统的设计流程

单片机应用系统设计分为总体方案设计、硬件电路设计、软件设计及系统调试 4 个部分。

1. 总体方案设计

总体方案通过任务描述中的要求以及控制系统的框图进行初步确定,再结合元器件基础知识进行任务实施,达到实现相应功能的目的。

2. 硬件电路设计

① 根据任务需求规划确定单片机类型及外围接口电路方案。

② 根据方案设计具体电路。

3. 软件设计

① 根据功能需求,结合硬件电路控制方式,规划设计软件功能模块。

② 将功能模块细化成流程图。

③ 根据流程图编写程序代码。

④ 将编译后的目标代码下载到实物单片机或虚拟单片机进行软件仿真调试。

4. 系统调试

① 将初调成功的目标代码下载到单片机目标试验板进行软、硬件联调及功能验证。

② 验证成功符合设计要求,可以进行批量测试。

笔记栏

任务设计与实施

教师展示用单片机最小系统点亮 1 个 LED 灯的设计作品样例,学生通过小组协作分析作品的设计方案及方法,只有在确保单片机最小系统稳定工作的前提下才能进一步使用单片机的其他功能。

一、任务 1 :点亮 1 个 LED 灯

1. 总体方案设计

单片机控制 LED 灯的电路主要包括单片机最小系统和 1 个 LED 灯,如图 2.11 所示。

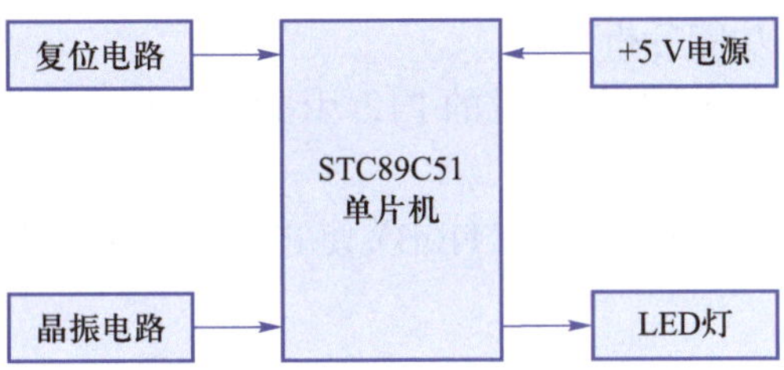

图 2.11 单片机控制 LED 灯框图

2. 硬件电路设计

由 STC89C51 单片机、复位电路、晶振电路构成一个基本的单片机系统,再在外部 I/O 引脚上连接 LED 和限流电阻,就构成了单片机控制 LED 灯的硬件电路,其原理图如图 2.12 所示。

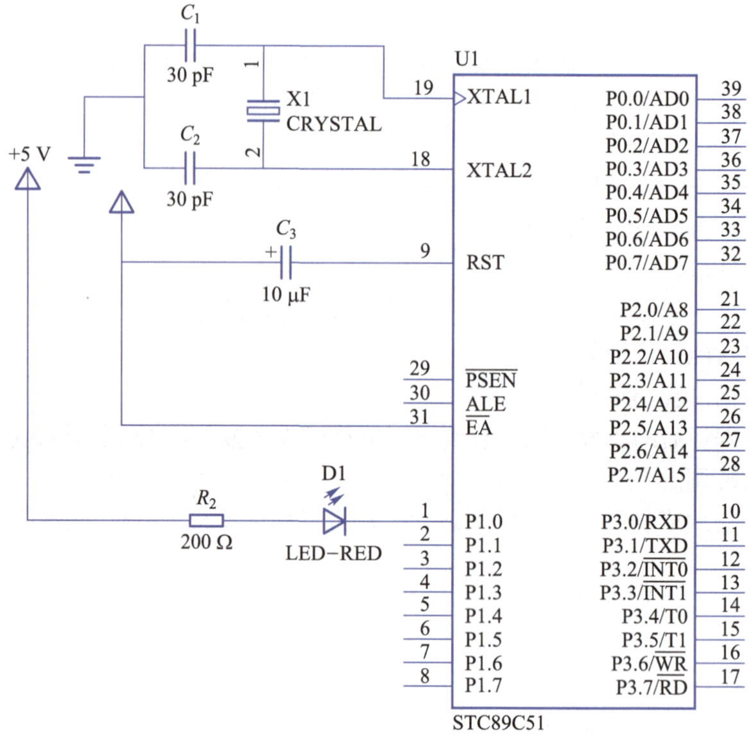

图 2.12　单片机控制 LED 灯硬件电路原理图

① 复位电路可以提供自动复位和手动复位两种复位方式。

② 晶振电路以 12 MHz 的频率向单片机提供振荡脉冲，保证单片机以规定的频率运行。

③ $\overline{EA}$ 引脚接 V_{CC}（高电平），表示选择使用从单片机内部 0000H ~ 0FFFH 到外部 1000H ~ FFFFH 这一区域的 ROM。

④ LED 连接到单片机的 P1.0 引脚，LED 灯亮表示对应的引脚输出低电平，LED 灯灭表示对应的引脚输出高电平。

3. 软件设计

(1) LED 灯点亮功能分析

下面要控制 STC89C51 单片机的 P1.0 引脚输出低电平和高电平，实现 LED 灯的亮和灭。

例如，在 P1 口输出 0xFE（11111110B），使 P1.0 引脚输出低电平“0”，LED 灯被点亮，代码如下：

```
P1=0xFE;                    //P1.0 输出低电平“0”，其他位输出高电平“1”
```

(2) LED 灯点亮控制设计与实现

LED 灯点亮控制的代码如下：

```
#include<reg51.h>
     void main( )  //主程序
```

```
    {
        while(1)
        {
            P1=0xFE;
        }
    }
```

笔记栏

(3) 电路仿真

利用 Protues 仿真软件对系统进行电路仿真，仿真结果如图 2.13 所示。

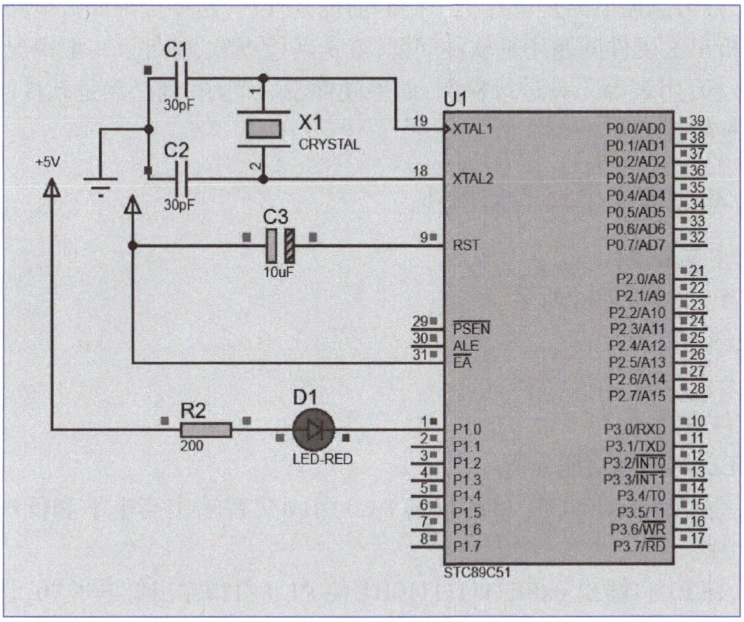

图 2.13　仿真结果

4. 系统调试

(1) 硬件调试

硬件调试是系统调试工作的基础，只有硬件全部正常工作后才能在以此为基础的平台上加载软件，从而实现系统功能。

硬件调试的步骤如下：电源部分提供整个电路所需的各种电压（包括 STC89C51 单片机所需的稳压 +5 V），先确定电源是否正确，单片机的电源引脚电压是否正确，是不是所有的接地引脚都已接地。如果单片机有内核电压的引脚，需测试内核电压是否正确。然后测量晶振有没有起振，一般晶振起振时，两个引脚都会有超过 1 V 的电压。接着检查复位电路是否正常。再测量单片机的 ALE 引脚，看是否有脉冲波输出，以判断单片机是否工作。ALE 为地址锁存信号输出引脚，每个机器周期会输出两个正脉冲。最后检查 LED 灯是否接反或烧坏。

(2) 软件调试

软件调试主要是在编写系统软件时进行的，一般使用 Keil C51 进行软件的编写和调试。进行软件编写时首先要分清软件应该分成哪些部分,不同的部分最好分开进行编写和调试。

如果硬件电路检查无误后却实现不了设计要求,则可能是软件编程的问题。首先应检查主程序,然后检查分段程序,要注意逻辑顺序、调用关系以及涉及的标号,有时会因为一个标号而影响程序的执行。除此之外,还要熟悉各指令的用法,以免出错。

(3) 软、硬件联调

微课
控制1个LED灯闪烁:任务分析

在硬件电路和软件仿真均正确的前提下,就可以进行软、硬件联调了。首先,将调试好的程序通过下载器下载入单片机,然后就可以上电看结果,观察系统是否能够实现所要求的功能。如果不能,就先利用示波器观察单片机的晶振电路,看是否有信号,因为晶振电路是单片机工作的前提,所以一定要保证晶振电路正常。如果不能分析出是硬件问题还是软件问题,就重新检查软、硬件。一般情况下硬件电路可以通过万用表等工具进行检测,如果硬件没有问题,则必然是软件问题,就应该重新检查软件。

微课
控制1个LED灯闪烁:硬件电路设计

二、任务2:控制1个LED灯闪烁

1. 总体方案设计

同任务1,如图2.11所示。

2. 硬件电路设计

同任务1,如图2.12所示。

3. 软件设计

微课
控制1个LED灯闪烁:软件设计

(1) LED灯闪烁功能分析

下面要控制STC89C51单片机的P1.0引脚交替输出高电平和低电平,实现LED灯的闪烁。

例如,在P1口输出0xFE(11111110B),使P1.0引脚输出低电平“0”,LED灯被点亮,代码如下:

```
P1=0xFE;            //P1.0输出低电平“0”,其他位输出高电平“1”
```

在P1口输出0xFF(11111111B),则P1.0引脚输出高电平“1”,LED灯被熄灭,代码如下:

```
P1=0xFF;            //P1.0输出高电平“1”
```

(2) LED灯闪烁控制过程

LED灯闪烁控制过程如下:

① LED灯点亮:P1口输出0xFE。

② 延时一段时间。

③ LED灯熄灭:P1口输出0xFF。

④ 重复步骤①~③,就可以实现LED灯的闪烁。

从以上分析可以看出,实现LED灯闪烁控制的方法是单片机的P1.0引脚交替输出高、低电平。

笔记栏

(3) LED 灯闪烁控制设计与实现

LED 灯闪烁控制的代码如下：

```
#include<reg51.h>
#define uchar unsigned char
void DelayMS(uint x)        //延时函数
    {
        uchar i;
        while(x--)
            {
                for(i=0; i<120; i++);
            }
    }
        void main( )        //主程序
        {
            while(1)
            {
                P1=0xFE;
                DelayMS(150);
                P1=0xFF;
            }
    }
```

(4) 电路仿真

利用 Protues 仿真软件对系统进行电路仿真，仿真结果如图 2.14 所示。

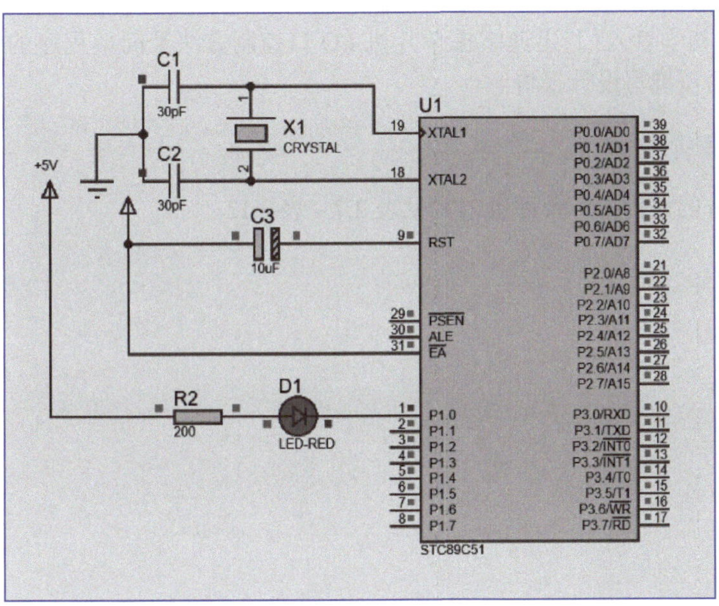

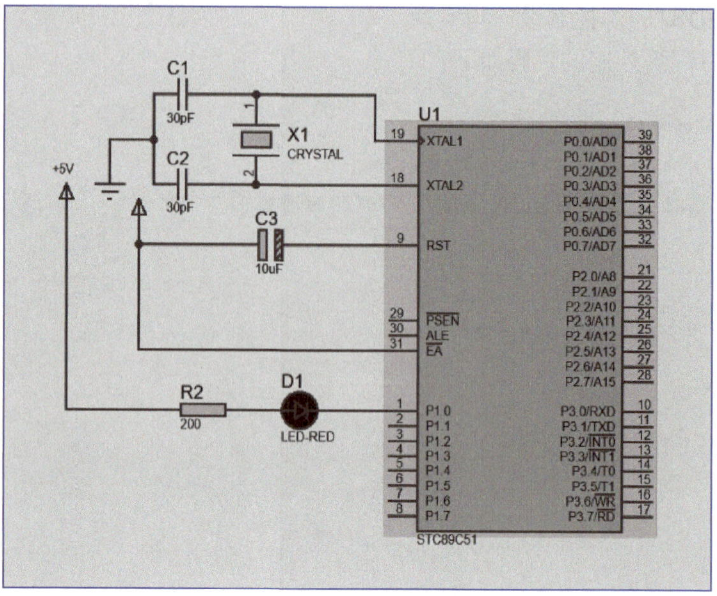

图 2.14　仿真结果

笔记栏

4. 系统调试

参照任务 1 中介绍的系统调试方法进行相应的硬件调试，软件调试以及软、硬件联调。

任务评价

一、任务总结

本任务在单片机最小系统的基础上外接 LED 灯，通过控制 P1.0 引脚输出的电平状态，从而控制 LED 灯的点亮与闪烁。本任务元器件少、成功率高、修改和扩展性强，适合初学者入门，迅速掌握单片机 I/O 口控制方法及简单程序的设计方法。任务完成后需撰写设计报告。

二、任务评价表

本任务的评价指标及评价内容见表 2.7 ~ 表 2.12。

表 2.7　总评成绩

<table>
<tr><td colspan="9">总评成绩</td></tr>
<tr><td>项目名称</td><td colspan="4"></td><td>任务名称</td><td colspan="3"></td></tr>
<tr><td>班级</td><td colspan="4"></td><td>日期</td><td colspan="3"></td></tr>
<tr><td rowspan="2">姓名</td><td rowspan="2">学号</td><td rowspan="2">组号</td><td rowspan="2">自我评价
10%</td><td rowspan="2">小组互评
10%</td><td colspan="3">教师评价</td><td rowspan="2">总评成绩</td></tr>
<tr><td>仿真操作
30%</td><td>作品制作与调试排故
30%</td><td>设计报告
20%</td></tr>
<tr><td></td><td></td><td></td><td></td><td></td><td></td><td></td><td></td><td></td></tr>
</table>

笔记栏

表 2.8　自我评价

<table>
<tr><td colspan="8">自我评价</td></tr>
<tr><td>项目名称</td><td colspan="3"></td><td>任务名称</td><td colspan="3"></td></tr>
<tr><td>班级</td><td colspan="3"></td><td>日期</td><td colspan="3"></td></tr>
<tr><td>姓名</td><td></td><td>学号</td><td></td><td>组号</td><td></td><td>组长</td><td></td></tr>
<tr><td>序号</td><td colspan="3">评价项目</td><td>分值</td><td colspan="3">得分</td></tr>
<tr><td>1</td><td colspan="3">参与查阅单片机 I/O 口资料</td><td>5 分</td><td colspan="3"></td></tr>
<tr><td>2</td><td colspan="3">参与同组成员间的交流沟通</td><td>5 分</td><td colspan="3"></td></tr>
<tr><td>3</td><td colspan="3">参与设计 LED 灯控制程序</td><td>10 分</td><td colspan="3"></td></tr>
<tr><td>4</td><td colspan="3">参与设计仿真电路</td><td>15 分</td><td colspan="3"></td></tr>
<tr><td>5</td><td colspan="3">参与实物制作</td><td>15 分</td><td colspan="3"></td></tr>
<tr><td>6</td><td colspan="3">参与作品调试</td><td>15 分</td><td colspan="3"></td></tr>
<tr><td>7</td><td colspan="3">参与作品汇报</td><td>10 分</td><td colspan="3"></td></tr>
<tr><td>8</td><td colspan="3">撰写作品设计报告</td><td>10 分</td><td colspan="3"></td></tr>
<tr><td>9</td><td colspan="3">课程结束操作台干净</td><td>5 分</td><td colspan="3"></td></tr>
<tr><td>10</td><td colspan="3">课程结束计算机关闭</td><td>5 分</td><td colspan="3"></td></tr>
<tr><td>11</td><td colspan="3">参与交流区讨论、答疑</td><td>5 分</td><td colspan="3"></td></tr>
<tr><td>总分</td><td colspan="7"></td></tr>
</table>

表 2.9　小组互评

<table>
<tr><td colspan="8">小组互评</td></tr>
<tr><td>项目名称</td><td colspan="3"></td><td colspan="2">任务名称</td><td colspan="2"></td></tr>
<tr><td>班级</td><td colspan="3"></td><td colspan="2">日期</td><td colspan="2"></td></tr>
<tr><td>被评人姓名</td><td></td><td>被评人学号</td><td></td><td>被评人组号</td><td></td><td>评价人姓名</td><td></td></tr>
<tr><td>序号</td><td colspan="4">评价项目</td><td>分值</td><td colspan="2">得分</td></tr>
<tr><td>1</td><td colspan="4">前期资料准备完备</td><td>10 分</td><td colspan="2"></td></tr>
<tr><td>2</td><td colspan="4">程序设计正确</td><td>20 分</td><td colspan="2"></td></tr>
<tr><td>3</td><td colspan="4">仿真电路设计正确</td><td>20 分</td><td colspan="2"></td></tr>
<tr><td>4</td><td colspan="4">实物制作实现功能正确</td><td>20 分</td><td colspan="2"></td></tr>
<tr><td>5</td><td colspan="4">心得体会汇总丰富翔实</td><td>10 分</td><td colspan="2"></td></tr>
<tr><td>6</td><td colspan="4">积极参与平台上的讨论、答疑</td><td>10 分</td><td colspan="2"></td></tr>
<tr><td>7</td><td colspan="4">积极对遇到困难的小组给予帮助与技术支持</td><td>10 分</td><td colspan="2"></td></tr>
<tr><td>总分</td><td colspan="7"></td></tr>
</table>

笔记栏

表 2.10 仿真操作（教师评价）

仿真操作					
项目名称			任务名称		
班级			日期		
姓名		学号		组号	
序号	评价项目			每处错误扣分值	得分
1	Keil C51 程序编写	语法		3 分	
		逻辑		5 分	
2	Proteus 仿真电路	元器件使用		5 分	
		元器件参数		3 分	
		接线		4 分	
总分					

表 2.11 作品制作与调试排故（教师评价）

作品制作与调试排故					
项目名称			任务名称		
班级			日期		
姓名		学号		组号	
序号	评价项目			分值	得分
1	调试流程合理可行			10 分	
2	实物调试	能选择合适调试设备		5 分	
		完成故障排查		10 分	
		实现效果与设计方案一致		20 分	
	故障排除	故障原因排查得当		15 分	
		故障解决方法得当		15 分	
3	仪器使用完毕后归放整齐有序			5 分	
4	完成调试记录单			10 分	
5	课程结束操作台干净			5 分	
6	课程结束计算机关闭			5 分	
总分					

表 2.12 设计报告（教师评价）

设计报告					
项目名称			任务名称		
班级			日期		
姓名		学号		组号	
序号	评价项目			分值	得分
1	设计方案描述准确			20 分	
2	元器件选用正确合理			20 分	
3	仿真效果正确可行			20 分	
4	调试方法得当有效			20 分	
5	报告排版设计美观大方			20 分	
总分					

知识拓展

工程剪辑在单片机最小系统绘制中的应用

工程剪辑的作用就是把大的原理图中的通用部分进行剪辑保存，方便设计人员调用，这样就可以最大限度地利用以往的设计成果，提高设计效率。

笔记栏

单片机控制系统原理图中最小系统电路图部分的工程剪辑是工程剪辑的典型应用，如图 2.15 和图 2.16 中的点画线框部分即为单片机控制系统原理图中的最小系统电路图部分。

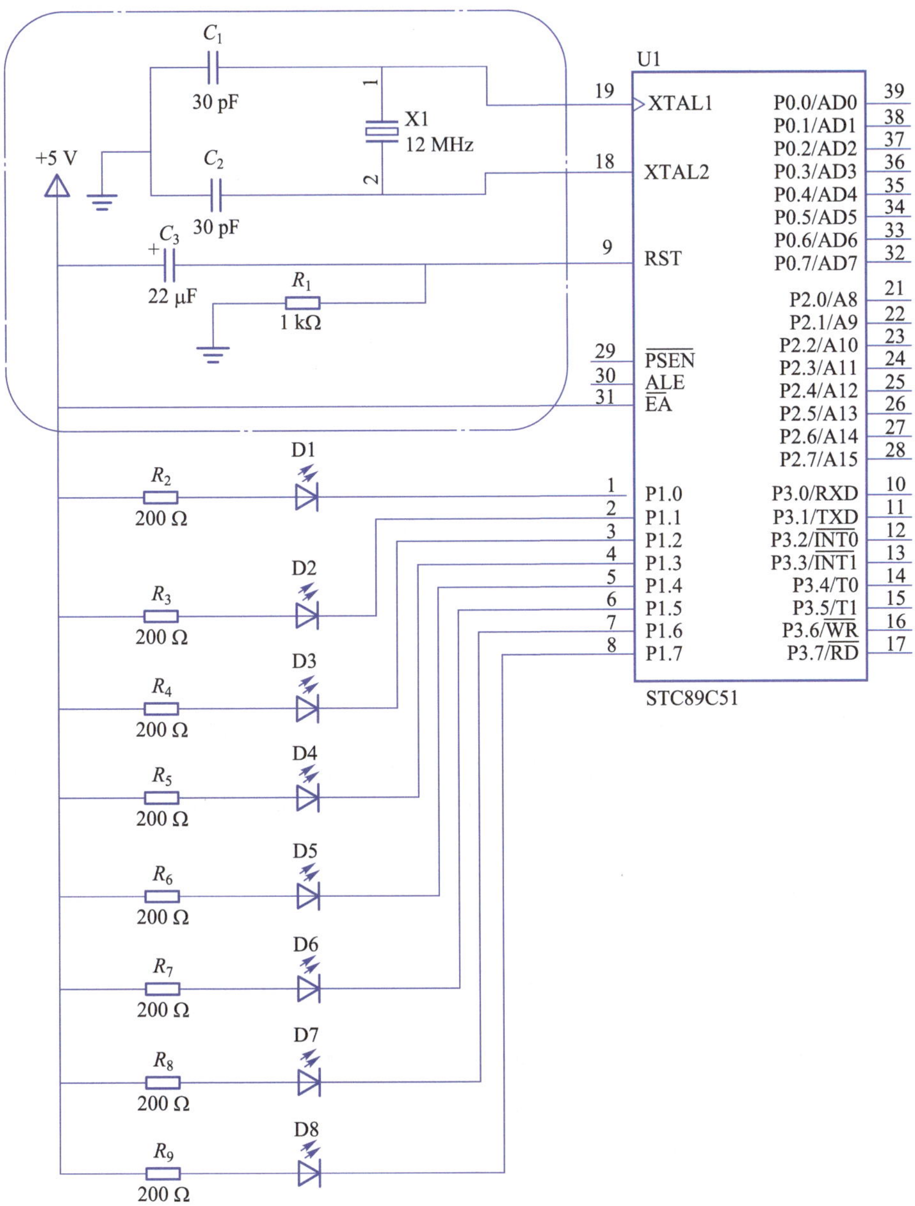

图 2.15　流水灯电路原理图

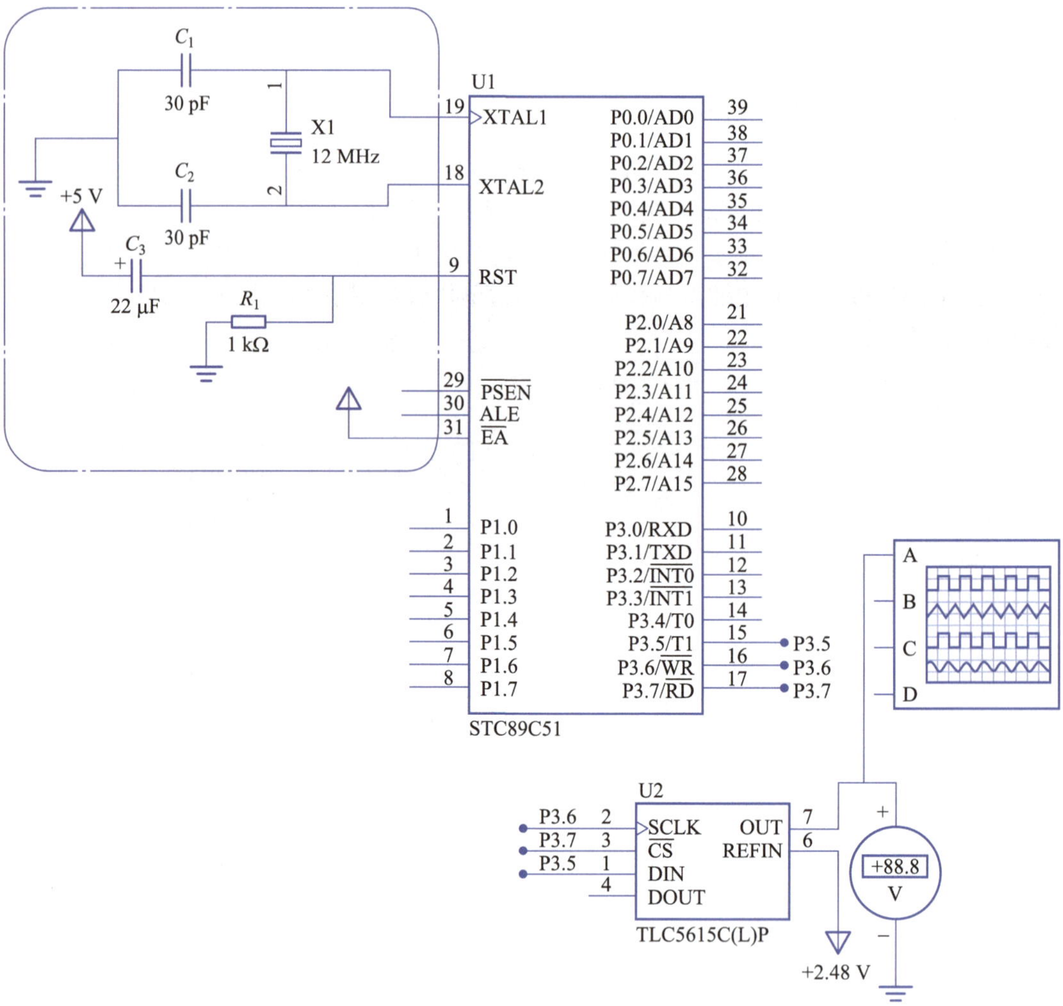

图 2.16　TLC5615 D/A 转换的仿真

在图 2.15 和图 2.16 所示的电路图中，最小系统部分的参数一样，就可以把最小系统电路图部分做成工程剪辑保存下来，等到下次设计电路时，直接把最小系统电路图部分的工程剪辑调用到新电路中即可，以提高原理图的绘制效率。

课后训练

1. 使用 Keil C51 软件编写点亮 2 个 LED 灯的 C 语言程序。
2. 使用 Keil C51 软件编写控制 2 个 LED 灯闪烁的 C 语言程序。
3. 使用 Proteus 软件绘制单片机最小系统控制 2 个 LED 灯的电路。
4. 在 Proteus 电路图中分别添加训练 1 和训练 2 的 C 语言程序生成的 hex 文件并实现软、硬件联调。

"芯"需求

新型光子芯片可满足高速处理大型数据的需求

光对任何形式的障碍物都很敏感，即使是很小的障碍物。例如，人们透过磨砂玻璃或起雾眼镜看物体时，会觉得物体模糊难辨。这种影响与光无线系统中携带数据流的光束如出一辙：信息虽然存在，但完全失真，极难检索。

2023 年年底研究开发的小型硅芯片可用作智能收发器，它们成对工作，可自动且独立地计算光束需要的形状，从而以最大效率通过环境。此外，它们还可生成多个重叠的具有独特形状的光束，并在不相互干扰的情况下引导这些光束。通过这种方式，新型芯片的传输容量显著提升，可满足下一代无线系统的要求。

研究人员解释道，这种新型芯片是数学处理器，可非常快速、高效地利用光进行计算，几乎没有能耗。光束通过简单的代数运算产生，直接对光信号进行运算，并通过直接集成在芯片上的微型天线进行传输。这项技术具有许多优点：极易处理、高能效以及带宽超过 5 000 GHz。使用光学处理器的模拟计算在多个领域有用武之地，可用于神经形态系统的数学加速器、高性能计算、人工智能、量子计算机和密码学、高级定位和传感器系统，以及通常需要以非常高的速度处理大量数据的系统。

（资料来源：科技日报）

项目三

单片机输入 / 输出系统的工程应用

项目导读

本项目从 LED 灯循环点亮控制入手，介绍 STC89C51 单片机的输入 / 输出端口控制多个 LED 灯发光及按键控制数码管显示的方法，讲解 LED 驱动电路和循环控制程序的相关设计方法，使学生掌握单片机应用系统开发流程。在硬件电路设计以及在 Proteus 软件中进行电路仿真、电路元器件选取、电路参数测试与调整的过程中，进一步锻炼学生软、硬件联调等技能，加深其对单片机系统开发流程的认识。

知识目标	1. 了解单片机系统开发流程 2. 掌握 STC89C51 单片机输入 / 输出端口的控制方法 3. 掌握 LED 花样彩灯及按键控制数码管显示程序的编写方法
能力目标	1. 能够完成 LED 花样彩灯及按键控制数码管显示硬件电路元器件的识别与选取 2. 能够用 C 语言编写 LED 花样彩灯及按键控制数码管显示程序 3. 能够完成 LED 花样彩灯及按键控制数码管显示的软、硬件联调
素养目标	1. 具有团队协作意识、自主创新意识 2. 具有面对复杂、不确定情境时，勇于探索、勤于学习的精神 3. 提高综合运用所学知识、观念、方法解决实际问题的能力
教学重点	1. 单片机输入 / 输出端口工作原理 2. LED 花样彩灯循环控制程序
教学难点	1. 多种 LED 花样彩灯循环控制程序的编写 2. 独立按键的控制方法
建议学时	8 学时
推荐教学方法	从任务入手，通过 LED 灯循环点亮控制设计，让学生了解单片机输入 / 输出端口的工作原理，进而通过基于 Proteus 仿真的 LED 花样彩灯及按键控制数码管显示设计，熟悉 LED、独立按键等设备的使用方法
推荐学习方法	勤学勤练、动手操作是学好单片机输入 / 输出端口应用的关键，动手完成 LED 花样彩灯及按键控制数码管显示的设计与仿真，通过边做边学获得更好的学习效果

任务 3.1　LED 花样彩灯的设计与仿真

课前准备

教师活动：利用线上教学平台提前布置任务，通过课前测验了解学生学情，及时调整教学策略。

学生活动：通过线上教学平台对 LED 花样彩灯的设计与仿真任务进行初步了解，并在平台中积极互动交流，进行头脑风暴，激发探究热情，为课堂的深入学习打好基础。

知识回顾

回顾项目二的内容，了解单片机最小系统是保证单片机能够正常工作的最基本、必不可少的一部分，有了单片机最小系统就可以连接外部设备（简称外设）以实现各种控制功能。本任务就是使用最常见的 LED 灯实现花样彩灯的设计。

微课
LED 花样彩灯:任务分析

任务描述

控制 LED 灯按照设计的花样循环点亮，关键在于控制单片机输入 / 输出端口，这是迈向单片机系统工程应用的第一步。

本任务要求在单片机最小系统的基础上控制 8 个 LED 灯闪烁发光。8 个 LED 灯连接在单片机 P0 口上，通过 C 语言程序控制 8 个 LED 灯循环点亮，产生花样彩灯效果。本任务用 Keil C51、Proteus 开发工具进行仿真实现。

微课
什么是 I/O 端口

知识链接

微课
单片机输入/输出端口

一、输入 / 输出端口功能概述

STC89C51 单片机有 4 个 8 位的并行双向输入 / 输出（I/O）端口，分别为 P0 口、P1 口、P2 口、P3 口，每个端口中都包括一个输出锁存器（属于特殊功能寄存器）。每个端口占 8 个引脚，4 个端口共占 32 个引脚。每个端口均可按字节输入 / 输出，也可按位输入 / 输出。它们是典型的 CPU 与外设的输入 / 输出接口，可以很方便地实现 CPU 与外部设备及芯片的信息交换。

微课
单片机的并行 I/O 端口

图 3.1 所示为并行口数据的传输示意图。图中箭头所指方向为 D0 ~ D7 的传输过程，当传输完成后，并行口的数据 D0 ~ D7 被锁存，直至下个数据到来。

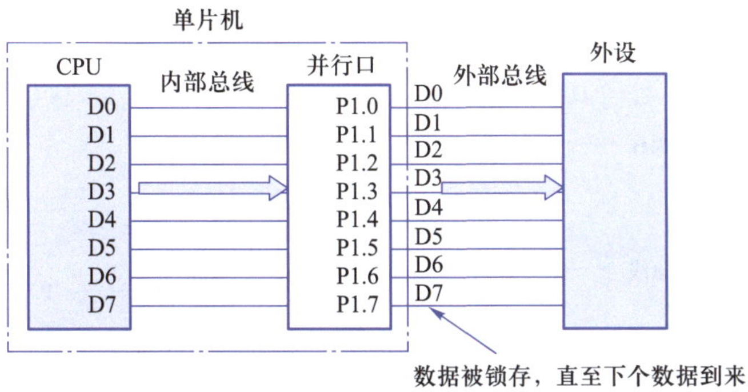

图 3.1　并行口数据的传输示意图

笔记栏

二、并行口的结构

因为 P1 口是在逻辑结构上比较典型的并行口，所以下面将以 P1 口为例进行介绍。

图 3.2 所示为 P1 口逻辑结构，图中仅给出 1 位数据的传输示意图，实际的 P1 口内部有 8 位数据并行传输。

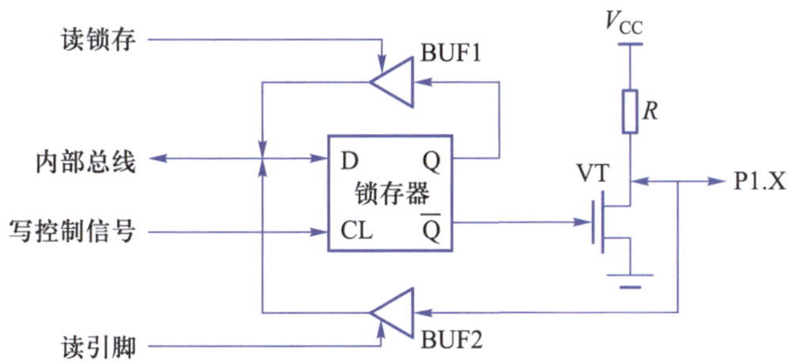

图 3.2　P1 口逻辑结构

1. P1 口作为输出口

当 P1 口作为输出口时，数据从数据输入端输入，从命令输出端输出。

例如，当 CPU 要传输数据“0”时，在锁存器的命令输入端（CL 端）发送脉冲指令，数据经过 D 锁存器，$\overline{Q}$ 端输出“1”信号，晶闸管 VT 导通，引脚输出“0”电平，如图 3.3 所示。

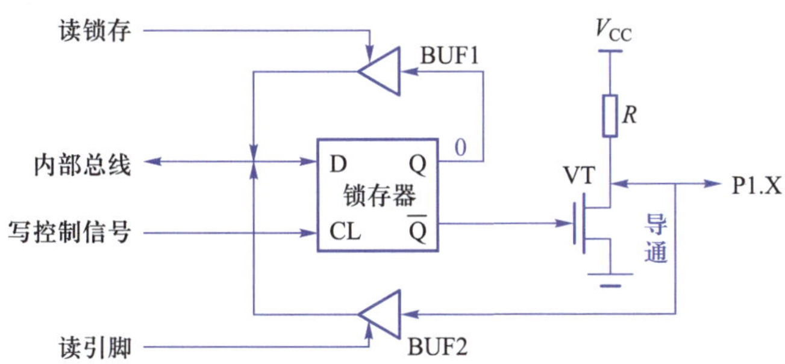

图 3.3　输出数据“0”时的传输状态

当 CPU 要传输数据“1”时，在锁存器的命令输入端（CL 端）发送脉冲指令，

数据经过 D 锁存器，$\overline{Q}$ 端输出“0”信号，晶闸管 VT 截止，引脚输出“1”电平，如图 3.4 所示。

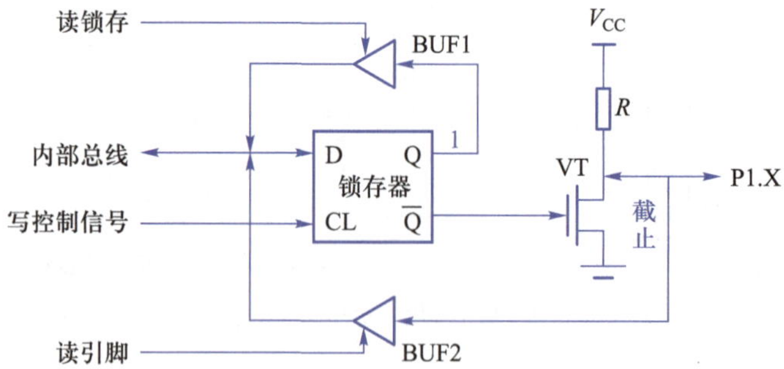

图 3.4　输出数据“1”时的传输状态

2. P1 口作为输入口

要输入 P1 口的数据来源于外设。当 P1 口作为输入口时，锁存器必须为“1”态，这样晶闸管 VT 才处于截止状态。输入数据传输路径如图 3.5 所示。当 CPU 的读命令脉冲发出后，BUF2 导通，数据经过 BUF2 传输到 CPU 内部存储器中。

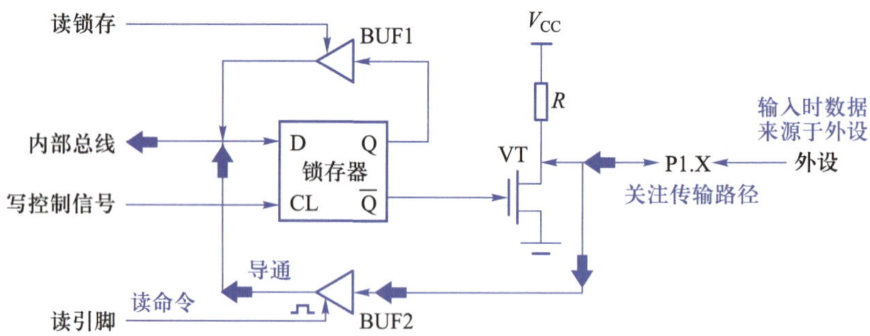

图 3.5　P1 口作为输入时的输入数据传输路径

3. STC89C51 单片机并行口特点

① P1 口作为输入口时，必须先向锁存器写入“1”，使 VT 截止即双向传输不对等，所以称之为准双向口。当 P1 口作为输出口输出数据“1”时，VT 截止，由于 R 的高阻值特性，P1.X 引脚有微弱的高电平，称之为（弱）上拉，如图 3.6 所示，图中省略了引脚前端结构。

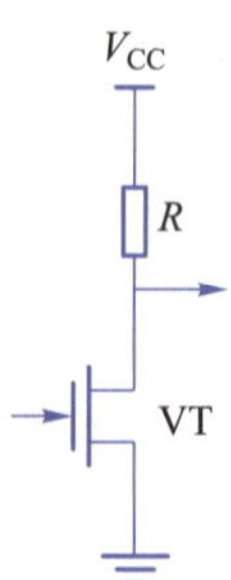

图 3.6　引脚（弱）上拉形式

② 锁存器就是 SFR 中的 P0、P1、P2、P3 这 4 个特殊功能寄存器，其初始值全为 FFH。

③ P0 口与 P1 口的逻辑结构稍有不同，如图 3.7 所示。P0 口作为输出口输出数据“1”时，VT2 截止，而在 P0 口作为输出口使用时，VT1 本身就是截止状态，即引脚端结构为开路，如图 3.8 所示，图中省略了引脚前端结构。引脚上没有高电平，只有低电平，需外接上拉电阻才会有高电平，如图 3.9 所示。

笔记栏

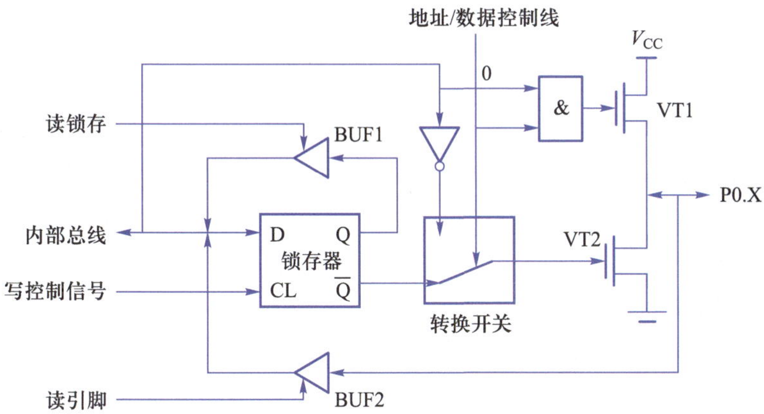

图 3.7　P0 口逻辑结构

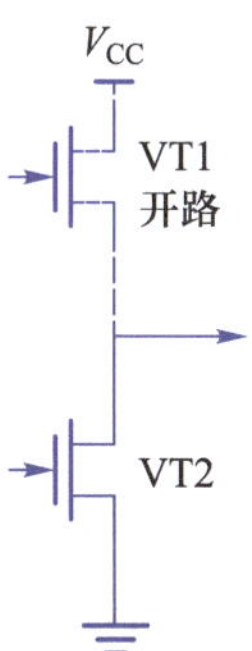

图 3.8　引脚开路形式

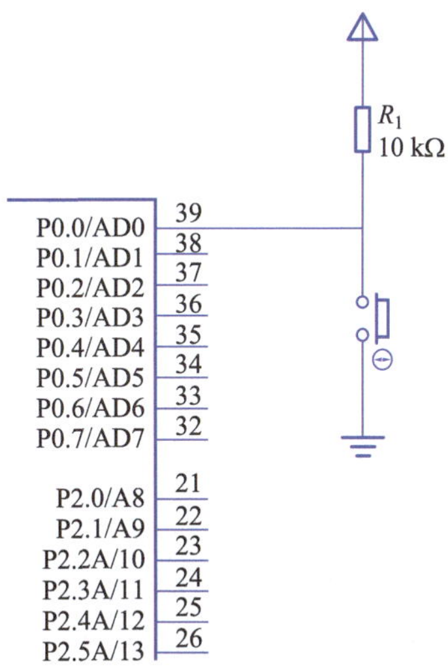

图 3.9　上拉电阻的电路连接示意图

没有外扩芯片时，P0 口可以直接作为输入口或输出口使用。当有外扩芯片时，P0 口不再用作 I/O 端口，而是用于先传送地址，后传送数据。但是现在的单片机已经不考虑扩展特性，所以它的第二功能已经很少使用。

④ P2 口的逻辑结构如图 3.10 所示。与 P1 口类似，P2 口作为输入口时，也必须先向锁存器写入“1”，使 VT 截止即双向传输不对等，即其也为准双向口，其引脚结构也是(弱)上拉形式。

笔记栏

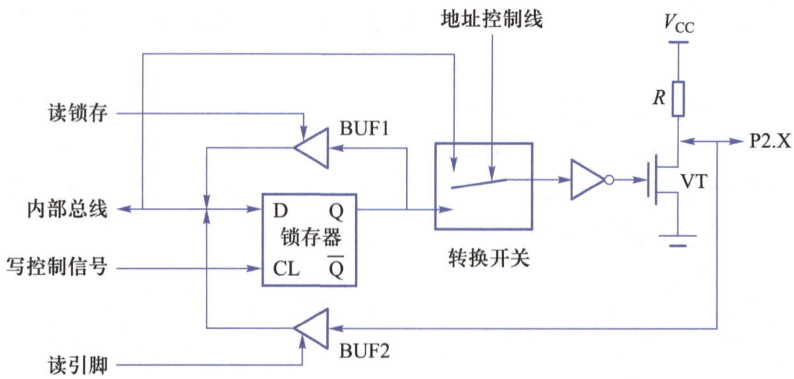

图 3.10　P2 口逻辑结构

没有外扩芯片时，P2 口可以直接作为输入口或输出口使用。当有外扩芯片时，P2 口不再用作 I/O 端口，而是用于传送高 8 位地址。但是现在的单片机已经不考虑扩展特性，所以它的第二功能已经很少使用。

⑤ P3 口的逻辑结构如图 3.11 所示。P3 口作为输入口时，也必须先向锁存器写入“1”，使 VT 截止即双向传输不对等，即其也为准双向口，其引脚结构也是（弱）上拉形式。

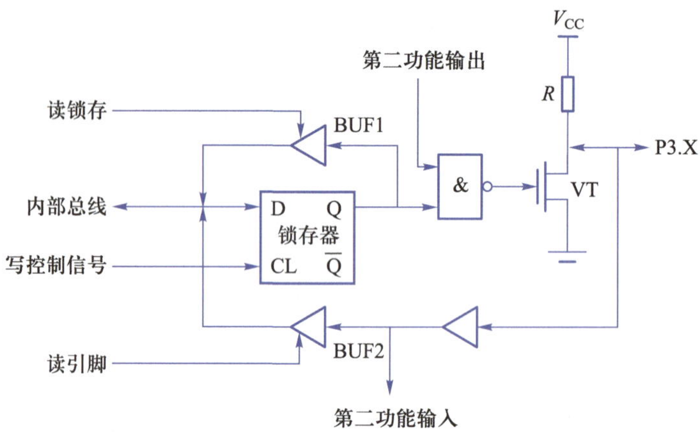

图 3.11　P3 口逻辑结构

P3 口可以直接作为输入口或输出口使用，其引脚又具有第二功能。

a. 当使用单片机内部串行口时，若 CPU 执行 MOV A，SBUF 指令，则 P3.0（RXD）作为接收信号引脚，接收由外界串行输入的数据；若 CPU 执行 MOV SBUF，A 指令，则 P3.1（TXD）作为发送信号引脚，串行发送数据至外界。

b. 当单片机使用外中断时，P3.2（$\overline{\text{INT0}}$）作为外中断 0 的中断请求输入引脚，P3.3（$\overline{\text{INT1}}$）作为外中断 1 的中断请求输入引脚。

c. 当单片机使用定时器，且定时器工作于计数方式时，P3.4（T0）作为定时 / 计数器 0 的计数脉冲输入引脚，P3.5（T1）作为定时 / 计数器 1 的计数脉冲输入引脚。

d. 当单片机外扩 RAM 或 I/O 接口芯片时，P3.6（$\overline{\text{WR}}$）作为 RAM 或 I/O 接口

芯片的写控制信号引脚，P3.7($\overline{RD}$)作为 RAM 或 I/O 接口芯片的读控制信号引脚。

当 P3 口的一些引脚没有作为第二功能使用时，这些引脚就被释放，直接作为 I/O 口线使用。

三、并行口的操作方法

以 P1 口为例，在输出数据时只需用指令将要输出的数据传送到特殊功能寄存器 P1 中，接口电路就会将该数据“锁存”到引脚上，如图 3.12 所示。

笔记栏

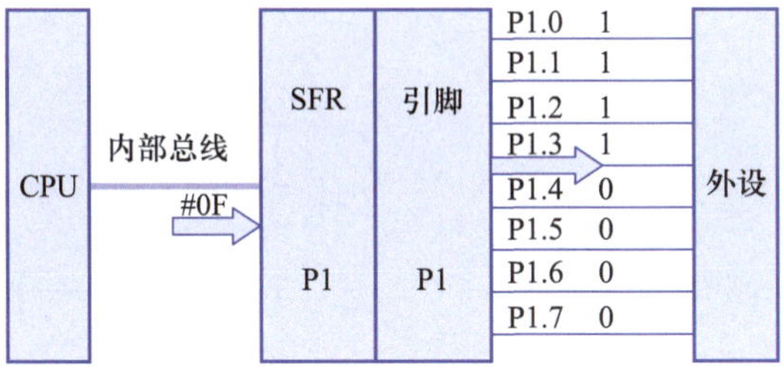

图 3.12　P1 口输出数据示意图

四、并行口在实际使用中的一些问题

1. 作为输出口使用时

单片机的并行口作为输出口使用时，有 3 种方式可供选择：(弱)上拉、开路、推挽，如图 3.13 所示。STC89C51 单片机没有推挽输出结构，而性能更高的单片机如 C8051F02X 系列会有推挽输出结构，其最大的特点是并行口任何时候都会输出一个固定的电平(高电平或低电平)。

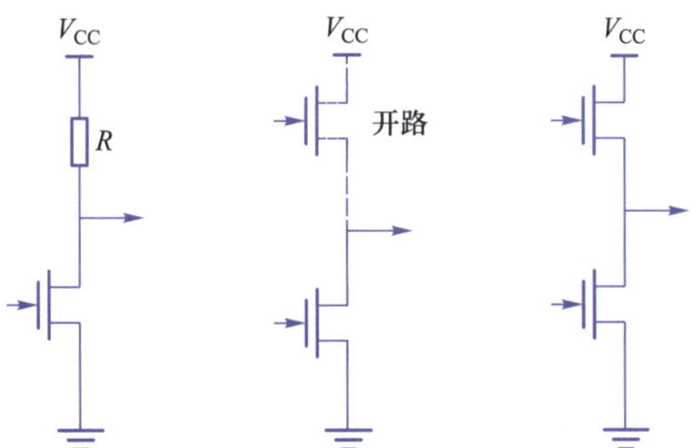

(a) (弱)上拉　(b) 开路　(c) 推挽

图 3.13　输出口的输出方式

【例 3.1】 要驱动 LED 灯，应如何连接线路？判断图 3.14 所示几种连接方法中哪种是正确的。

图 3.14(a)、(c)、(d) 均能提供使 LED 灯点亮的电平，而图 3.14(b) 中当晶闸管截止时，由于电路中高阻值电阻 R_1 的影响，其只能提供一个弱电平，不足以驱动 LED 灯。

微课
I/O 端口驱动能力

笔记栏

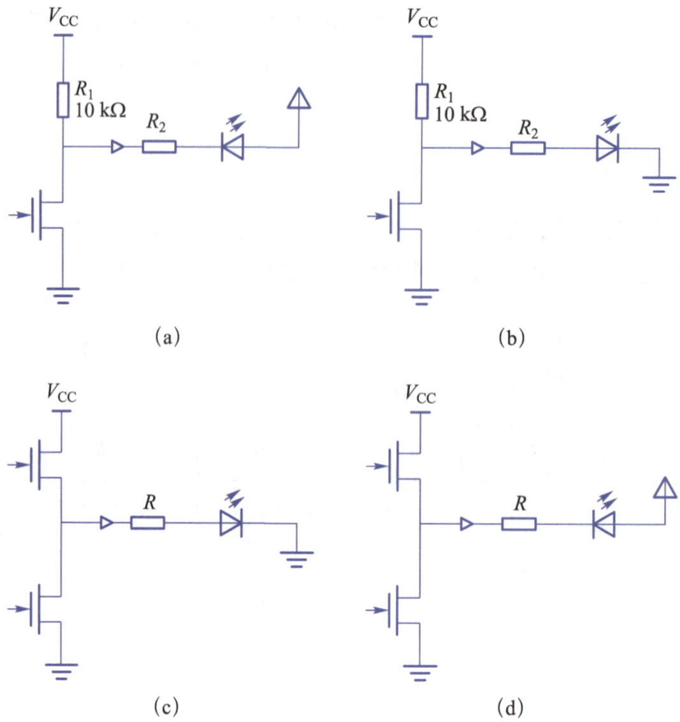

图 3.14　LED 驱动电路接线图

2. 作为输入口使用时

单片机的并行口作为输入口使用时，引脚的电平是由外设驱动的，为了使接口电路不影响引脚的电平，一定不能工作在推挽方式，应尽可能工作在开路方式且使晶闸管处于关断状态。可以通过在程序中改变寄存器的值来设定不同的工作方式。

【例 3.2】判断图 3.15 所示连接的正确性。如果有错，应如何改正？

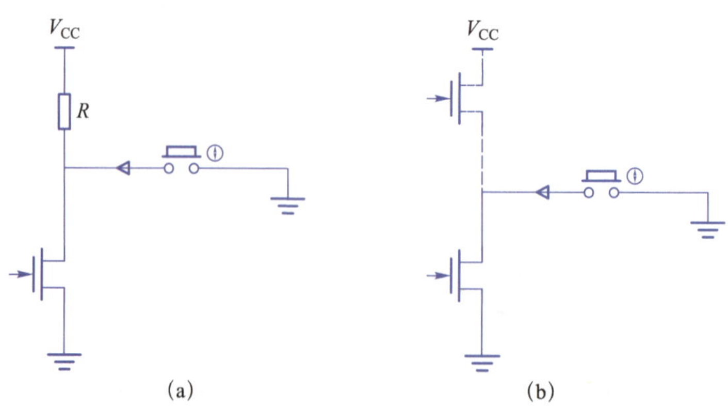

图 3.15　作为输入口时的接线图

在图 3.15(a) 中，当按钮松开时，引脚输入高电平“1”，当按钮按下时，晶闸管截止，引脚输入低电平“0”；而在图 3.15(b) 中，当按钮按下时，晶闸管截止，引脚输入低电平“0”，当按钮松开时，引脚上没有电平。所以图 3.15(b)为错误的连接方式，这种情况需要外接上拉电阻，如图 3.16 所示，P0 口就是这样处理的。

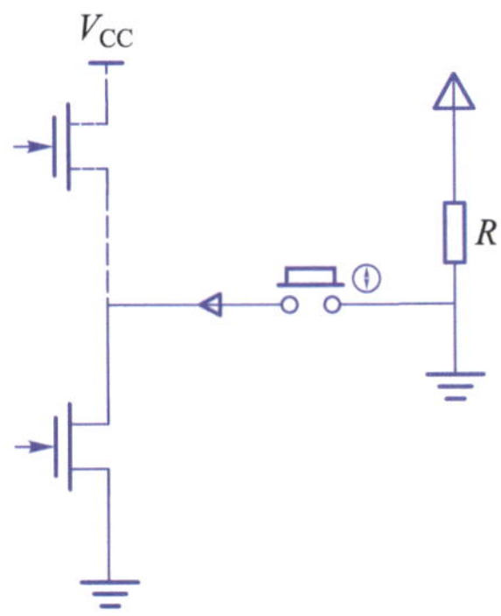

图 3.16　图 3.15(b)的改正接线图

笔记栏

任务设计与实施

教师展示 LED 花样彩灯设计作品样例，学生通过小组协作分析作品的设计方案及方法。在协力合作的过程中，需要学生发挥勇于探索的精神，将任务细化分解为数个子任务来逐步达到设计目标。

一、总体方案设计

单片机控制 LED 花样彩灯的电路主要包括单片机最小系统和 8 个 LED 灯，如图 3.17 所示。

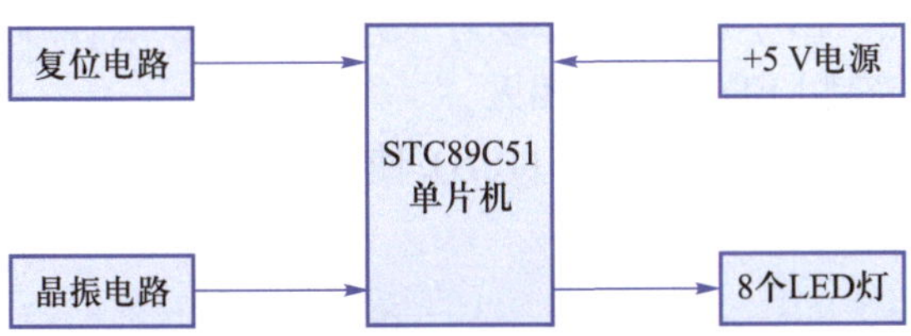

图 3.17　单片机控制 LED 花样彩灯框图

二、硬件电路设计

由 STC89C51 单片机、复位电路、晶振电路构成一个基本的单片机系统，再在外部 I/O 引脚上连接 LED 灯和限流电阻，就构成了 LED 花样彩灯控制的硬件电路，其原理图如图 3.18 所示。

D1 ~ D8 这 8 个 LED 灯连接到单片机的 P0 口，用于指示出对应的 P0.0 ~ P0.7 引脚的高、低位状态，LED 灯亮表示对应引脚输出低电平，LED 灯灭表示对应引脚输出高电平。

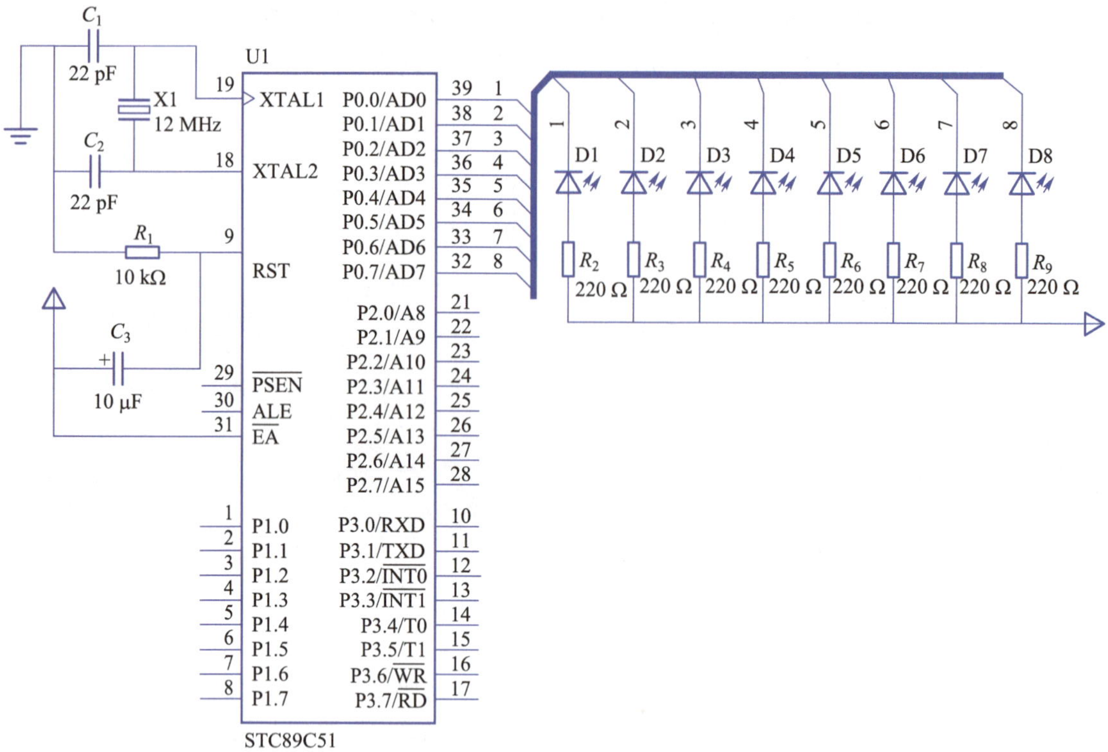

图 3.18　LED 花样彩灯控制硬件电路原理图

三、软件设计

1. LED 灯循环点亮功能分析

下面要控制 STC89C51 单片机的 P0.0 ~ P0.7 引脚输出高电平和低电平，实现 LED 灯的循环点亮。由于电路中 LED 灯采用共阳极接法，因此可以通过让引脚输出“0”和“1”来控制 LED 灯的亮和灭。

微课
LED 花样彩灯：软件设计

例如，在 P0 口输出 0xFE（11111110B），使 P0.0 引脚输出低电平“0”，D1 被点亮，代码如下：

```
P0=0xFE;            //P0.0 输出低电平“0”，其他位输出高电平“1”
```

在 P0 口输出 0xEF（11101111B），则 P0.4 引脚输出低电平“0”，D5 被点亮，代码如下：

```
P0=0xEF;            //P0.4 输出低电平“0”，其他位输出高电平“1”
```

2. LED 灯循环点亮工作过程

LED 灯循环点亮的工作过程如下：

① D1 点亮：P0 口输出 0xFE。

② D2 点亮：P0 口输出 0xFD。

③ D3 点亮：P0 口输出 0xFB。

④ D4 点亮：P0 口输出 0xF7。

⑤ D5 点亮：P0 口输出 0xEF。

⑥ D6 点亮：P0 口输出 0xDF。

⑦ D7 点亮：P0 口输出 0xBF。

⑧ D8 点亮：P0 口输出 0x7F。

⑨ 重复步骤①～⑧，就可以实现 LED 灯的循环点亮。

笔记栏

从以上分析可以看出，实现 LED 灯循环点亮控制的方法是：先设置 P0 口初始输出值为 0xFE，之后每次把 P0 的值向左移动 1 位，即可获得下一个输出值。

3. LED 灯循环点亮实现过程

LED 灯循环点亮的实现过程如下：

① 设置初始控制码为 0xFE。

② 将控制码从 P0 口输出，点亮一个 LED 灯。

③ 延时一段时间。

④ 将上一个控制码左移一位，获得下一个控制码。

⑤ 重复步骤②～④。

⑥ 完成一次 8 个 LED 灯的循环点亮后，从步骤①重新开始下一次 LED 灯的循环点亮。

4. LED 灯循环点亮控制设计与实现

LED 灯循环点亮控制的代码如下：

```
#include<reg51.h>
#include<intrins.h>          //要添加这个头文件，否则 _crol_ 无法识别
#define uchar unsigned char
#define uint unsigned int
void DelayMS(uint x)         //延时函数
        {
        uchar i;
        while(x--)
            {
                for(i=0; i<120; i++);
            }
        }
        void main( )         //主程序
        {
            P0=0xFE;
            while(1)
            {
                P0=_crol_(P0,1);//P0 的值向左循环移动
```

```
                DelayMS(150);
            }
        }
```

5. 电路仿真

利用 Protues 仿真软件对系统进行电路仿真，仿真结果如图 3.19 所示。

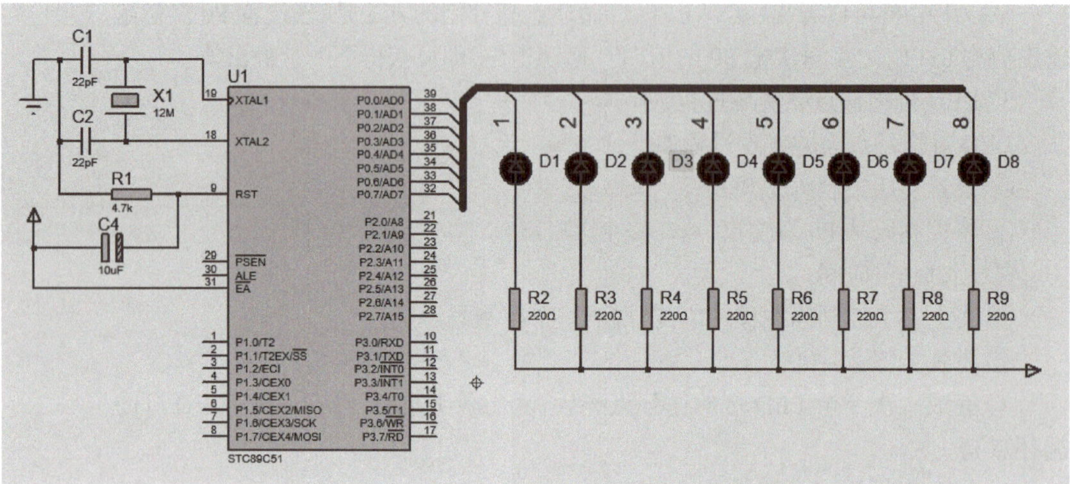

图 3.19　仿真结果

微课
LED 花样彩灯:实物效果

四、系统调试

在单片机软、硬件调试实施过程中，软件与硬件的配合是至关重要的。在 LED 花样彩灯循环点亮的调试过程中，不但要关注最终的实现效果，更要遵守调试过程的规范操作。

具体的硬件调试，软件调试及软、硬件联调方法可参考任务 2.2，在此不赘述。

任务评价

一、任务总结

本任务在单片机最小系统的基础上外接 8 个 LED 灯，只要控制 P0 口各位的电平状态，就可以控制 8 个 LED 灯的亮与灭，从效果上看亮与灭是相间发生的，因此可呈现出循环点亮的流水灯效果。本任务元器件少、成功率高、修改和扩展性强，适合初学者入门，迅速掌握单片机 I/O 端口的控制方法及单片机简单程序的设计方法。任务完成后需撰写设计报告。

二、任务评价表

本任务的评价指标及评价内容见表 3.1 ~ 表 3.6。

表 3.1　总 评 成 绩

总评成绩								
项目名称					任务名称			
班级					日期			
姓名	学号	组号	自我评价 10%	小组互评 10%	教师评价			总评成绩
					仿真操作 30%	作品制作与调试排故 30%	设计报告 20%	

笔记栏

表 3.2　自 我 评 价

自我评价					
项目名称			任务名称		
班级			日期		
姓名		学号	组号		组长
序号	评价项目		分值	得分	
1	参与查阅资料		5 分		
2	参与同组成员间的交流沟通		5 分		
3	参与设计程序		10 分		
4	参与设计仿真电路		15 分		
5	参与实物制作		15 分		
6	参与作品调试		15 分		
7	参与作品汇报		10 分		
8	撰写作品设计报告		10 分		
9	课程结束操作台干净		5 分		
10	课程结束计算机关闭		5 分		
11	参与交流区讨论、答疑		5 分		
总分					

表 3.3　小 组 互 评

小组互评						
项目名称			任务名称			
班级			日期			
被评人姓名		被评人学号	被评人组号		评价人姓名	
序号	评价项目			分值	得分	
1	前期资料准备完备			10 分		
2	程序设计正确			20 分		
3	仿真电路设计正确			20 分		
4	实物制作实现功能正确			20 分		
5	心得体会汇总丰富翔实			10 分		
6	积极参与平台上的讨论、答疑			10 分		
7	积极对遇到困难的小组给予帮助与技术支持			10 分		
总分						

笔记栏

表 3.4 仿真操作（教师评价）

仿真操作					
项目名称			任务名称		
班级			日期		
姓名		学号		组号	
序号	评价项目			每处错误扣分值	得分
1	Keil C51 程序编写	语法		3 分	
		逻辑		5 分	
2	Proteus 仿真电路	元器件使用		5 分	
		元器件参数		3 分	
		接线		4 分	
总分					

表 3.5 作品制作与调试排故（教师评价）

作品制作与调试排故					
项目名称			任务名称		
班级			日期		
姓名		学号	组号		
序号	评价项目			分值	得分
1	调试流程合理可行			10 分	
2	实物调试	能选择合适调试设备		5 分	
		完成故障排查		10 分	
		实现效果与设计方案一致		20 分	
	故障排除	故障原因排查得当		15 分	
		故障解决方法得当		15 分	
3	仪器使用完毕后归放整齐有序			5 分	
4	完成调试记录单			10 分	
5	课程结束操作台干净			5 分	
6	课程结束计算机关闭			5 分	
总分					

表 3.6 设计报告（教师评价）

设计报告					
项目名称			任务名称		
班级			日期		
姓名		学号	组号		
序号	评价项目			分值	得分
1	设计方案描述准确			20 分	
2	元器件选用正确合理			20 分	
3	仿真效果正确可行			20 分	
4	调试方法得当有效			20 分	
5	报告排版设计美观大方			20 分	
总分					

知识拓展

使用 STC89C51 单片机驱动两路各 8 个 LED 灯实现花样流水彩灯效果，电路原理图如图 3.20 所示。

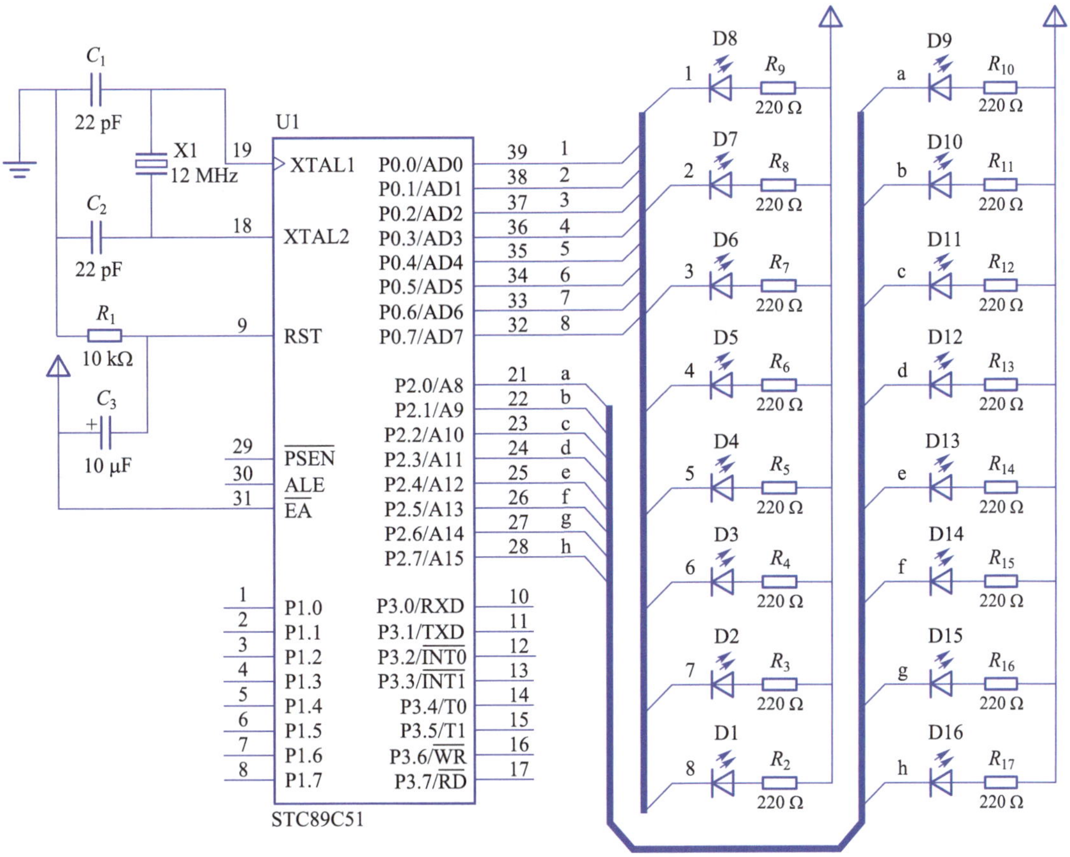

图 3.20　两路 LED 花样流水彩灯控制电路原理图

C 语言源程序如下：

```
/* 名称:花样流水彩灯  说明:16 个 LED 灯分两组按预设的多种花样变换显示。*/
#include<reg51.h>
#define uchar unsigned char
#define uint unsigned int
 uchar code Pattern_P0 [ ]=
 {
    0xFC,0xF9,0xF3,0xE7,0xCF,0x9F,0x3F,0x7F,0xFF,0xFF,0xFF,0xFF,0xFF,
0xFF,0xFF,0xFF,0xE7,0xDB,0xBD,0x7E,0xBD,0xDB,0xE7,0xFF,0xE7,0xC3,0x81,
0x00,0x81,0xC3,0xE7,0xFF,0xAA,0x55,0x18,0xFF,0xF0,0x0F,0x00,0xFF,0xF8,
0xF1,0xE3,0xC7,0x8F,0x1F,0x3F,0x7F,0x7F,0x3F,0x1F,0x8F,0xC7,0xE3,0xF1,
0xF8,0xFF,0x00,0x00,0xFF,0xFF,0x0F,0xF0,0xFF,0xFE,0xFD,0xFB,0xF7,0xEF,
```

笔记栏

```
0xDF,0xBF,0x7F,0xFF,0xFF,0xFF,0xFF,0xFF,0xFF,0xFF,0xFF,0xFF,0xFF,0xFF,
0xFF,0xFF,0xFF,0xFF,0xFF,0x7F,0xBF,0xDF,0xEF,0xF7,0xFB,0xFD,0xFE,0xFE,
0xFC,0xF8,0xF0,0xE0,0xC0,0x80,0x00,0x00,0x00,0x00,0x00,0x00,0x00,0x00,
0x00,0x00,0x00,0x00,0x00,0x00,0x00,0x00,0x00,0x00,0x80,0xC0,0xE0,0xF0,
0xF8,0xFC,0xFE,0x00,0xFF,0x00,0xFF,0x00,0xFF,0x00,0xFF
    };
    uchar code Pattern_P2[]=
    {
    0xFF,0xFF,0xFF,0xFF,0xFF,0xFF,0xFF,0xFE,0xFC,0xF9,0xF3,0xE7,0xCF,
0x9F,0x3F,0xFF,0xE7,0xDB,0xBD,0x7E,0xBD,0xDB,0xE7,0xFF,0xE7,0xC3,0x81,
0x00,0x81,0xC3,0xE7,0xFF,0xAA,0x55,0x18,0xFF,0xF0,0x0F,0x00,0xFF,0xF8,
0xF1,0xE3,0xC7,0x8F,0x1F,0x3F,0x7F,0x7F,0x3F,0x1F,0x8F,0xC7,0xE3,0xF1,
0xF8,0xFF,0x00,0x00,0xFF,0xFF,0x0F,0xF0,0xFF,0xFF,0xFF,0xFF,0xFF,0xFF,
0xFF,0xFF,0xFF,0xFE,0xFD,0xFB,0xF7,0xEF,0xDF,0xBF,0x7F,0x7F,0xBF,0xDF,
0xEF,0xF7,0xFB,0xFD,0xFE,0xFF,0xFF,0xFF,0xFF,0xFF,0xFF,0xFF,0xFF,0xFF,
0xFF,0xFF,0xFF,0xFF,0xFF,0xFF,0xFF,0xFE,0xFC,0xF8,0xF0,0xE0,0xC0,0x80,
0x00,0x00,0x80,0xC0,0xE0,0xF0,0xF8,0xFC,0xFE,0xFF,0xFF,0xFF,0xFF,0xFF,
0xFF,0xFF,0xFF,0x00,0xFF,0x00,0xFF,0x00,0xFF,0x00,0xFF
    };
    void DelayMS(uint x)//延时
    {
        uchar i;
        while(x--)
        {
            for(i=0; i<120; i++);
        }
    }
    void main( )//主程序
    {
        uchar i;
        while(1)
        { //从数组中读取数据送至P0口和P2口显示
            for(i=0; i<136; i++)
            {
                P0=Pattern_P0[i];
                P2=Pattern_P2[i];
                DelayMS(100);
            }
        }
    }
```

课后训练

根据自己的学习兴趣自行选择完成下面两个训练任务中的其中一个。

1. 编制一个循环闪烁的程序。有 8 个 LED 灯，每次其中某个 LED 灯闪烁 10 次后，转到下一个 LED 灯闪烁 10 次，循环不止，在 Proteus 软件中进行仿真实现。

2. 利用 STC89C51 的 P1 口控制 8 个 LED 灯，相邻的 4 个 LED 灯为一组，使两组每隔 0.5 s 交替点亮一次，周而复始，在 Proteus 软件中进行仿真实现。

“芯”历程

中国电科实现国产离子注入机 28 nm 工艺全覆盖

中国电子科技集团旗下中电科电子装备集团有限公司（以下简称为电科装备）已实现国产离子注入机 28 nm 工艺制程全覆盖。离子注入机是芯片制造中的关键装备。在芯片制造过程中，需要掺入不同种类的元素按预定方式改变材料的电性能，这些元素以带电离子的形式被加速至预定能量并注入特定半导体材料中，离子注入机就是执行这一掺杂工艺的芯片制造设备。

当前，28 nm 是芯片应用领域中覆盖面最广的成熟制程。据介绍，电科装备连续突破光路、控制、软件等关键模块的核心技术，形成中束流、大束流、高能及第三代半导体等全系列离子注入机产品格局，实现了 28 nm 工艺制程全覆盖，切实保障国产芯片生产制造。

据了解，作为国内最早从事离子注入设备研制及产业化的企业，电科装备已具备从产品设计到量产应用的完整研制体系，产品涵盖逻辑器件、存储器件、功率器件、传感器等工艺器件，百台设备广泛应用于国内各大集成电路先进产线，累计流片 2 000 万片，有力提升我国产业链供应链韧性和安全水平。

（资料来源：学习强国）

任务 3.2　按键控制数码管显示的设计与仿真

课前准备

教师活动：利用线上教学平台提前布置任务，让学生通过对 LED 花样彩灯设计与仿真任务的举一反三，对本次任务有相应的构思，通过课前测验了解学生学情，及时调整教学策略。

学生活动：通过线上教学平台对按键控制数码管显示的设计与仿真任务进行初步了解，并在平台中积极互动交流，进行头脑风暴，激发探究热情，为课堂的深入学习打好基础。

知识回顾

回顾任务 3.1 的内容，数码管是由多个 LED 灯组成的显示管，结合任务 3.1 可以对本任务进行初步构思理解。本任务就是使用按键控制数码管显示。

任务描述

微课
按键控制数码管显示：任务分析

要控制数码管显示不同字符，并进行按键调整，关键在于对数码管结构的认识和对单片机输入 / 输出端口输出控制的配置。

本任务介绍数码管的工作原理及其种类、独立按键的工作原理，通过按键控制数码管显示不同字符。本任务用 Keil C51、Proteus 开发工具进行仿真实现。

知识链接

一、数码管显示

在嵌入式电子产品中，显示器是人机交流的重要组成部分。嵌入式电子产品常用的显示方式有数码管显示和液晶显示两种，因数码管具有价格低廉、体积小、功耗低、可靠性好的特点，因此得到广泛使用。

1. 数码管的结构和工作原理

微课
数码管工作原理

数码管内部有 8 个 LED（简称位段），包括 7 个条形 LED 和 1 个小圆点 LED。LED 导通时，相应的线段或点发光，将这些 LED 排成一定图形，常用来显示数字 0 ~ 9、字符 A、b、C、d、E、F、G、H、L、P、r、U、y、符号“—”及小数点“.”等。单个数码管的引脚排列如图 3.21（a）所示。

数码管可以分为共阴极和共阳极两种结构。

① 共阴极数码管如图 3.21(b)所示,是把所有 LED 的阴极作为公共端(COM)连起来,接低电平,通常接地,通过控制每一个 LED 的阳极电平来使其点亮或熄灭,阳极为高电平时 LED 点亮,为低电平时 LED 熄灭。如显示数字 0 时,a、b、c、d、e、f 端接高电平,其他各端接地。

② 共阳极数码管如图 3.21(c)所示,是把所有 LED 的阳极作为公共端(COM)连起来,接高电平(如 +5 V),通过控制每一个 LED 的阴极电平来使其点亮或熄灭,阴极为低电平时 LED 点亮,为高电平时 LED 熄灭。

笔记栏

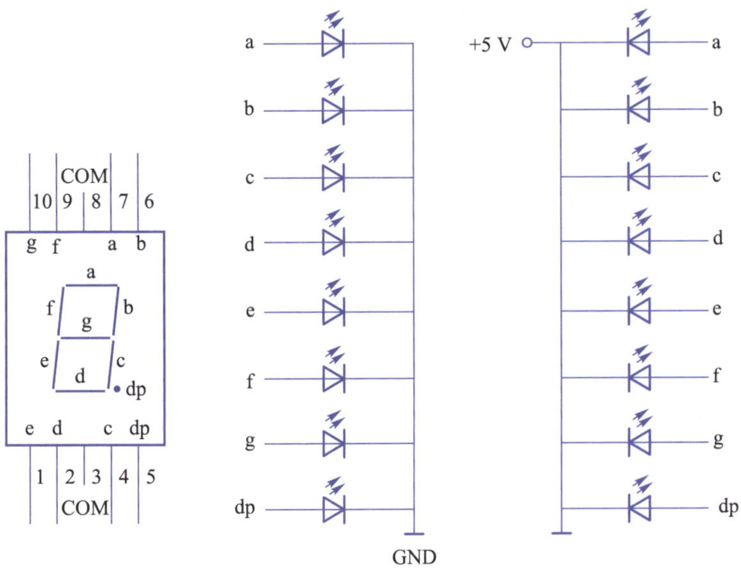

(a) 引脚排列　(b) 共阴极数码管　(c) 共阳极数码管

图 3.21　数码管

2. 数码管的字形编码

要使数码管上显示某个字符,必须在它的 8 个位段上加上相应的电平组合,即一个 8 位数据,这个数据称为该字符的字形编码。通常使用的位段的编码规则如图 3.22 所示。

D7	D6	D5	D4	D3	D2	D1	D0
dp	g	f	e	d	c	b	a

图 3.22　数码管位段编码规则

共阴极和共阳极数码管的字形编码不同,具体见表 3.7。从表中可以看到,对于同一个字符,共阴极和共阳极的字形编码是互为反码的。例如,字符“0”的共阴极字形编码是 3FH,二进制形式是 00111111;其共阳极字形编码是 C0H,二进制形式是 11000000,恰好是 00111111 的反码。

表 3.7　数码管字形编码

显示字符	共阴极字形编码	共阳极字形编码	显示字符	共阴极字形编码	共阳极字形编码
0	3FH	C0H	d	5EH	A1H
1	06H	F9H	E	79H	86H
2	5BH	A4H	F	71H	8EH
3	4FH	B0H	H	76H	89H
4	66H	99H	L	38H	C7H
5	6DH	92H	P	73H	8CH
6	7DH	82H	U	3EH	C1H
7	07H	F8H	y	6EH	91H
8	7FH	80H	r	31H	CEH
9	6FH	90H	—	40H	BFH
A	77H	88H	.	80	7FH
b	7CH	83H	8.	FFH	00H
C	39H	C6H	灭	00H	FFH

笔记栏

3. 数码管的显示方法

数码管有静态显示和动态扫描显示两种方法。

(1) 静态显示

静态显示是指数码管显示某一字符时，相应的 LED 恒定导通或恒定截止。这种显示方式下，各位数码管相互独立，公共端恒定接地（共阴极）或 +5 V（共阳极）。每个数码管的 8 个位段分别与一个 8 位 I/O 端口相连。I/O 端口只要有字形编码（也称为段码）输出，数码管就显示给定字符，并保持不变，直到 I/O 端口输出新的段码。

(2) 动态扫描显示

动态扫描显示是一种按位轮流点亮各位数码管的显示方式，即在某一时段，只选中一位数码管的“位选端”，并送出相应的段码，在下一时段按顺序选通另外一位数码管，并送出相应的段码，依此规律循环下去，即可使各位数码管分别间断地显示出相应的字符。

二、独立按键

微课
独立按键工作原理

常用的按键电路有两种形式，独立按键和矩阵按键。独立按键比较简单，按键各自与独立的输入线相连接，如图 3.23 所示。

4 条输入线接到单片机的 I/O 端口上，当按键 K1 按下时，+5 V 通过电阻 R_1 及按键 K1 最终进入 GND 形成一条通路，线路上的全部电压都加到电阻 R_1 上，KeyIn1 引脚为低电平。当按键 K1 松开时，线路断开，不会有电流通过，KeyIn1 和 +5 V 等电位，KeyIn1 引脚为高电平。这样就可以通过 KeyIn1 这个 I/O 端口的高、低电平来判断是否有按键按下。

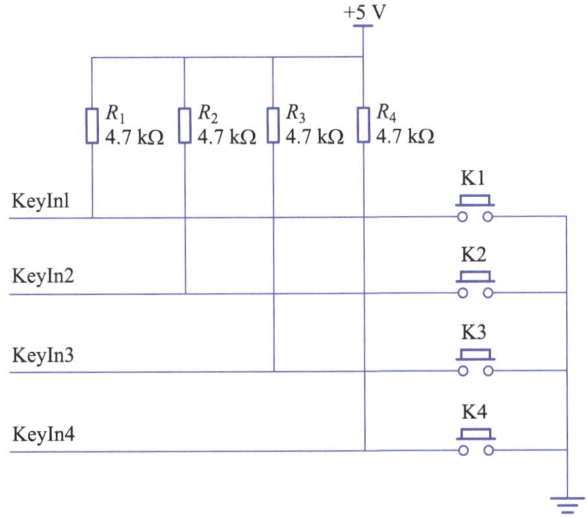

图 3.23 独立按键电路图

在单片机 I/O 端口内部，也存在一个上拉电阻。独立按键接至单片机的 P2 口，P2 口上电后默认为准双向 I/O 端口，电路如图 3.24 所示。

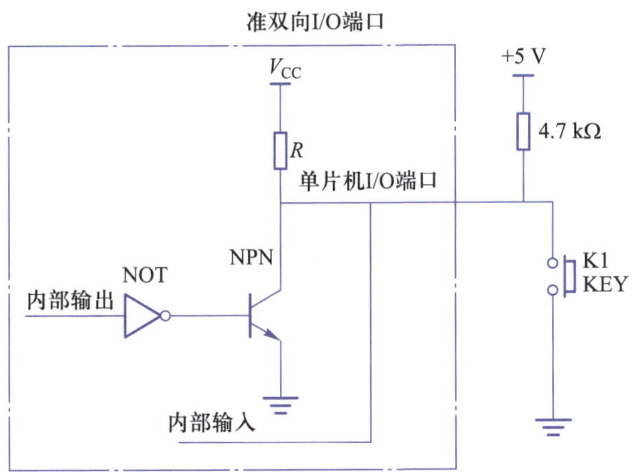

图 3.24 准双向 I/O 端口电路

需要说明一点，现在绝大多数单片机的 I/O 端口都使用 MOS 管而非晶体管，但用在这里时其原理相同，因此这里用晶体管来进行原理讲解。

值得注意的是，当要读取外部按键信号时，单片机必须先给对应引脚写“1”，也就是高电平，这样才能正确读取到外部按键信号，下面来分析一下原因。

当内部输出是高电平时，其经过反相器变成低电平，NPN 晶体管不会导通，那么从内部来看，由于上拉电阻 R 的存在，单片机 I/O 端口是高电平。若外部没有按下按键将单片机 I/O 端口电平拉低，由于 V_{CC} 也是 +5 V，虽然 V_{CC} 与 K1 之间有两个电阻，但是没有电压差，因此不会有电流，V_{CC} 与 K1 之间线路上的所有位置都是高电平，这个时候就可以正常读取到按键的状态。

笔记栏

当内部输出是低电平时，其经过反相器变成高电平，NPN 晶体管导通，那么单片机 I/O 端口就是低电平。这时虽然外部也有上拉电阻，但是两个电阻是并联关系，不管按键是否按下，单片机 I/O 端口输入单片机内部的状态都是低电平，因此无法正常读取到按键的状态。

这和水流其实很类似，只要内部和外部中有一边是低电位，那么电流就会顺流而下，由于只有上拉电阻，下边没有电阻分压，直接连接 GND，因此无论另外一边是高电位还是低电位，此 I/O 端口都为低电平。

从上面的分析可以得出一个结论，对于具有上拉电阻的准双向 I/O 端口，如果要正常读取外部信号的状态，必须首先保证自己内部输出的是“1”，如果内部输出“0”，则无论外部信号是“1”还是“0”，从此端口读取到的都是“0”。

任务设计与实施

教师展示按键控制数码管显示设计作品样例，学生通过小组协作分析作品的设计方案及方法，通过分步进行、联合调试，最终实现所需功能。

一、任务 1：数码管循环显示 0 ~ 9

1. 总体方案设计

单片机控制数码管循环显示 0 ~ 9 的电路主要包括单片机最小系统和 8 段数码管，如图 3.25 所示。

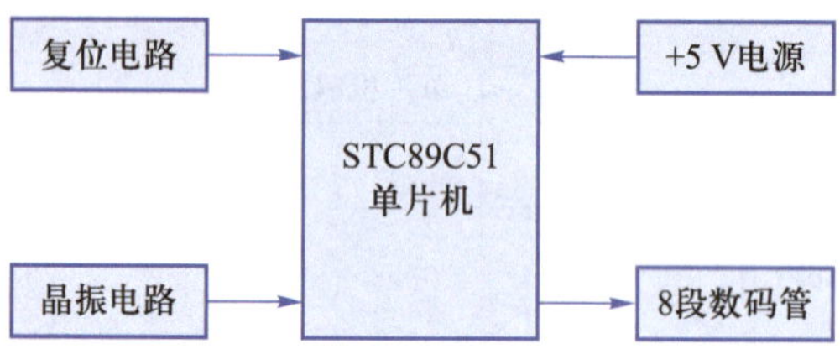

图 3.25　单片机控制数码管循环显示 0 ~ 9 框图

微课
数码管循环显示：硬件电路设计

2. 硬件电路设计

由 STC89C51 单片机、复位电路、晶振电路构成一个基本的单片机系统，再在外部 I/O 引脚上连接限流电阻和 8 段数码管，就构成了数码管循环显示 0 ~ 9 的硬件电路，其原理图如图 3.26 所示。

数码管的 8 段 LED 连接到单片机的 P0 口，用于指示出对应的 P0.0 ~ P0.7 引脚的高、低位状态，某一段 LED 亮表示对应的端口输出低电平，某一段 LED 灭表示对应的端口输出高电平。

微课
数码管循环显示：软件设计

3. 软件设计

(1) 数码管显示功能分析

下面要控制 STC89C51 单片机的 P0 口输出高电平和低电平，实现数码管的显示。数码管显示电路采用共阳极接法，可以通过 P0.0 ~ P0.7 引脚分别输出“0”和“1”来控制数码管的显示。

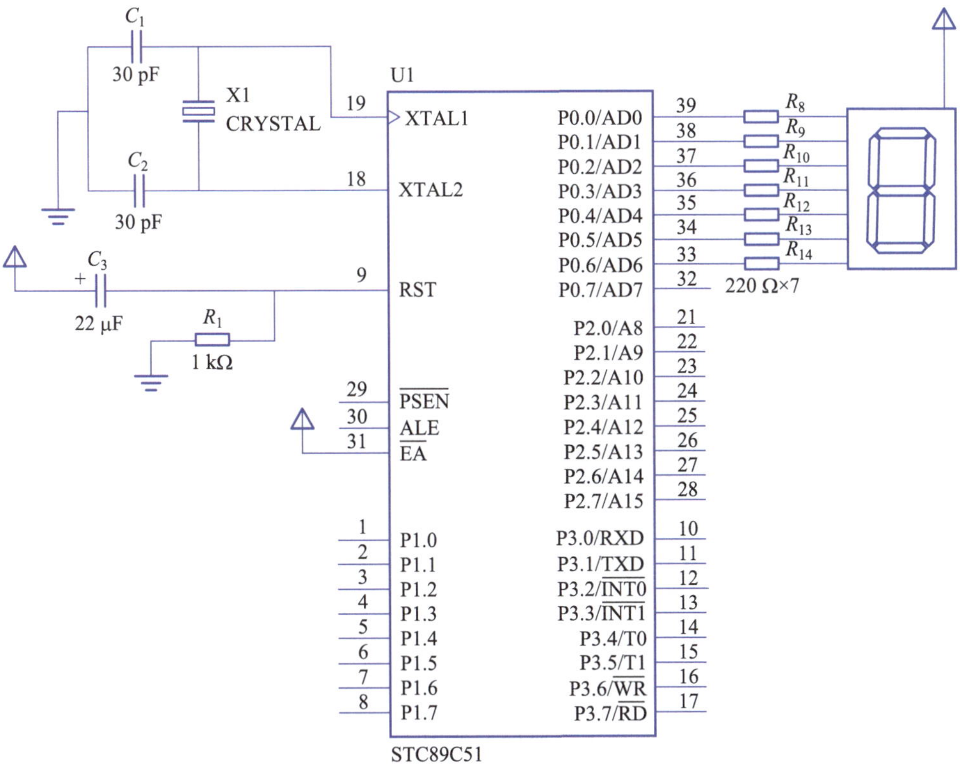

图 3.26　数码管循环显示 0～9 硬件电路原理图

例如，在 P0 口输出 0xC0（11000000B），代码如下：

```
P0=0xC0;          //输出段码控制数码管显示“0”
```

在 P0 口输出 0xF9（11111001B），代码如下：

```
P0=0xF9;          //输出段码控制数码管显示“1”
```

（2）数码管循环显示 0～9 工作过程

数码管循环显示 0～9 的工作过程如下：

① 数码管显示“0”：P0 口输出 0xC0。

② 延时一段时间。

③ 数码管显示“1”：P0 口输出 0xF9。

④ 延时一段时间。

⑤ 数码管显示“2”：P0 口输出 0xA4。

⑥ 延时一段时间。

⑦ 数码管显示“3”：P0 口输出 0xB0。

⑧ 延时一段时间。

⑨ 数码管显示“4”：P0 口输出 0x99。

⑩ 延时一段时间。

⑪ 数码管显示“5”：P0 口输出 0x92。

⑫ 延时一段时间。

⑬ 数码管显示“6”:P0 口输出 0x82。

⑭ 延时一段时间。

⑮ 数码管显示“7”:P0 口输出 0xF8。

⑯ 延时一段时间。

⑰ 数码管显示“8”:P0 口输出 0x80。

笔记栏

⑱ 延时一段时间。

⑲ 数码管显示“9”:P0 口输出 0x90。

⑳ 延时一段时间。

㉑ 重复以上步骤,就可以实现数码管循环显示 0 ~ 9。

从以上分析可以看出,实现数码管循环显示 0 ~ 9 的方法是:先设置 P0 口输出段码,然后进行不断赋值并循环。

(3) 数组的引用

数码管无论采用静态显示方法还是动态扫描显示方法,都要定义 0 ~ 9 这 10 个数字的字形编码,代码如下:

```
uint8_t  table[] = {0xC0,0xF9,0xA4,0xB0,0x99,0x92,0x82,0xF8,0x80,0x90};
```

程序中用到了一个新的知识点,即数组。

数组是 C 语言的一种构造数据类型,必须由具有相同数据类型的元素构成,元素的数据类型就是数组的基本类型。例如,若数组中的所有元素都是整型,则该数组称为整型数组;若所有元素都是字符,则该数组称为字符数组。

常用的数组有一维数组、二维数组、字符数组等。这里只讲一维数组的引用。

C51 语言规定,在引用数值型数组时,只能逐个引用数组中的各个元素,不能一次引用整个数组,但如果是字符数组,则可以一次引用整个数组。数组元素是通过其所属的同一个数组名的不同下标来访问的,数组元素的下标放在数组名后面的方括号中。

数组元素的表示形式为:

```
数组名 [ 下标 ]
```

例如,数组 a[10] 表示有 10 个数组元素,依次可以表示为 a[0]、a[1]、a[2]、a[3]、a[4]、a[5]、a[6]、a[7]、a[8]、a[9]。注意:下标是数组元素的编号,从 0 开始,因此不能出现 a[10]。

数组下标可以是整型变量、整型常量或整型表达式,例如:

```
a[5];                    /* 数组下标是整型常量 */
a[i];                    /* i 是一个整型变量 */
```

又如:

```
int n=5;
```

```
a[0]=a[4]+a[n]-a[2*3]; /* 数组下标分别是整型常量、整型变量和整型表达式 */
int i=2;
f[i]=f[i-2]+f[i-1];     /* 数组下标是整型表达式 */
```

注意:在数组的定义中,数组是由数组名来表示的,其后面的方括号中的常量表达式表示数组元素的个数;而在数组元素的表示形式中,数组名后面的方括号中是下标,下标表示了数组元素在数组中的顺序号。不要将数组的定义与数组元素的表示形式相混淆。

笔记栏

(4) 数码管循环显示 0~9 设计与实现

数码管循环显示 0~9 的代码如下:

```
#include "reg51.h"
#include "intrins.h"
#define uchar unsigned char
#define uint unsigned int
#define out P0
uchar code seg[]={0xC0,0xF9,0xA4,0xB0,0x99,0x92,0x82,0xF8,0x80,0x90};
void delayms(uint);
void main(void)
{
uchar i;
while(1)
    {
    out=seg[i];
    delayms(800);
    i++;
    if(seg[i]==0x90)i=0;
    }
}

void delayms(uint j)
{
uchar i;
for(;j>0;j--)
    {i=250;
     while(--i);
     i=249;
     while(--i);
    }
}
```

(5) 电路仿真

利用 Protues 仿真软件对系统进行电路仿真，仿真结果如图 3.27 所示。

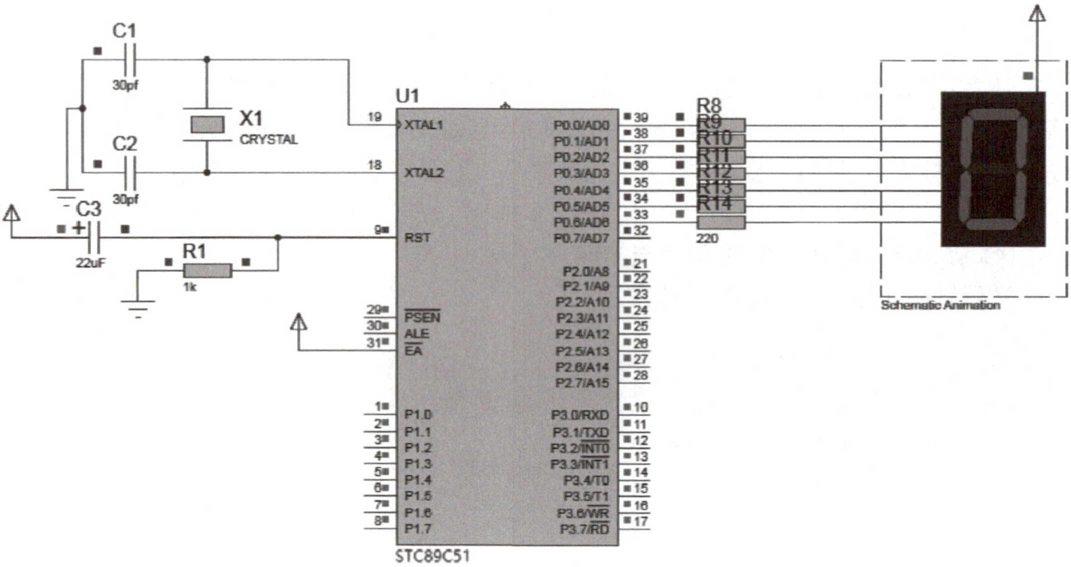

图 3.27　仿真结果

4. 系统调试

具体的硬件调试，软件调试及软、硬件联调方法可参考任务 2.2，在此不赘述。

二、任务 2：按键控制数码管显示 0～9

1. 总体方案设计

按键控制数码管显示 0～9 的电路主要包括单片机最小系统、8 段数码管和按键电路，如图 3.28 所示。

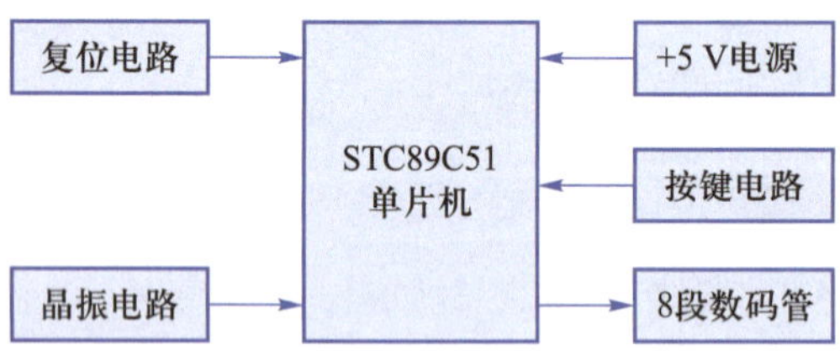

图 3.28　按键控制数码管显示 0～9 框图

微课
按键控制数码管显示：硬件电路设计

2. 硬件电路设计

由 STC89C51 单片机、复位电路、晶振电路构成一个基本的单片机系统，再在外部 I/O 引脚上连接 8 段数码管、限流电阻以及按键电路，就构成了按键控制数码管显示 0～9 的硬件电路，其原理图如图 3.29 所示。

数码管连接到单片机的 P0 口，用 P0 口输出对应的 P0.0～P0.7 引脚的高、低位状态，进行数码管的显示。独立按键与单片机引脚直接连接，每一个按键与单片机连接端使用上拉电阻对单片机的 I/O 做拉高电平状态处理，按键另一端接地。使用 P1.0～P1.7、P2.0、P2.1 引脚作为按键控制端口，实时检测按键的状态。

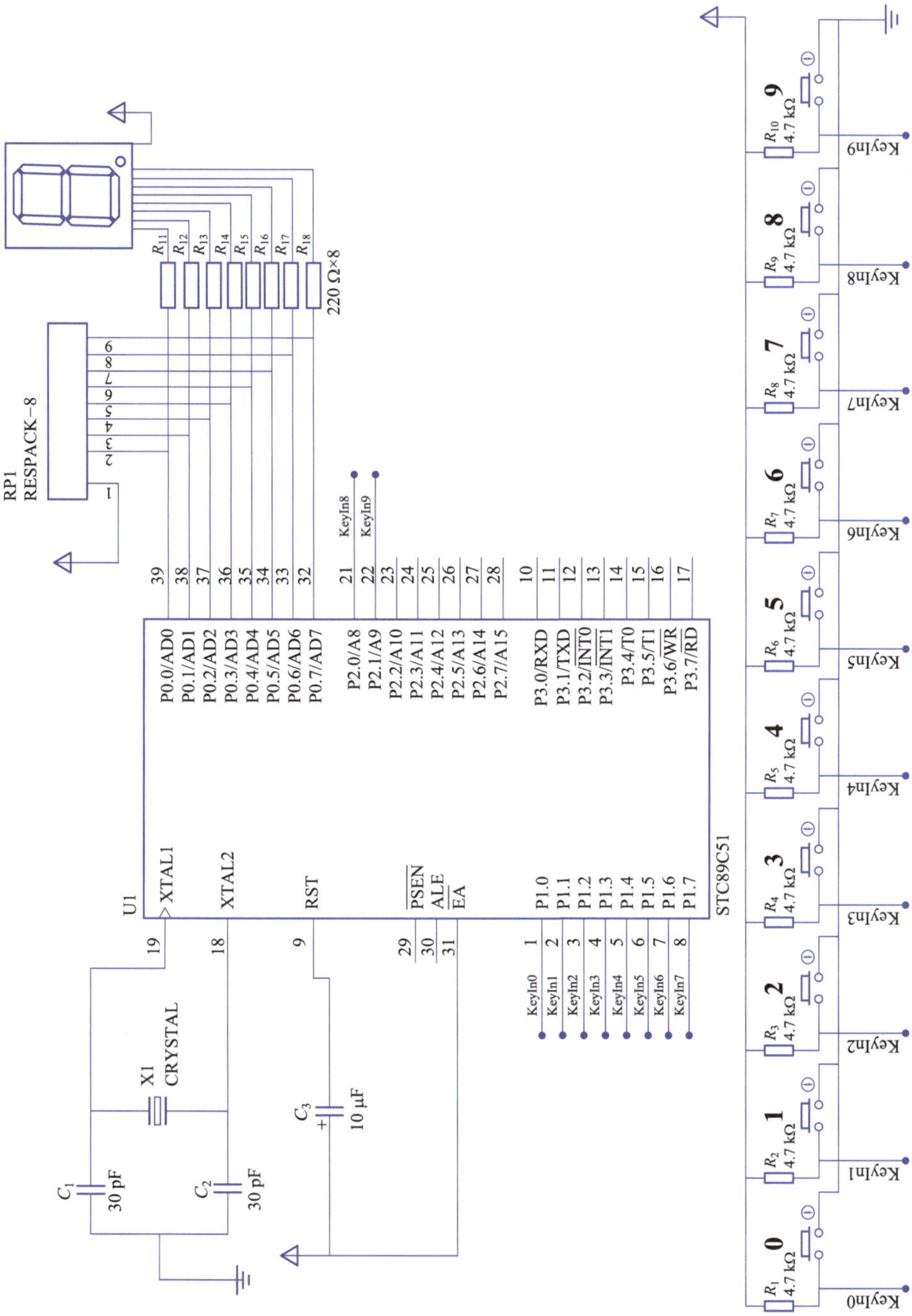

图 3.29　按键控制数码管显示 0 ~ 9 硬件电路原理图

笔记栏

微课
按键消抖

微课
按键控制数码管显示：软件设计

3. 软件设计

(1) 按键消抖

通常的按键所用开关为机械弹性开关，当机械触点断开、闭合时，由于机械触点的弹性作用，按键开关在闭合时不会马上稳定地接通，在断开时也不会一下子断开，而是在闭合及断开的瞬间均会伴随有一连串的机械抖动，如图 3.30 所示。抖动时间的长短由按键的机械特性决定，一般为 5 ~ 10 ms。这是一个很重要的时间参数，在很多场合都要用到。按键稳定闭合时间的长短则是由操作人员的按键动作决定的，一般为零点几秒至数秒。按键抖动会引起一次按键被误读为多次。为确保 CPU 对按键的一次闭合仅做一次处理，必须消除按键抖动，可用硬件和软件两种方法消抖。

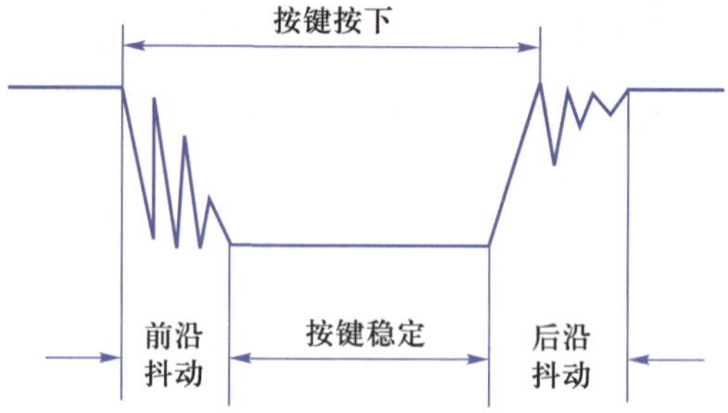

图 3.30　按键触点的机械抖动

① 硬件消抖。按键数较少时可用硬件方法消抖。图 3.31 所示为常用的硬件消抖方法。图中两个“与非”门构成一个 *RS* 触发器。当按键未按下时，输出为“1”；当按键按下时，输出为“0”。按键按下时，即使利用按键的机械性能使按键因弹性抖动而产生瞬时断开（抖动跳开 B），只要按键不返回原始状态 A，双稳态电路的状态即不会改变，输出保持为“0”，不会产生抖动的波形。也就是说，即使 B 点的电压波形是抖动的，但双稳态电路的输出为正规的矩形波。这一点通过分析 *RS* 触发器的工作过程很容易验证。

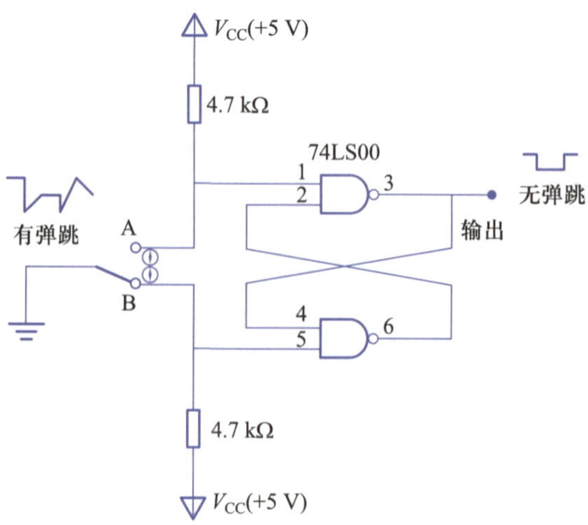

图 3.31　常用的硬件消抖方法之一

利用电容的放电延时，采用并联电容法，也可以实现硬件消抖，如图 3.32 所示。

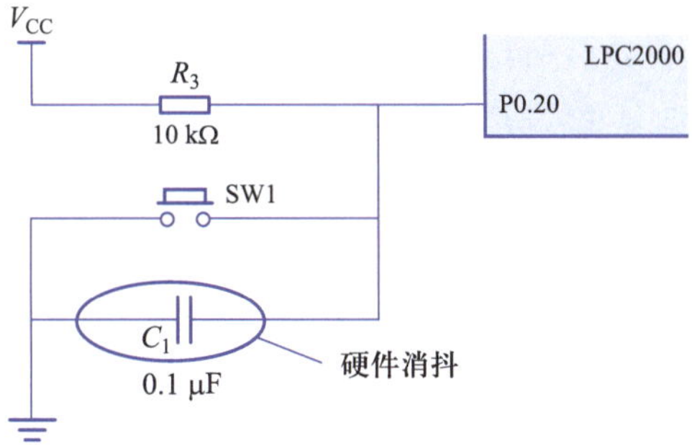

图 3.32　常用的硬件消抖方法之二

② 软件消抖。如果按键数较多，常用软件方法消抖，即检测到按键闭合后执行一个延时程序，产生 5～10 ms 的延时，让前沿抖动消失后再一次检测按键状态，如果仍保持闭合状态电平，则确认为真正有按键按下；当检测到按键释放后，也要通过延时程序产生 5～10 ms 的延时，待后沿抖动消失后才能转入对该按键的处理程序。

(2) 按键控制数码管显示 0～9 工作过程

按键控制数码管显示 0～9 的工作过程如下：

① 判断按键是否按下，按下则按照相应按键进行数码管的数字显示。

② 若为 0 号按键按下，数码管显示“0”：P0 口输出 0xC0。

③ 若为 1 号按键按下，数码管显示“1”：P0 口输出 0xF9。

④ 若为 2 号按键按下，数码管显示“2”：P0 口输出 0xA4。

⑤ 若为 3 号按键按下，数码管显示“3”：P0 口输出 0xB0。

⑥ 若为 4 号按键按下，数码管显示“4”：P0 口输出 0x99。

⑦ 若为 5 号按键按下，数码管显示“5”：P0 口输出 0x92。

⑧ 若为 6 号按键按下，数码管显示“6”：P0 口输出 0x82。

⑨ 若为 7 号按键按下，数码管显示“7”：P0 口输出 0xF8。

⑩ 若为 8 号按键按下，数码管显示“8”：P0 口输出 0x80。

⑪ 若为 9 号按键按下，数码管显示“9”：P0 口输出 0x90。

⑫ 重复以上步骤，就可以实现按键控制数码管显示 0～9。

从以上分析可以看出，按键控制数码管显示 0～9 的方法是：先判断按键按下的状态，然后进行赋值并显示。

(3) 按键控制数码管显示 0～9 设计与实现

按键控制数码管显示 0～9 的代码如下：

```
#include "reg51.h"
#include "intrins.h"
#define uchar unsigned char
```

笔记栏

笔记栏

```
#define uint unsigned int
#define out P0
sbit KeyIn0 = P1^0;
sbit KeyIn1 = P1^1;
sbit KeyIn2 = P1^2;
sbit KeyIn3 = P1^3;
sbit KeyIn4 = P1^4;
sbit KeyIn5 = P1^5;
sbit KeyIn6 = P1^6;
sbit KeyIn7 = P1^7;
sbit KeyIn8 = P2^0;
sbit KeyIn9 = P2^1;
uchar code seg[]={0xC0,0xF9,0xA4,0xB0,0x99,0x92,0x82,0xF8,0x80,0x90};
void delayms(uint);
void main(void)
{
while(1)
    {
        if(KeyIn0 == 0)
    {
        delayms(10);
        out=seg[0];
    }
        if(KeyIn1 == 0)
    {
        delayms(10);
        out=seg[1];
    }
        if(KeyIn2 == 0)
    {
        delayms(10);
        out=seg[2];
    }
        if(KeyIn3 == 0)
    {
        delayms(10);
        out=seg[3];
    }
        if(KeyIn4 == 0)
```

```
        {
            delayms(10);
            out=seg[4];
        }
            if(KeyIn5 == 0)
        {
            delayms(10);
            out=seg[5];
        }
            if(KeyIn6 == 0)
        {
            delayms(10);
            out=seg[6];
        }
            if(KeyIn7 == 0)
        {
            delayms(10);
            out=seg[7];
        }
            if(KeyIn8 == 0)
        {
            delayms(10);
            out=seg[8];
        }
            if(KeyIn9 == 0)
        {
            delayms(10);
            out=seg[9];
        }
    }
}
void delayms(uint j)
{
uchar i;
for(;j>0;j--)
    {i=250;
     while(--i);
     i=249;
```

笔记栏

```
    while(--i);
}
```

(4) 电路仿真

利用 Protues 仿真软件对系统进行电路仿真，仿真结果如图 3.33 所示。

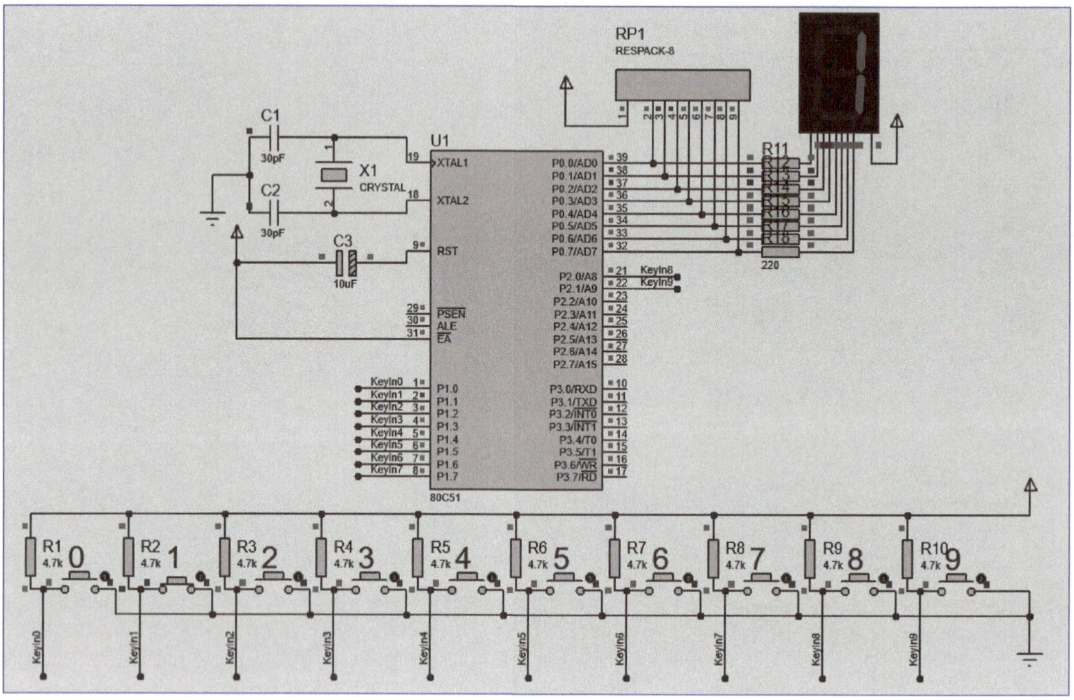

图 3.33　仿真结果

4. 系统调试

具体的硬件调试，软件调试及软、硬件联调方法可参考任务 2.2，在此不赘述。

任务评价

一、任务总结

本任务在单片机最小系统的基础上外接 8 段数码管和按键电路，只要控制按键并读取 I/O 端口各位的电平状态，就可以控制数码管的显示。本任务元器件少、成功率高、修改和扩展性强，适合初学者入门，迅速掌握单片机 I/O 端口的控制方法及单片机简单程序的设计方法。任务完成后需撰写设计报告。

二、任务评价表

本任务的评价指标及评价内容见表 3.8 ~ 表 3.13。

表 3.8　总 评 成 绩

<table>
<tr><td colspan="10">总评成绩</td></tr>
<tr><td>项目名称</td><td colspan="4"></td><td>任务名称</td><td colspan="4"></td></tr>
<tr><td>班级</td><td colspan="4"></td><td>日期</td><td colspan="4"></td></tr>
<tr><td rowspan="2">姓名</td><td rowspan="2">学号</td><td rowspan="2">组号</td><td rowspan="2">自我评价10%</td><td rowspan="2">小组互评10%</td><td colspan="3">教师评价</td><td rowspan="2">总评成绩</td></tr>
<tr><td>仿真操作30%</td><td>作品制作与调试排故30%</td><td>设计报告20%</td></tr>
<tr><td></td><td></td><td></td><td></td><td></td><td></td><td></td><td></td><td></td></tr>
</table>

笔记栏

表 3.9　自 我 评 价

<table>
<tr><td colspan="7">自我评价</td></tr>
<tr><td>项目名称</td><td colspan="3"></td><td>任务名称</td><td colspan="2"></td></tr>
<tr><td>班级</td><td colspan="3"></td><td>日期</td><td colspan="2"></td></tr>
<tr><td>姓名</td><td></td><td>学号</td><td></td><td>组号</td><td></td><td>组长</td></tr>
<tr><td>序号</td><td colspan="3">评价项目</td><td>分值</td><td colspan="2">得分</td></tr>
<tr><td>1</td><td colspan="3">参与查阅数码管相关资料</td><td>5 分</td><td colspan="2"></td></tr>
<tr><td>2</td><td colspan="3">参与同组成员间的交流沟通</td><td>5 分</td><td colspan="2"></td></tr>
<tr><td>3</td><td colspan="3">参与设计单片机控制程序</td><td>10 分</td><td colspan="2"></td></tr>
<tr><td>4</td><td colspan="3">参与设计仿真电路</td><td>15 分</td><td colspan="2"></td></tr>
<tr><td>5</td><td colspan="3">参与实物制作</td><td>15 分</td><td colspan="2"></td></tr>
<tr><td>6</td><td colspan="3">参与作品调试</td><td>15 分</td><td colspan="2"></td></tr>
<tr><td>7</td><td colspan="3">参与作品汇报</td><td>10 分</td><td colspan="2"></td></tr>
<tr><td>8</td><td colspan="3">撰写作品设计报告</td><td>10 分</td><td colspan="2"></td></tr>
<tr><td>9</td><td colspan="3">课程结束操作台干净</td><td>5 分</td><td colspan="2"></td></tr>
<tr><td>10</td><td colspan="3">课程结束计算机关闭</td><td>5 分</td><td colspan="2"></td></tr>
<tr><td>11</td><td colspan="3">参与交流区讨论、答疑</td><td>5 分</td><td colspan="2"></td></tr>
<tr><td>总分</td><td colspan="6"></td></tr>
</table>

表 3.10　小 组 互 评

<table>
<tr><td colspan="8">小组互评</td></tr>
<tr><td>项目名称</td><td colspan="3"></td><td colspan="2">任务名称</td><td colspan="2"></td></tr>
<tr><td>班级</td><td colspan="3"></td><td colspan="2">日期</td><td colspan="2"></td></tr>
<tr><td>被评人姓名</td><td></td><td>被评人学号</td><td></td><td>被评人组号</td><td></td><td>评价人姓名</td><td></td></tr>
<tr><td>序号</td><td colspan="4">评价项目</td><td>分值</td><td colspan="2">得分</td></tr>
<tr><td>1</td><td colspan="4">前期资料准备完备</td><td>10 分</td><td colspan="2"></td></tr>
<tr><td>2</td><td colspan="4">程序设计正确</td><td>20 分</td><td colspan="2"></td></tr>
<tr><td>3</td><td colspan="4">仿真电路设计正确</td><td>20 分</td><td colspan="2"></td></tr>
<tr><td>4</td><td colspan="4">实物制作实现功能正确</td><td>20 分</td><td colspan="2"></td></tr>
<tr><td>5</td><td colspan="4">心得体会汇总丰富翔实</td><td>10 分</td><td colspan="2"></td></tr>
<tr><td>6</td><td colspan="4">积极参与平台上的讨论、答疑</td><td>10 分</td><td colspan="2"></td></tr>
<tr><td>7</td><td colspan="4">积极对遇到困难的小组给予帮助与技术支持</td><td>10 分</td><td colspan="2"></td></tr>
<tr><td>总分</td><td colspan="7"></td></tr>
</table>

笔记栏

表 3.11　仿真操作（教师评价）

仿真操作					
项目名称			任务名称		
班级			日期		
姓名		学号	组号		
序号	评价项目			每处错误扣分值	得分
1	Keil C51 程序编写	语法		3 分	
		逻辑		5 分	
2	Proteus 仿真电路	元器件使用		5 分	
		元器件参数		3 分	
		接线		4 分	
总分					

表 3.12　作品制作与调试排故（教师评价）

作品制作与调试排故					
项目名称			任务名称		
班级			日期		
姓名		学号	组号		
序号	评价项目			分值	得分
1	调试流程合理可行			10 分	
2	实物调试	能选择合适调试设备		5 分	
		完成故障排查		10 分	
		实现效果与设计方案一致		20 分	
	故障排除	故障原因排查得当		15 分	
		故障解决方法得当		15 分	
3	仪器使用完毕后归放整齐有序			5 分	
4	完成调试记录单			10 分	
5	课程结束操作台干净			5 分	
6	课程结束计算机关闭			5 分	
总分					

表 3.13　设计报告（教师评价）

设计报告					
项目名称			任务名称		
班级			日期		
姓名		学号	组号		
序号	评价项目			分值	得分
1	设计方案描述准确			20 分	
2	元器件选用正确合理			20 分	
3	仿真效果正确可行			20 分	
4	调试方法得当有效			20 分	
5	报告排版设计美观大方			20 分	
总分					

知识拓展

一、C51 库函数介绍

标准库函数是由 C51 编译系统提供的，用户不必自己定义这些函数，可以直接使用它们。库函数一般都是能够实现独立功能的公用函数，在编译系统设计时，设计者将它们放在系统的函数库中，因此称为库函数。不同系统提供的库函数的数量和功能有所不同，但是一般的 C 语言系统都提供功能强大、资源丰富的标准库函数。作为使用者，在进行程序设计时应善于使用这些资源，以提高效率，节省开发时间。

C51 提供了丰富的库函数资源，包括大量与 I/O 操作、内存分配、字符串操作、数据类型转换、数学计算等相关的函数。它们以执行代码的形式出现，供用户在连接定位时使用。

在用预处理器命令 #include 包含相应的头文件后，就可以在程序中使用这些函数。这里仅介绍 C51 库函数中比较有特色且相当实用的两个库函数：intrins.h 和 absacc.h。

1. C51 中的 intrins.h 库函数

这个库函数中提供的是一些用汇编语言编写的函数，这些函数用汇编语言编写非常简单且目标代码很短，而用 C51 语言编写则代码会很长，主要有：

- _crol_ / _cror_：无符号字符型变量左 / 右移位函数。
- _irol_ / _iror_：无符号整型变量左 / 右移位函数。
- _lrol_ / _lror_：无符号长整型变量左 / 右移位函数。
- _nop_：空操作函数。
- _testbit_：位测试函数。

这些函数在书写上与其他 C 函数的区别是：函数名的前后都加有下画线。

① 左移多位函数，函数原型说明格式如下：

动画
循环左移

```
unsigned  char _crol_(unsigned char val,unsigned char n);
unsigned  int _irol_(unsigned int val,unsigned char n);
unsigned  long _lrol_(unsigned long val,unsigned char n);
```

动画
按位左移

其中，函数的第 1 个参数是被移位的变量。第 2 个参数是欲移位的位数，对于无符号字符型变量，该参数取值范围为 0 ~ 7；对于无符号整型变量，该参数取值范围为 0 ~ 15；对于无符号长整型变量，该参数取值范围为 0 ~ 31。函数返回值是变量移位后的结果。

【例 3.3】左移多位函数的使用，代码如下：

```
#include <intrins.h>
void main()
{
    unsigned int y;
    y=0x00FF;
```

```
    y=_irol_(y, 4);
}
```

运行后，y=0x0FF0。

② 右移多位函数，函数原型说明格式如下：

```
unsigned char _cror_(unsigned char val,unsigned char n);
unsigned int _iror_(unsigned int val,unsigned char n);
unsigned long _iror_(unsigned long val,unsigned char n);
```

参数说明同左移多位函数。

【例 3.4】右移多位函数的使用，代码如下：

```
#include <intrins.h>
void main ()
{
    unsigned int y;
    y=0x00FF;
    y=_iror_(y, 4);
}
```

运行后，y=0x000F。

③ 空操作函数，函数原型说明格式如下：

```
void _nop_(void);
```

微课
延时函数

此函数产生单一汇编指令 nop。执行它没有任何实质性操作，仅仅延时一个机器周期。

【例 3.5】用 _nop_ 函数在 P0.7 引脚产生 4 个机器周期宽度的正脉冲，代码如下：

```
p0&=~0x80;
p0|=0x80;
_nop_;
_nop_;
_nop_;
_nop_;
p0&=~0x80;
```

④ 位测试函数，函数原型说明格式如下：

```
bit _testbit_(bit x);
```

其中，参数和函数返回值必须是位变量。此函数产生汇编指令 JBC x，用于测试位变量 x 是“0”还是“1”，并将其值通过 CY 返回。

【例 3.6】位测试函数的使用，代码如下：

```
#include <intrins.h>
bit flag;
char val;
void main()
{
    if(!_testbit_(flag) )
    val--;
}
```

笔记栏

2. C51 中的 absacc.h 库函数

使用这个库函数，可以利用 3 字节通用指针作为抽象指针，为各存储空间提供绝对地址存取技术。方法是把通用指针指向各存储空间的首地址，并按存取对象类型实施指针，再用宏定义将存储器的绝对地址定义为数组名即可。存取时利用数组下标变量寻址。

用预处理器伪指令 #define 为各空间的绝对地址定义宏数组名的代码如下：

```
#define CBYTE( (unsigned char*)0x500000L)/*code 空间 */
#define DBYTE( (unsigned char*)0x400000L)/*data 空间 */
#define PBYTE( (unsigned char*)0x300000L)/*pdata 空间 */
#define XBYTE( (unsigned char*)0x200000L)/*xdata 空间 */
/* 以上存取对象是 char 类型字节 */
#define CWORD( (unsigned int*)0x500000L) /*code 空间 */
#define DWORD( (unsigned int*)0x400000L) /*data 空间 */
#define PWORD( (unsigned int*)0x300000L) /*pdata 空间 */
#define XWORD( (unsigned int*)0x200000L) /*xdata 空间 */
/* 以上存取对象是 int 类型字 */
```

对于绝对地址对象的存取，可以用指定下标的抽象数组来实现，如：

char 类型	int 类型
CBYTE[i]	CWORD[i]
DBYTE[i]	DWORD[i]
PBYTE[i]	PWORD[i]
XBYTE[i]	XWORD[i]

由于定义的宏数组名为各空间的绝对零地址，所以带下标变量 i 的数组元素就是各空间绝对地址的内容。

【例 3.7】绝对地址对象存取示例，代码如下：

```
DBYTE[0x10]        //data 空间绝对地址 16 处的字节对象
XWORD[0xFF]        //xdata 空间绝对地址 255 处的字对象
```

上述抽象数组名的宏定义在头文件 absacc.h 中说明。抽象数组与前面介绍过的抽象指针有如下关系：

```
XWORD[0xFF]=*(int xdata*) 0xFF;
```

二、开发 C51 程序

1. C51 程序基本概念

C51 程序可分为两大部分：数据说明部分和数据操作部分。数据说明部分主要对程序所用到的数据结构进行定义和赋初值；数据操作部分主要通过一定的语句和流程对数据进行加工以达到设计的目的。事实上，在实际应用开发中，从结构化编程的角度来说，为了便于开发和扩展，程序应分为可独立完成特定功能的若干源程序。在 C51 语言中，这些源程序可重复使用的部分由函数来完成。一个 C51 程序的组成如图 3.34 所示。

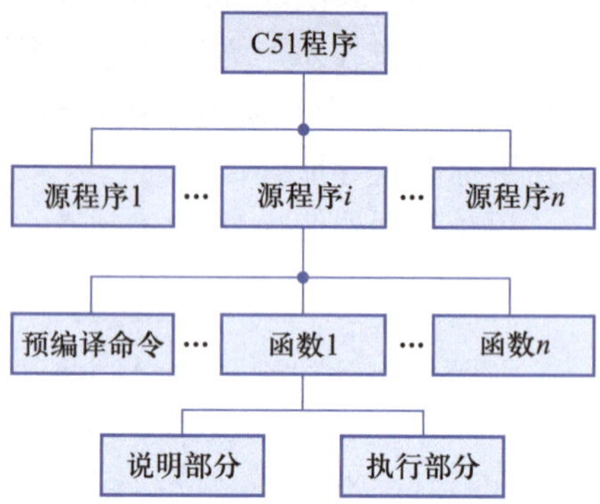

图 3.34　C51 程序的组成

下面介绍一些与 C51 程序开发有关的名词，以帮助大家理解后面介绍的开发流程。

(1) 文件

文件是计算机的基本存储单位，计算机用户可见的是各种各样的文件，不同类型的文件可以通过文件名后的扩展名来区分。

(2) 源程序文件

源程序文件是用户编制的由一个或多个函数组成的完成特定功能的程序代码。

(3) 目标文件

目标文件是单片机可执行的程序文件，包含用户开发的运行在单片机上的机器代码。

(4) 汇编器 / 编译器

汇编器是针对汇编语言程序的，编译器是针对高级语言（C51）程序的。它们用来把源程序翻译成单片机可以执行的目标代码，从而产生一个目标文件。

(5) 段

段与数据或者程序存储器有关，即有程序段和数据段。一个段有段名、类型以及属性，其在存储器中的位置由用户或者由连接器 / 定位器确定。

(6) 模块

模块是包含一个或多个段的文件。一个模块通常为显示、计算或与下层接口有关的函数或子程序，能够单独完成一定的功能。

(7) 库

库是包含一个或多个模块的文件。库中的这些模块通常是由编译或汇编得到的可重定位的目标模块。连接器仅从库中选取与其他模块相关的模块进行连接。

(8) 连接器 / 定位器

连接器将一个程序的多个源文件产生的各个目标文件按照一定规则与用户自定义库文件和标准库文件连接起来。定位器将地址分配给程序中的各个段。经过连接定位后，生成绝对目标文件（单片机可执行的文件）和映像文件（提供给程序

笔记栏

员的最终各空间映像表)。

(9) 应用程序

应用程序是整个开发过程的最终结果,并最终在单片机用户系统中运行,完成设计功能。

2. C51 程序开发流程

目前在程序开发过程中一般都采用模块化编程,将一个大的程序分成若干功能独立的模块分别开发,最后将各个模块进行整合。这种方法可以使程序开发更有效,避免重复编写同类程序,调试简单、扩展方便。图 3.35 所示为使用汇编语言和 C51 语言混合编程的程序开发流程。

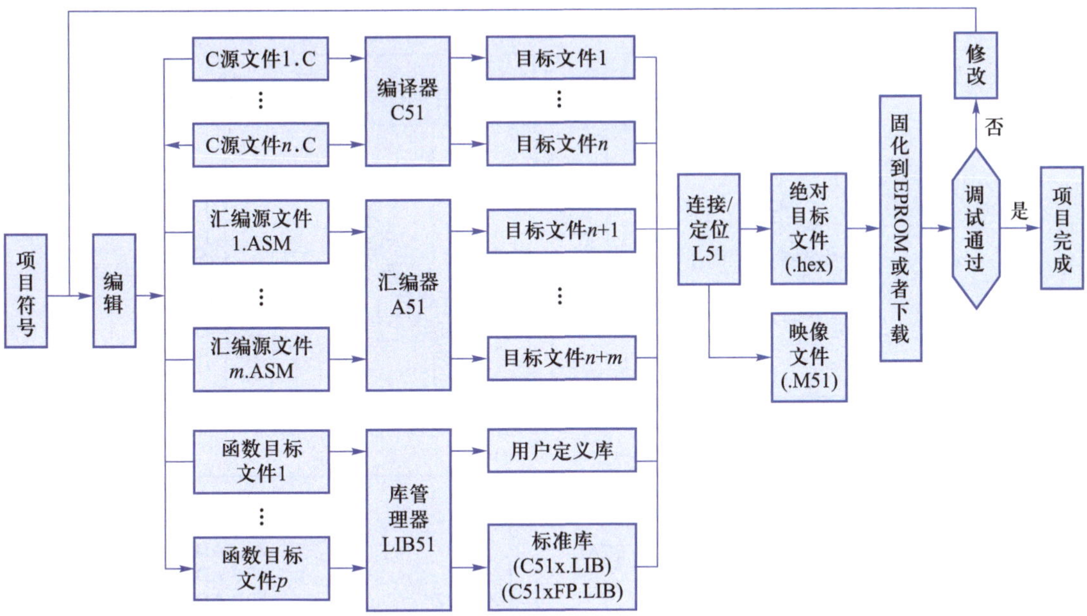

图 3.35　使用汇编语言和 C51 语言混合编程的程序开发流程

拓展任务

任务要求:用 4 个数码管显示“LOVE”(静态显示)。

一、总体方案设计

用 4 个数码管显示“LOVE”的电路主要包括单片机最小系统和 4 个 8 段数码管,如图 3.36 所示。

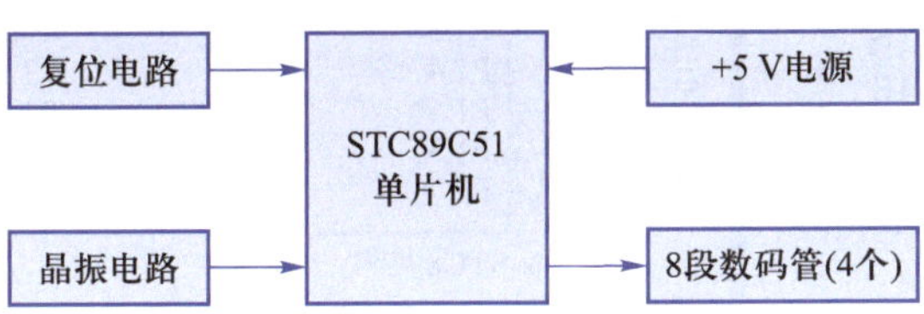

图 3.36　用 4 个数码管显示“LOVE”框图

二、硬件电路设计

由 STC89C51 单片机、复位电路、晶振电路构成一个基本的单片机系统，再在外部 I/O 引脚上连接 4 个 4 位 8 段数码管以及 220 Ω 限流电阻，就构成了 4 个数码管显示“LOVE”的硬件电路，其原理图如图 3.37 所示。

笔记栏

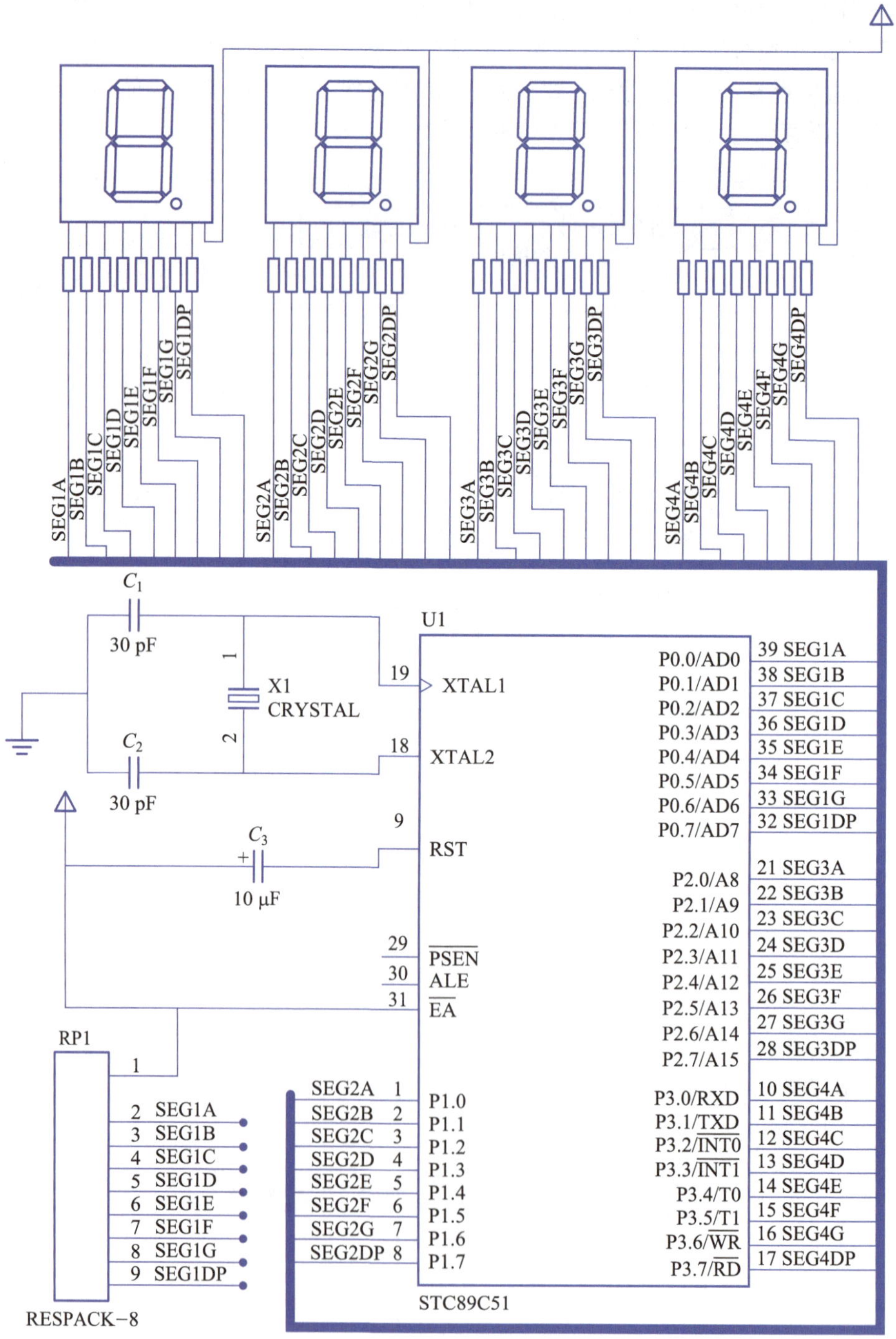

图 3.37　4 个数码管显示“LOVE”硬件电路原理图

数码管 1 连接到单片机的 P0 口,用 P0 口输出对应的 P0.0 ~ P0.7 引脚的高、低位状态控制数码管 1 的显示。以此类推,分别使用 P0 ~ P3 口控制 4 个数码管的显示。

三、软件设计

1. 4 个数码管显示“LOVE”工作过程

4 个数码管显示“LOVE”的工作过程如下:

① 数码管 1 显示“L”:P0 口输出 0xC7。

② 数码管 2 显示“O”(用显示“0”代替):P1 口输出 0xC0。

③ 数码管 3 显示“V”(用显示“U”代替):P2 口输出 0xC1。

④ 数码管 4 显示“E”:P3 口输出 0x86。

⑤ 重复以上步骤,就可以实现 4 个数码管显示“LOVE”。

从以上分析可以看出,4 个数码管显示“LOVE”的方法是:通过单片机 I/O 端口对数码管送不同的段码,然后进行循环并显示。

2. 4 个数码管显示“LOVE”设计与实现

4 个数码管显示“LOVE”的代码如下:

```
#include "reg51.h"
#define uchar unsigned char
#define SEG1  P0
#define SEG2  P1
#define SEG3  P2
#define SEG4  P3
uchar code seg[]={0xC7,0xC0,0xC1,0x86};// "LOVE" 段码
void delayms(uint);
void main(void)
{
while(1)
     {
          SEG1=seg[0];
          SEG2=seg[1];
          SEG3=seg[2];
          SEG4=seg[3];
     }
}
```

3. 电路仿真

利用 Protues 仿真软件对系统进行电路仿真,仿真结果如图 3.38 所示。

四、系统调试

在单片机软、硬件调试实施过程中,软件与硬件的配合是至关重要的,4 个数

笔记栏

笔记栏

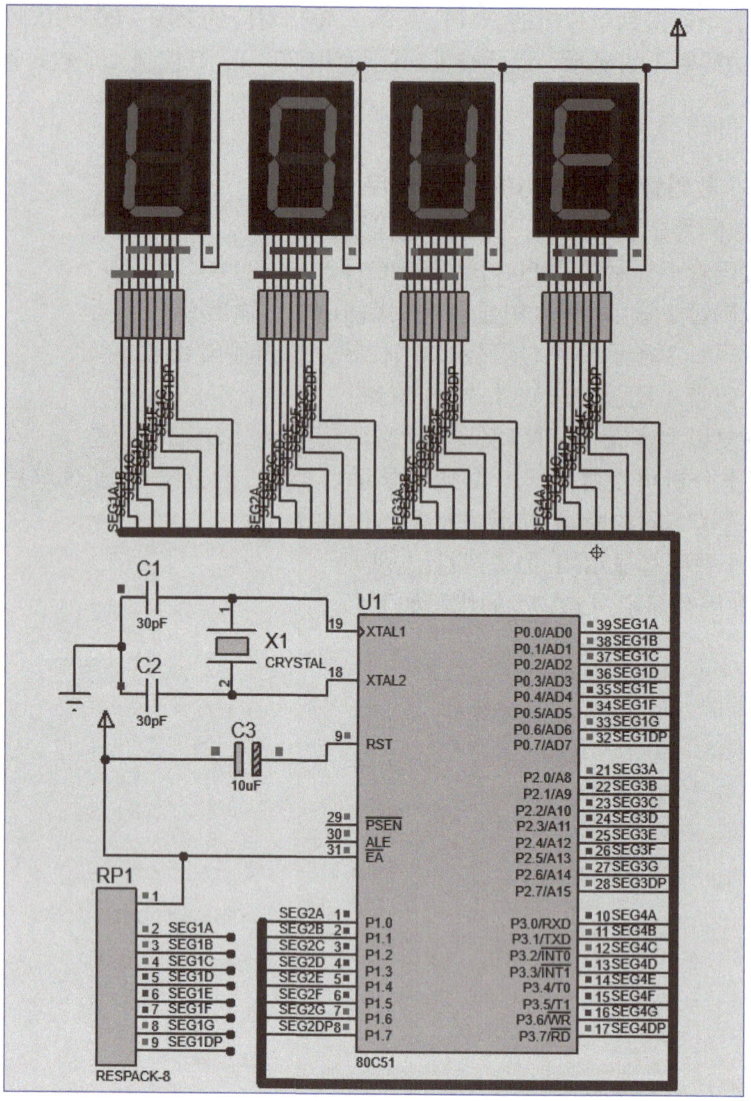

图 3.38 仿真结果

码管静态显示的调试过程需要循序渐进，按照正确的目标要求进行。具体的硬件调试，软件调试及软、硬件联调方法可参考任务 2.2，在此不赘述。

五、任务总结

本拓展任务在单片机最小系统的基础上外接 4 个 8 段数码管的控制电路，只要控制 I/O 端口输出相应段码的高、低电平，就可以控制数码管的显示。本任务元器件少、成功率高、修改和扩展性强、适合初学者入门，迅速掌握单片机 I/O 端口的控制方法及单片机简单程序的设计方法。任务完成后需撰写设计报告。

六、任务评价表

本任务的评价指标及评价内容见表 3.14 ~ 表 3.19。

表 3.14　总 评 成 绩

<table>
<tr><th colspan="9">总评成绩</th></tr>
<tr><td>项目名称</td><td colspan="4"></td><td>任务名称</td><td colspan="3"></td></tr>
<tr><td>班级</td><td colspan="4"></td><td>日期</td><td colspan="3"></td></tr>
<tr><td rowspan="2">姓名</td><td rowspan="2">学号</td><td rowspan="2">组号</td><td rowspan="2">自我评价 10%</td><td rowspan="2">小组互评 10%</td><td colspan="3">教师评价</td><td rowspan="2">总评成绩</td></tr>
<tr><td>仿真操作 30%</td><td>作品制作与调试排故 30%</td><td>设计报告 20%</td></tr>
<tr><td></td><td></td><td></td><td></td><td></td><td></td><td></td><td></td><td></td></tr>
</table>

笔记栏

表 3.15　自 我 评 价

<table>
<tr><th colspan="6">自我评价</th></tr>
<tr><td>项目名称</td><td colspan="2"></td><td>任务名称</td><td colspan="2"></td></tr>
<tr><td>班级</td><td colspan="2"></td><td>日期</td><td colspan="2"></td></tr>
<tr><td>姓名</td><td>学号</td><td></td><td>组号</td><td>组长</td><td></td></tr>
<tr><td>序号</td><td colspan="2">评价项目</td><td>分值</td><td colspan="2">得分</td></tr>
<tr><td>1</td><td colspan="2">参与查阅数码管组合显示相关资料</td><td>5 分</td><td colspan="2"></td></tr>
<tr><td>2</td><td colspan="2">参与同组成员间的交流沟通</td><td>5 分</td><td colspan="2"></td></tr>
<tr><td>3</td><td colspan="2">参与设计多位数码管控制程序</td><td>10 分</td><td colspan="2"></td></tr>
<tr><td>4</td><td colspan="2">参与设计单片机控制仿真电路</td><td>15 分</td><td colspan="2"></td></tr>
<tr><td>5</td><td colspan="2">参与实物制作</td><td>15 分</td><td colspan="2"></td></tr>
<tr><td>6</td><td colspan="2">参与作品调试</td><td>15 分</td><td colspan="2"></td></tr>
<tr><td>7</td><td colspan="2">参与作品汇报</td><td>10 分</td><td colspan="2"></td></tr>
<tr><td>8</td><td colspan="2">撰写作品设计报告</td><td>10 分</td><td colspan="2"></td></tr>
<tr><td>9</td><td colspan="2">课程结束操作台干净</td><td>5 分</td><td colspan="2"></td></tr>
<tr><td>10</td><td colspan="2">课程结束计算机关闭</td><td>5 分</td><td colspan="2"></td></tr>
<tr><td>11</td><td colspan="2">参与交流区讨论、答疑</td><td>5 分</td><td colspan="2"></td></tr>
<tr><td>总分</td><td colspan="5"></td></tr>
</table>

表 3.16　小 组 互 评

<table>
<tr><th colspan="8">小组互评</th></tr>
<tr><td>项目名称</td><td colspan="3"></td><td colspan="2">任务名称</td><td colspan="2"></td></tr>
<tr><td>班级</td><td colspan="3"></td><td colspan="2">日期</td><td colspan="2"></td></tr>
<tr><td>被评人姓名</td><td></td><td>被评人学号</td><td></td><td>被评人组号</td><td></td><td>评价人姓名</td><td></td></tr>
<tr><td>序号</td><td colspan="4">评价项目</td><td>分值</td><td colspan="2">得分</td></tr>
<tr><td>1</td><td colspan="4">前期资料准备完备</td><td>10 分</td><td colspan="2"></td></tr>
<tr><td>2</td><td colspan="4">程序设计正确</td><td>20 分</td><td colspan="2"></td></tr>
<tr><td>3</td><td colspan="4">仿真电路设计正确</td><td>20 分</td><td colspan="2"></td></tr>
<tr><td>4</td><td colspan="4">实物制作实现功能正确</td><td>20 分</td><td colspan="2"></td></tr>
<tr><td>5</td><td colspan="4">心得体会汇总丰富翔实</td><td>10 分</td><td colspan="2"></td></tr>
<tr><td>6</td><td colspan="4">积极参与平台上的讨论、答疑</td><td>10 分</td><td colspan="2"></td></tr>
<tr><td>7</td><td colspan="4">积极对遇到困难的小组给予帮助与技术支持</td><td>10 分</td><td colspan="2"></td></tr>
<tr><td>总分</td><td colspan="7"></td></tr>
</table>

笔记栏

表 3.17　仿真操作（教师评价）

仿真操作				
项目名称			任务名称	
班级			日期	
姓名		学号	组号	
序号	评价项目		每处错误扣分值	得分
1	Keil C51 程序编写	语法	3 分	
		逻辑	5 分	
2	Proteus 仿真电路	元器件使用	5 分	
		元器件参数	3 分	
		接线	4 分	
总分				

表 3.18　作品制作与调试排故（教师评价）

作品制作与调试排故				
项目名称			任务名称	
班级			日期	
姓名		学号	组号	
序号	评价项目		分值	得分
1	调试流程合理可行		10 分	
2	实物调试	能选择合适调试设备	5 分	
		完成故障排查	10 分	
		实现效果与设计方案一致	20 分	
	故障排除	故障原因排查得当	15 分	
		故障解决方法得当	15 分	
3	仪器使用完毕后归放整齐有序		5 分	
4	完成调试记录单		5 分	
5	课程结束操作台干净		5 分	
6	课程结束计算机关闭		5 分	
总分				

表 3.19　设计报告（教师评价）

设计报告				
项目名称			任务名称	
班级			日期	
姓名		学号	组号	
序号	评价项目		分值	得分
1	设计方案描述准确		20 分	
2	元器件选用正确合理		20 分	
3	仿真效果正确可行		20 分	
4	调试方法得当有效		20 分	
5	报告排版设计美观大方		20 分	
总分				

课后训练

1. 设计用 1 位数码管进行按键计数，即 0~9 计数的电路及程序并使用仿真实现。

2. 控制 4 位数码管延时点亮并显示数字 0，间隔时间为 1 s。

“芯”历程

国内首款可重构 5G 射频收发芯片研制成功

2023 年 8 月，中国移动正式发布国内首款可重构 5G 射频收发芯片“破风 8676”。该芯片可广泛商用于云基站、皮基站、家庭基站等 5G 网络核心设备。这项核心自主创新成果实现了“从 0 到 1”的关键性突破，填补了该领域的国内空白，有效提升了我国 5G 网络核心设备的自主可控度。

在“破风 8676”芯片的研发过程中，中国移动充分发挥运营商的龙头研发牵引作用和网络技术积累优势，与设备商和芯片设计公司携手，通过网络和设备需求前置，将传统的芯片设计、整机集成、网络应用的串行研发模式升级为并行模式，使从芯片到整机适配的时间缩短近一半，破解了应用方“不想用、不敢用”的核心产业难题，大幅提升了关键短板芯片攻关的有效性，加速了整机集成和网络应用迭代，形成了一套“选芯、研芯、用芯”的闭环攻关体系。

“破风 8676”芯片是中国移动践行高水平科技自立自强的“破风手”，它所探索出的创新攻关模式、研发经验和人才积累，将为更多的编队作战奠定坚实基础。未来，中国移动将继续发挥央企在科技创新、产业控制、安全支撑方面的核心作用，加速落实发展战略性新兴产业的时代使命与重大任务，与产业伙伴一起不畏险阻、破风前行。

（资料来源：人民邮电报）

项目四

单片机中断控制系统的工程应用

项目导读

本项目包括按键切换彩灯变换的设计与仿真、比赛计分器的设计与仿真两个任务，首先介绍STC89C51单片机中断的相关概念及工作原理，使学生理解单片机外部中断的使用方法，能够在Proteus软件中绘制按键切换彩灯变换和比赛计分器的硬件仿真电路，并用C语言编写程序实现任务。

知识目标	1. 掌握STC89C51单片机中断的概念、外部中断使用方法及中断服务函数的应用 2. 掌握按键切换彩灯变换和比赛计分器的硬件仿真电路 3. 掌握按键切换彩灯变换和比赛计分器程序的编写方法
能力目标	1. 能够完成硬件电路元器件的识别与选取 2. 能够用C语言编写程序 3. 能够完成软、硬件联调
素养目标	1. 具有团队协作意识，端正价值取向 2. 具有理论联系实际、自主创新和求真务实的精神
教学重点	1. 单片机中断的工作原理、中断相关寄存器 2. 按键切换彩灯变换循环控制程序
教学难点	1. 按键切换彩灯变换和比赛计分器程序的编写 2. 单片机中断相关寄存器
建议学时	14学时
推荐教学方法	从任务入手，通过按键切换彩灯变换和比赛计分器的设计，让学生了解单片机的中断工作原理，进而通过基于Proteus仿真的硬件电路设计，熟悉LED、独立按键、数码管等设备的使用方法
推荐学习方法	勤学勤练、动手操作是学好单片机中断应用的关键，动手完成按键切换彩灯变换和比赛计分器的设计与仿真，通过边做边学获得更好的学习效果

任务 4.1 按键切换彩灯变换的设计与仿真

课前准备 ≫

教师活动：利用线上教学平台提前布置任务，通过课前测验了解学生学情，及时调整教学策略。

学生活动：通过线上教学平台对按键切换彩灯变换的设计与仿真任务进行初步了解，并在平台中积极互动交流，进行头脑风暴，激发探究热情，为课堂的深入学习打好基础。

知识回顾 ≫

回顾项目三中学习的单片机 I/O 端口的使用方法，本任务将学习 STC89C51 单片机中断的相关概念，并利用单片机外中断实现按键切换彩灯变换。

任务描述 ≫

微课
按键切换彩灯变换：任务分析

实现按键切换彩灯变换的关键在于使用单片机的外中断。

本任务要求利用 STC89C51 单片机外中断，实现按键切换彩灯变换的设计：需设计 5 种彩灯变换方式，当按键按下时，变换彩灯花样，并用数码管显示当前花样的序号。本任务用 Keil C51、Proteus 开发工具进行仿真实现。

知识链接 ≫

一、STC89C51 单片机中断源及其请求信号的传递

微课
中断的概念

STC89C51 单片机有 5 个中断源：外部中断源 2 个，即 $\overline{\text{INT0}}$、$\overline{\text{INT1}}$，因为外设没有确定，所以只约定了中断请求信号的形式和传递路径；内部中断源 3 个，即两个定时 / 计数器 T0、T1 和串行口 S，它们是集成在单片机内部的 3 个已知设备。5 个中断源意味着 STC89C51 单片机的中断系统只能直接应对 5 个预计的突发事件。

1. 外中断（2 个）

外中断是由单片机以外的设备（外部中断源）发起的，它们的中断请求信号分别从 $\overline{\text{INT0}}$（P3.2）和 $\overline{\text{INT1}}$（P3.3）两个引脚输入。

单片机能接受的外中断请求信号有两种方式：一种是电平方式，低电平有效；另一种是脉冲方式，脉冲下降沿有效。脉冲方式中，CPU 在两个相邻机器周期对中断请求信号引入端进行的采样中，如前一次为高电平，后一次为低电平，即为有效的中断请求。

单片机的中断机构只要在中断请求信号引入端采样到有效的中断请求信号，其外中断请求标志位即被置“1”，向 CPU 发出中断请求。

2. 定时 / 计数器中断（2 个）

单片机芯片内部有两个定时 / 计数器，即定时 / 计数器 0（T0）和定时 / 计数器 1（T1），当定时 / 计数器溢出时要发出中断请求。以定时 / 计数器 0 为例，当定时 / 计数器 0 溢出时会使得寄存器 TCON 中的 TF0 置“1”，所以 TF0 首先是定时 / 计数器 0 的溢出标志位。同时 TF0 置“1”也表明定时 / 计数器 0 发出了中断请求信号，所以 TF0 也是定时 / 计数器 0 的中断请求标志位，如果未进行中断屏蔽就会使 CPU 中断。可以理解为定时 / 计数器 0 的中断请求信号是通过标志位 TF0 来传递的，至于中断请求信号的具体传递路径，这与具体芯片的电路设计有关，使用者没必要关心。同样的，TF1 既是定时 / 计数器 1 的溢出标志位，又是定时 / 计数器 1 的中断请求标志位。显然，人为地使 TF0、TF1 置“1”（如执行指令 SETB TF0）是没有意义的，但也会使 CPU 中断，这一点在调试程序时会用到。

CPU 响应了定时 / 计数器 0 或定时 / 计数器 1 的中断请求后，TF0 或 TF1 会被自动清“0”。

3. 串行口中断（1 个）

串行口中断是为串行数据的传送而设置的。每当串行口接收或发送完一个串行数据时就使得寄存器 SCON 中的 RI 或 TI 置“1”，RI 既是接收结束标志位又是中断请求标志位，TI 既是发送结束标志位又是中断请求标志位。RI 和 TI 中只要有一个置“1”就说明串行口发出了中断请求，CPU 响应后要在中断服务程序中首先判明到底是 RI 和 TI 哪个被置“1”，然后再转去执行相应的处理程序。这也就是 RI 和 TI 在中断响应时不被自动清“0”的原因。

笔记栏

二、STC89C51 单片机中断服务程序入口地址

CPU 响应了任何一个中断源的中断请求后一定要找到事先编制好的与这个中断源对应的中断服务（处理）程序。对于这个问题，不同单片机的处理方法也不一样。STC89C51 单片机采用的方法是：在程序存储器中指定 5 个地址分别作为 5 个中断源对应的中断服务程序入口地址，当 CPU 响应了一个中断源的中断请求后，就跳转到与这个中断源对应的地址去执行相应的中断服务程序。中断源及其中断服务程序入口地址的对应关系见表 4.1。

表 4.1　中断源及其中断服务程序入口地址

中断源		中断服务程序入口地址
$\overline{INT0}$	外中断 0	0003H
T0	定时 / 计数器 0	000BH
$\overline{INT1}$	外中断 1	0013H
T1	定时 / 计数器 1	001BH
S	串行口	0023H

设计程序时一定要按照表 4.1 放置每个中断源的中断服务程序，否则 CPU 找不到。由于两个相邻的中断服务程序入口地址间隔仅为 8 字节，如果容纳不下中断服务程序，可在相应的中断服务程序入口地址中放入一条跳转指令，这样就可以跳转到程序存储器的任何可用区域。

三、STC89C51 单片机中断系统的操作

对中断系统进行操作的目的是使单片机的中断系统适应具体应用系统的需求。

1. 关于外中断的操作

微课
中断相关寄存器

如果在系统中使用了外中断，就必须首先关注外部中断源发出的中断请求信号是脉冲信号还是电平信号，并以此对单片机的中断系统进行操作（设置），使其能够接收这样的中断请求信号。

通过对特殊功能寄存器 TCON 中的 IT0 和 IT1 进行置“1”或清“0”即可达到这个目的。特殊功能寄存器 TCON 是一个 8 位寄存器，字节地址为 88H，可位寻址，见表 4.2。

微课
TCON 的设置

表 4.2　特殊功能寄存器 TCON

位序	D7	D6	D5	D4	D3	D2	D1	D0
符号	TF1	TR1	TF0	TR0	IE1	IT1	IE0	IT0

（1）IT0 和 IE0

如果将 IT0 清“0”（CLR IT0），则 $\overline{\text{INT0}}$（P3.2）引脚所能接受的中断请求信号为“低电平有效”信号。CPU 在每个机器周期采样 $\overline{\text{INT0}}$（P3.2）引脚，若为低电平，则将标志位 IE0 置“1”，表明单片机收到了外中断 0 发出的中断请求信号；若为高电平，则将标志位 IE0 置“0”，表明单片机没有收到外中断 0 的中断请求信号。

如果将 IT0 置“1”（SETB IT0），则 $\overline{\text{INT0}}$（P3.2）引脚所能接受的中断请求信号为“下降沿有效”信号。为保证 CPU 在两个机器周期内检测到先高后低的下降沿，引脚上输入的中断请求信号的高、低电平的持续时间至少要保持一个机器周期。如果 CPU 检测到 $\overline{\text{INT0}}$（P3.2）引脚有下降沿，就将标志位 IE0 置“1”，表明单片机收到了外中断 0 发出的中断请求信号；如果 CPU 没有检测到 $\overline{\text{INT0}}$（P3.2）引脚有下降沿，标志位 IE0 就不会被置“1”，表明单片机没有收到外中断 0 的中断请求信号。

（2）IT1 和 IE1

IT1 和 IE1 的情况与 IT0 和 IE0 完全一样，只不过与其相关的是外中断 1。外中断 1 的中断请求信号是从 $\overline{\text{INT1}}$（P3.3）引脚送给单片机的。

操作 IT0 和 IT1（置“1”或清“0”）的目的是使单片机能接受的中断请求信号与中断源发出的信号一致，该信号是向单片机发出的控制命令，体现的是人的意志，因此 IT0 和 IT1 称为控制位。IE0 和 IE1 是“1”还是“0”反映的是“外部中断源发出中断请求”这件事是否发生，因此 IE0 和 IE1 称为标志位。

值得注意的是，如果外部中断源两种中断请求信号都能产生，需要用户选择一种使用，应该首先选择“下降沿有效”信号作为中断请求信号。因为“下降沿”是

"瞬间信号",它将 IE0 或 IE1 置"1"后就消失了,而 IE0 和 IE1 会在中断请求被响应时自动清"0",本次中断请求就结束了。如果"不得已"选择了"低电平有效"信号作为中断请求信号,为了保证不造成"多次中断",必须采取措施保证在中断返回前使"低电平"结束,而这往往需要增加电路和程序。

2. 关于中断屏蔽的操作

通过特殊功能寄存器 IE 可完成对中断屏蔽的操作。IE 是一个 8 位寄存器,字节地址为 A8H,可位寻址,见表 4.3。IE 中有 6 位有效,全是控制位。

微课
IE 的设置

表 4.3　特殊功能寄存器 IE

位序	D7	D6	D5	D4	D3	D2	D1	D0
符号	EA	—	—	ES	ET1	EX1	ET0	EX0

各位的功能如下。

① EA(IE.7):总的中断允许位。EA=0,屏蔽(不响应)所有的中断请求,习惯上称为关中断;要想 CPU 响应任何一个中断源的中断请求,就必须使 EA=1。

② ES(IE.4):串行口中断允许位。ES=1,允许串行口中断;ES=0,禁止串行口中断。

③ ET1(IE.3):定时 / 计数器 1 中断允许位。ET1=1,允许定时 / 计数器 1 中断;ET1=0,禁止定时 / 计数器 1 中断。

④ EX1(IE.2):外中断 1 允许位。EX1=1,允许外中断 1 中断;EX1=0,禁止外中断 1 中断。

⑤ ET0(IE.1):定时 / 计数器 0 中断允许位。ET0=1,允许定时 / 计数器 0 中断;ET0=0,禁止定时 / 计数器 0 中断。

⑥ EX0(IE.0):外中断 0 允许位。EX0=1,允许外中断 0 中断;EX0=0,禁止外中断 0 中断。

系统复位后,IE 中各中断允许位均被清"0",即禁止所有的中断,所以,如果系统中使用了中断,就必须对 IE 进行操作以开放这些中断请求。

中断控制示意图如图 4.1 所示,图中表示的是只开放外中断 0 的中断请求的情况(置"1"的位为 EA 和 EX0)。

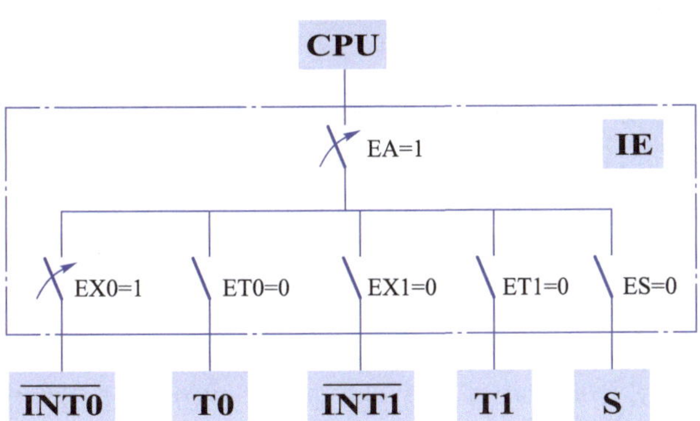

图 4.1　中断控制示意图

笔记栏

【例 4.1】假设只允许片内定时 / 计数器 0 和定时 / 计数器 1 中断，禁止其他中断，请设置 IE 的值。

解：据题意，IE 各位的值见表 4.4。

表 4.4 例 4.1 IE 各位的值

IE	D7	D6	D5	D4	D3	D2	D1	D0
	EA	—	—	ES	ET1	EX1	ET0	EX0
A8H	1	0	0	0	1	0	1	0

可以采用以下 3 种方法进行操作：

```
① MOV   IE,#8AH
② MOV   0A8H,#8AH
③ SETB  ET0
  SETB  ET1
  SETB  EA
```

3. 关于中断优先级的操作

STC89C51 单片机针对 5 个中断源规定了两个优先级。如果两个不同优先级的中断源同时发出中断请求，单片机会首先响应高优先级中断源的中断请求。当单片机已经响应并正在处理一个低优先级中断源的中断请求时，如果又来了一个高优先级中断源的中断请求，单片机可以再次响应即实现中断嵌套。

每个中断源都可以通过中断优先寄存器 IP 来指定其优先级。IP 也是一个 8 位寄存器，字节地址为 B8H，可位寻址，见表 4.5。

表 4.5 中断优先寄存器 IP

位序	D7	D6	D5	D4	D3	D2	D1	D0
符号	—	—	—	PS	PT1	PX1	PT0	PX0

各位的功能如下。

① PS（IP.4）：串行口中断优先级控制位。PS=1，指定串行口为高优先级中断源；PS=0，指定其为低优先级中断源。

② PT1（IP.3）：定时 / 计数器 1 中断优先级控制位。PT1=1，指定定时 / 计数器 1 为高优先级中断源；PT1=0，指定其为低优先级中断源。

③ PX1（IP.2）：外中断 1 中断优先级控制位。PX1=1，指定外中断 1 为高优先级中断源；PX1=0，指定其为低优先级中断源。

④ PT0（IP.1）：定时 / 计数器 0 中断优先级控制位。PT0=1，指定定时 / 计数器 0 为高优先级中断源；PT0=0，指定其为低优先级中断源。

⑤ PX0（IP.0）：外中断 0 中断优先级控制位。PX0=1，指定外中断 0 为高优先级中断源；PX0=0，指定其为低优先级中断源。

当系统复位后,IP 的低 5 位全部清"0",即将所有的中断源设置为低优先级中断源。

【例 4.2】指定 STC89C51 的外部中断源为高优先级中断源,内部中断源为低优先级中断源,请设置 IP 的值。

解:根据要求,IP 各位的值见表 4.6。

表 4.6 例 4.2 IP 各位的值

IP	D7	D6	D5	D4	D3	D2	D1	D0
	—	—	—	PS	PT1	PX1	PT0	PX0
B8H	0	0	0	0	0	1	0	1

可以采用以下 3 种方法进行操作:

```
① MOV    IP,#05H
② MOV    0B8H,#05H
③ SETB   PX0
  SETB   PX1
```

STC89C51 单片机有 5 个中断源却只有两个优先级,因此肯定会有不同的中断源具有相同优先级的情况出现。显然,当优先级相同的中断源同时请求中断时不能根据优先级决定响应顺序。对此,STC89C51 单片机事先规定了如果 5 个中断源的优先级相同又同时请求中断时的响应顺序,见表 4.7。

表 4.7 中断响应顺序

中断源		响应顺序
$\overline{INT0}$	外中断 0	先 ↓ 后
T0	定时 / 计数器 0	
$\overline{INT1}$	外中断 1	
T1	定时 / 计数器 1	
S	串行口	

把 STC89C51 单片机响应中断请求的情况归纳如下:

① 两个中断源同时发出中断请求时,单片机首先响应高优先级中断源的中断请求。如果两个中断源的优先级相同,则按照表 4.7 中规定的顺序响应。

② 如果两个中断源不是同时发出中断请求,单片机首先响应先发出的中断请求,如果后发出中断请求的中断源的优先级不高于前者则暂时不响应,等到第一个中断请求处理完后再响应;如果后发出中断请求的中断源的优先级高于前者,则单片机会再次响应即实现中断嵌套。

笔记栏

【例 4.3】已知 IP 的值为 06H，如果 5 个中断源同时发出中断请求，单片机的响应顺序是怎样的？

解：首先响应高优先级中断源 T0 和 $\overline{\text{INT1}}$ 的中断请求，同为高优先级时，则按照表 4.7 规定的顺序应先响应 T0 的中断请求；处理完高优先级中断源的中断请求后再响应 3 个低优先级中断源的中断请求，按照表 4.7 的规定，这 3 个低优先级中断源的中断请求响应顺序为 $\overline{\text{INT0}}$ → T1 → S。因此，总的响应顺序为 T0 → $\overline{\text{INT1}}$ → $\overline{\text{INT0}}$ → T1 → S。

笔记栏

四、STC89C51 单片机中断处理过程

STC89C51 单片机中断处理过程可分为 5 个阶段：中断请求、中断查询、中断响应、中断处理和中断返回。

1. 中断请求

中断请求的结果就是相应的中断请求标志位被置“1”。内部中断源的中断请求（定时 / 计数器中断和串行口中断）在单片机芯片内部完成。外部中断源的中断请求信号要分别从 P3.2 和 P3.3 引脚输入，中断控制系统在每个机器周期对引脚进行采样，如果采样到有效的中断请求信号，就将相应的中断请求标志位 IE0 或 IE1 置“1”。

2. 中断查询

中断查询也是由硬件自动完成的。所谓中断查询，就是由硬件测试各中断请求标志位的状态，以确定有无中断请求以及是哪个中断源发出的中断请求。STC89C51 单片机在每一个机器周期按表 4.7 中的响应顺序对中断请求标志位进行查询。如果查询到有标志位被置“1”，就从下一个机器周期开始进行中断响应。

由于中断请求是随机发生的，因此在程序执行过程中，中断查询是在每个机器周期不停地重复进行的。

3. 中断响应

当查询到有效的中断请求时，紧接着从下一个机器周期开始就可能进行中断响应。

（1）中断响应条件

一个中断请求被响应，需要满足以下条件：

① EA 被置“1”。

② IE 中的相应位被置“1”。

③ 当前指令执行完毕（RETI 和有关 IE、IP 的指令除外）。

即使满足这些条件，若遇到以下任一情况，单片机仍不能响应中断：

① 当前 CPU 正在处理比申请中断源高级或与申请中断源同级的中断。

② 当前正在执行的指令没有执行完。

③ 正在访问 IE、IP 寄存器或执行 RETI 指令，只有在执行这些指令后再执行 1 条指令，才能接受中断请求。

由于上述原因而未能响应的中断请求，待上述原因消失时该中断请求标志也已消失，那么该中断请求不会再被响应。也就是说，STC89C51 单片机不记忆查询结果，查询过程在下一个机器周期重新进行。

在中断被响应后，硬件自动做两件事：一是将两个中断优先级触发器（不对用户开放）中的一个置“1”，以记录正在响应的中断的优先级；二是执行一条长调用指令（LCALL 中断服务程序入口地址）。

(2) 中断响应时间

笔记栏

中断响应时间是指从中断请求标志位置“1”到跳转到其中断服务程序入口地址所需的时间。在单一中断源的系统中，中断响应时间至少要用 3 个机器周期，最多为 8 个机器周期。3 个机器周期是响应任何中断必不可少的，其中 1 个机器周期用来对各中断标志位进行查询；如果具备响应条件，另外 2 个机器周期将花在 CPU 执行自动生成的长调用指令（LCALL 中断服务程序入口地址）上。

如果中断响应因前述的 3 种情况受阻，那么就要增加等待时间。

① 对于同级或高级中断正在进行所带来的附加等待时间，取决于这些执行中的中断服务程序的长短，显然很难估算。

② 如果查询周期不是正在执行的指令的最后一个周期，那么附加等待时间不会超过 3 个机器周期，因为执行时间最长的指令是 4 个机器周期。

③ 抛开情况①，如果是在单一中断源的中断系统中，那么最不利的情况莫过于查询周期恰逢 RETI 或其他访问 IE、IP 指令的第一个机器周期，而且在这类指令后面又跟着执行时间为 4 个机器周期的指令（MUL 或 DIV）。这种情况下，附加等待时间也不会超过 5 个机器周期。所以说在单一中断源的情况下，中断响应的时间约为 3 ~ 8 个机器周期。

一般情况下，中断响应时间的长短无须考虑，只有在需要精确定时的应用系统中才需要估算中断响应时间。

4. 中断处理

中断处理就是执行事先编写好的与中断请求对应的中断服务程序。

在编写中断服务程序时要注意以下 3 个问题：

(1) 现场保护和恢复

所谓现场是指中断时刻主程序使用的存储单元中的数据或状态。为了避免这些数据或状态在执行中断服务程序时被破坏，在执行中断服务程序前要把它们送入堆栈中保护起来，这就是现场保护。现场保护要位于中断服务程序的开头。

中断服务程序结束后，在返回主程序之前必须把保存的现场内容从堆栈中弹出，以恢复那些存储单元的原有内容，这就是现场恢复。现场恢复要位于中断服务程序的最后一条指令即中断返回指令之前。

(2) 关中断和开中断

对于一个不允许被打断的重要中断，可以在现场保护之前关中断（将 EA 清“0”），待中断处理完成之后再开中断。

笔记栏

(3) 中断请求标志的撤销

必须在中断返回之前撤销该中断源的中断请求标志，否则会引起再次中断。中断请求标志的撤销分为以下几种类型：

① 定时 / 计数器中断：在中断请求被响应后，由硬件自动将中断请求标志 TF0 和 TF1 清“0”。

② 脉冲方式触发的外中断：脉冲信号是瞬间信号，过后就消失了，中断请求标志 IE0 和 IE1 也是在响应中断后由硬件自动清“0”。

③ 电平方式触发的外中断：由于低电平持续的时间往往比较长，必须在中断返回前用专门的电路和指令撤除引脚上的低电平触发信号，只有这样，中断请求标志 IE0 和 IE1 才能由硬件自动清“0”。

④ 串行口中断：CPU 响应中断后，由于中断请求标志 RI 和 TI 还要用来在中断服务程序中判断到底是发送中断还是接收中断，所以在串行口中断被响应后 RI 和 TI 不会被自动清“0”，需要用指令来清“0”。

5. 中断返回

中断服务程序的最后一条指令必须是中断返回指令 RETI。CPU 执行这条指令时，把响应中断时置位的优先级触发器复位，再从堆栈中弹出断点地址送 PC，使程序回到断点处重新执行先前被中断了的程序。由于 RETI 的作用不同于 RET，所以中断返回不能用 RET 指令来代替。

任务设计与实施

教师展示按键切换彩灯变换设计作品样例，学生通过小组协作分析作品的设计方案及方法，通过将任务分解为如何使用单片机外部中断、数码管和按键如何与单片机连接、中断服务如何编写等数个子任务逐步达到设计目标。

一、总体方案设计

按键切换彩灯变换的设计既有硬件电路部分，又有软件部分。其中，硬件电路主要包括单片机最小系统和数码管、LED 电路、按键电路，如图 4.2 所示；软件部分主要是通过单片机控制彩灯花样的程序。

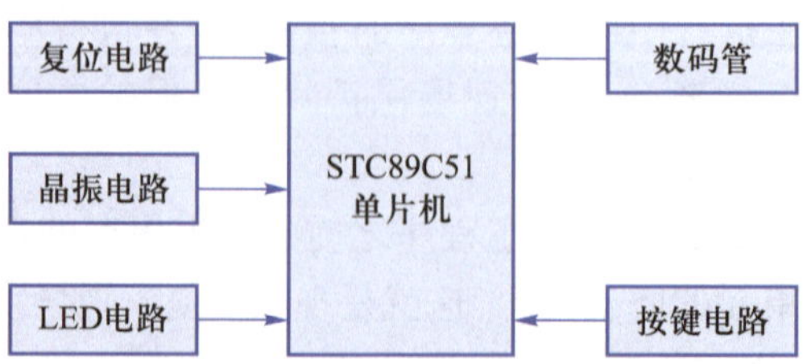

图 4.2　按键切换彩灯变换电路框图

设计选用 STC89C51 单片机作为系统核心的控制器，是其他所有模块的连接枢纽。STC89C51 单片机内部有存储模块，具有超长时间的存储能力。单片机软件编程通过 MCS-51 指令完成，此指令标准在很多器件上都可以使用，通用性很强。STC89C51 单片机能耗很小，在低功耗方面表现优异。总之，STC89C51 单片机能够满足本任务对单片机的各种需求。

微课
按键切换彩灯变换：硬件电路设计

二、硬件电路设计

由 STC89C51 单片机、复位电路、晶振电路构成一个基本的单片机系统，再在外部 I/O 引脚上连接 LED 和限流电阻、数码管、按键电路，就构成了按键切换彩灯变换的硬件电路，其原理图如图 4.3 所示。

笔记栏

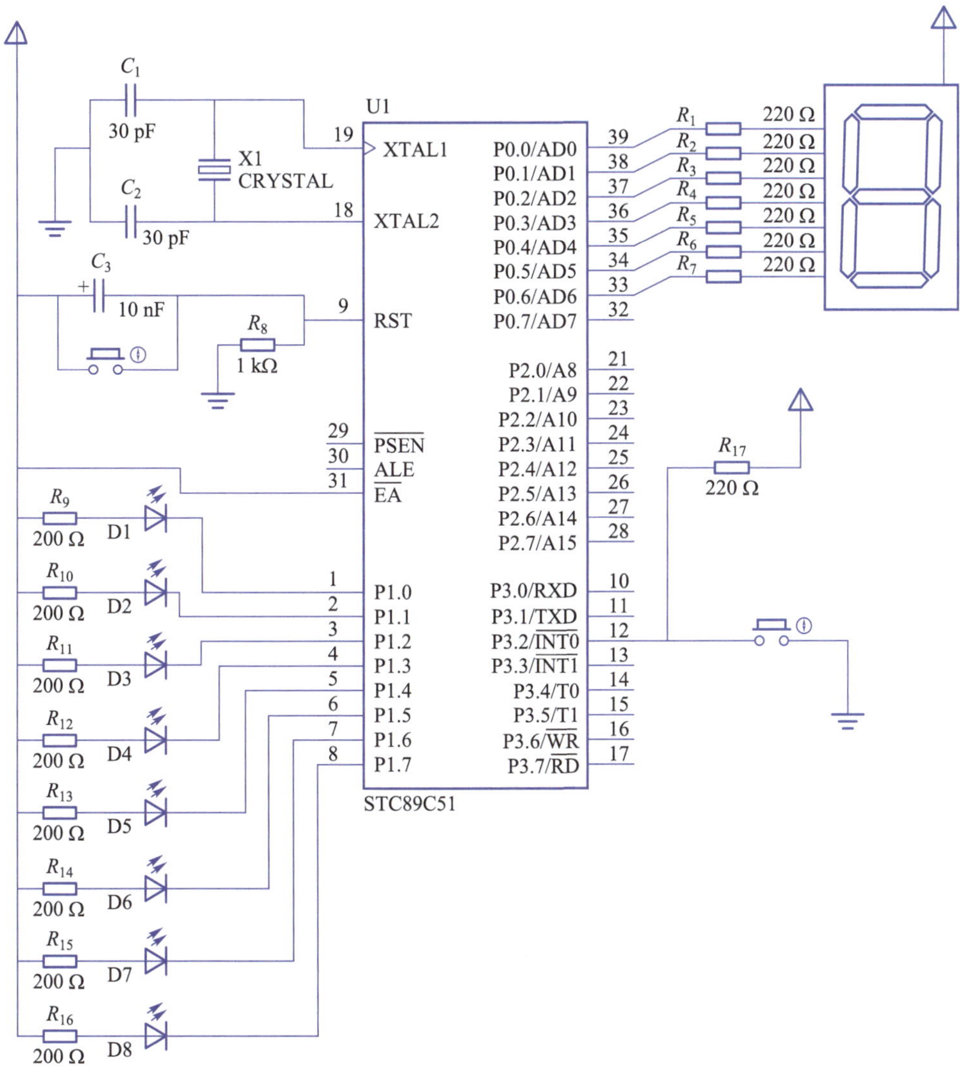

图 4.3　按键切换彩灯变换硬件电路原理图

选用共阳极数码管，其公共端接高电平，数码管的控制端和单片机的 P0 口连接。LED 灯和 P1 口连接，其阳极与高电平连接，阴极接 P1 口的控制端。LED 灯、数码管端都要加入限流电阻。按键选用外中断 0 的触发引脚 P3.2，按键一端与引脚连接并且加入上拉电阻、高电平,另一端与接地信号连接。按键没有按下时有高电平信号输入引脚,按键按下时有低电平信号输入引脚。

三、软件设计

微课
按键切换彩灯变换:软件设计(1)

1. 按键切换彩灯变换功能分析

本任务的软件设计包括主程序和外中断 0 的中断服务程序两大部分。在主程序中需要进行外中断初始化设置,即对 IE 和 TCON 进行设置,并实现数码管显示以及 LED 灯的花样显示;在外中断 0 的中断服务程序中要进行按键次数的计数,即每触发一次外中断就将按键次数加 1。程序流程图如图 4.4 所示。

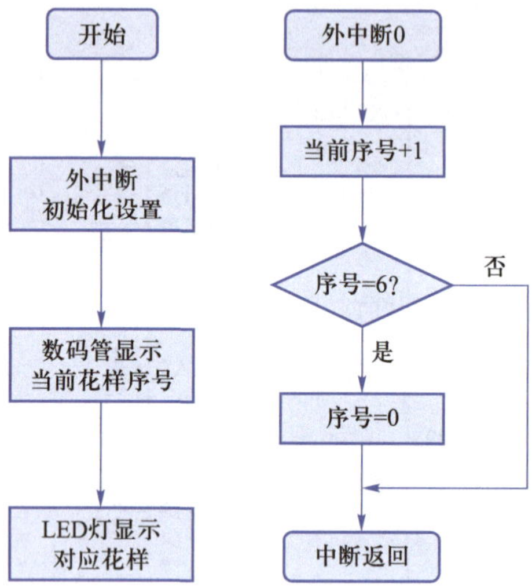

(a) 主程序流程图　(b) 中断服务程序流程图

图 4.4　按键切换彩灯变换程序流程图

主程序开始之后,先进行外中断初始化设置,然后用数码管显示当前的花样序号,根据序号实现 LED 灯的花样显示;中断服务程序中,当触发外中断 0 进入中断之后,让当前序号加 1,任务中设置了 5 种花样,若当前序号超过 5,则表示超过已有花样数,需让序号等于 0,从头开始显示,中断执行完成后返回到主程序中继续执行。

微课
按键切换彩灯变换:软件设计(2)

2. 主程序设计与实现

在主程序中首先进行外中断的设置,EA=1 打开总中断,EX0=1 打开外中断 0 中断,IT0=1 设置下降沿触发方式。接下来进入 while 循环,在主循环中进行数码管的显示。SEG=table[m] 表示连接数码管的引脚 SEG 为 table[] 数组中的第 m 个成员,m 的值在中断服务程序中改变,初始值为 0。按下按键触发外中断后对 m 进行计数,当 m==1 时,数码管显示当前花样序号为 1,LED 灯显示第 1 种花样,即彩灯从两侧开始依次向中间点亮至全亮;当 m==2 时,数码管显示当前花样序号为 2,LED 灯显示第 2 种花样,即彩灯从中间开始依次向两侧熄灭至全灭;当 m==3 时,数码管显示当前花样序号为 3,LED 灯显示第 3 种花样,即彩灯从上到下依次点亮至全亮；当 m==4 时，数码管显示当前花样序号为 4，LED 灯显示第 4 种花样，即彩灯从下到上依次点亮至全亮；当 m==5 时，数码管显示当前花样序号为 5，LED 灯显示第 5 种花样，即彩灯从上开始依次先点亮后熄灭。主程序代码如下：

```
void main(void)
{
        EA=1;
        EX0=1;
        IT0=1;
        while(1)
    {
          SEG=table[m];
          if(m==0) led=0x00;
          //第 1 种花样
          if(m==1) { led=0x7E;
                      delay();
                      led=0x3C;
                      delay();
                      led=0x18;
                      delay();
                      led=0x00;
                      delay();
                      led=0x00;
            }
        //第 2 种花样
        if(m==2){ led=0x00;
                   delay();
                   led=0x18;
                   delay();
                   led=0x3C;
                   delay();
                   led=0x7E;
                   delay();
                   led=0xFF;
                   delay();
            }
        //第 3 种花样
        if(m==3){ uchar i;
                   for(i=0;i<8;i++)
            {
```

笔记栏

笔记栏

```
                    led=(0xFE<<i);
                    delay();
                    }
                    //delay();
               }
          //第 4 种花样
          if(m==4) { uchar i;
                     for(i=0;i<8;i++)
                         {
                         led=(0x7F>>i);
                         delay();
                         }
               }
          //第 5 种花样
          if(m==5) { uchar i;
                     led=0xFE;
                     delay();
                     for(i=0;i<7;i++)
                     {
                     led=_crol_(led,1);
                     delay();
                     }
                    }
     }
}
```

3. 中断服务程序设计与实现

使用外中断 0,在中断服务函数中进行 m++ 运算,若 m==6,则令 m=0。中断服务程序代码如下:

```
void Int0()interrupt 0     //外中断 0 的中断服务函数
{
    m++;
    if(m==6)
    {
        m=0;
    }
}
```

微课
按键切换彩灯变换:电路仿真

4. 电路仿真

利用 Protues 仿真软件对系统进行电路仿真,仿真结果如图 4.5 所示。按下按键，LED 灯按照不同方式闪烁，数码管显示相应数字，则仿真成功，否则应再进行调试。

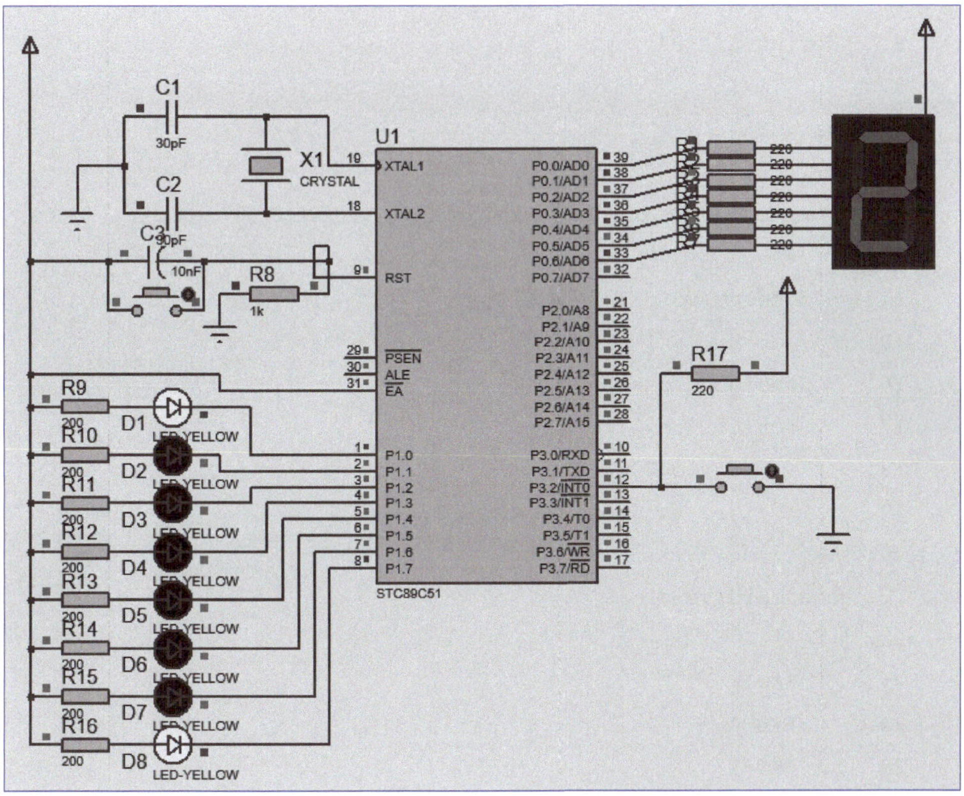

图 4.5　仿真结果

笔记栏

四、系统调试

1. 硬件设计

使用 Proteus 软件建立“LED”工程项目，选择合适的元器件并设置正确的参数，按照图 4.3 设计出仿真所需的电路原理图。

2. 软件调试

完成电路原理图的设计后，使用 Keil C51 软件编写并生成单片机能够运行的可执行程序文件，具体步骤如下：

① 新建“LED”工程文件，并保存在“LED”文件夹中，然后选择单片机型号为 STC89C51。

② 建立并加载“LED.c”源文件，代码如下：

```
#include <reg51.h>
#include <stdio.h>
#include <intrins.h>
#define uchar unsigned char
```

笔记栏

```
#define uint unsigned int

#define led P1
#define SEG P0

char m;

uchar table[]={0xC0,0xF9,0xA4,0xB0,0x99,0x92,0x82,0xF8,0x80,0x90};

void delay(void)   //误差 0μs
{
    unsigned char a,b,c;
    for(c=19;c>0;c--)
        for(b=20;b>0;b--)
            for(a=130;a>0;a--);
}
void main(void)
{
    EA=1;
    EX0=1;
    IT0=1;
    while(1)
    {
    SEG=table[m];
    if(m==0)led=0x00;
    if(m==1){   led=0x7E;
                delay();
                led=0x3C;
                delay();
                led=0x18;
                delay();
                led=0x00;
                delay();
                led=0x00;
            }
    if(m==2){   led=0x00;
                delay();
                led=0x18;
```

```
                    delay();
                    led=0x3C;
                    delay();
                    led=0x7E;
                    delay();
                    led=0xFF;
                    delay();
                }
        if(m==3){   uchar i;
                    for(i=0;i<8;i++)
                {
                    led=(0xFE<<i);
                    delay();
                }
                //delay();
            }
        if(m==4){   uchar i;
                    for(i=0;i<8;i++)
                        {
                            led=(0x7F>>i);
                            delay();
                        }
                }
        if(m==5){   uchar i;
                    led=0xFE;
                    delay();
                    for(i=0;i<7;i++)
                        {
                        led=_crol_(led,1);
                        delay();
                        }
                }
 }
        }
 void Int0()interrupt 0                //外中断 0 的中断服务函数
 {
        m++;
        if(m==6)
```

笔记栏

```
    {
        m=0;
    }
}
```

③“LED”工程配置与编译。

笔记栏

工程配置：将“目标”标签页中的晶振频率设为 12 MHz，将“输出”标签页中的“生成 HEX 文件”选择框选中。

工程编译：工程配置后，进行“LED”工程编译。若编译发生错误，要进行分析检查，直到编译正确为止。

3. 软、硬件联调

在 Proteus 仿真软件中，运行可执行的程序文件，运行调试如下：

① 打开仿真电路。

② 加载“LED.hex”HEX 文件。

③ 单击仿真工具栏中的“运行”按钮 ▶，令单片机全速运行程序。

注意：

① 个别小灯未按规律闪烁，则应检查软、硬件端口是否一致。

② 若数码管显示数字乱码，可检查数码管与单片机引脚连线是否与代码规定一致。

任务评价

一、任务总结

本任务采用 C 语言编程，系统由 STC89C51 单片机、LED 电路、数码管、按键电路组成，可以实现彩灯的不同花样显示。其硬件电路主要有主控电路、复位电路、晶振电路、LED 电路、数码管和按键电路。系统程序的设计包括主程序设计和中断服务程序设计。本任务元器件少、成功率高、修改和扩展性强，适合初学者入门，迅速掌握单片机 I/O 端口的控制方法及单片机简单程序的设计方法。任务完成后需撰写设计报告。

二、任务评价表

本任务的评价指标及评价内容见表 4.8 ~ 表 4.13。

表 4.8　总 评 成 绩

<table>
<tr><td colspan="9">总评成绩</td></tr>
<tr><td>项目名称</td><td colspan="4"></td><td>任务名称</td><td colspan="3"></td></tr>
<tr><td>班级</td><td colspan="4"></td><td>日期</td><td colspan="3"></td></tr>
<tr><td rowspan="2">姓名</td><td rowspan="2">学号</td><td rowspan="2">组号</td><td rowspan="2">自我评价
10%</td><td rowspan="2">小组互评
10%</td><td colspan="3">教师评价</td><td rowspan="2">总评成绩</td></tr>
<tr><td>仿真操作
30%</td><td>作品制作与调试排故
30%</td><td>设计报告
20%</td></tr>
<tr><td></td><td></td><td></td><td></td><td></td><td></td><td></td><td></td><td></td></tr>
</table>

笔记栏

表 4.9　自 我 评 价

<table>
<tr><td colspan="6">自我评价</td></tr>
<tr><td>项目名称</td><td colspan="2"></td><td>任务名称</td><td colspan="2"></td></tr>
<tr><td>班级</td><td colspan="2"></td><td>日期</td><td colspan="2"></td></tr>
<tr><td>姓名</td><td>学号</td><td></td><td>组号</td><td>组长</td><td></td></tr>
<tr><td>序号</td><td colspan="2">评价项目</td><td>分值</td><td colspan="2">得分</td></tr>
<tr><td>1</td><td colspan="2">参与查阅资料</td><td>5 分</td><td colspan="2"></td></tr>
<tr><td>2</td><td colspan="2">参与同组成员间的交流沟通</td><td>5 分</td><td colspan="2"></td></tr>
<tr><td>3</td><td colspan="2">参与设计按键切换彩灯变换程序</td><td>10 分</td><td colspan="2"></td></tr>
<tr><td>4</td><td colspan="2">参与设计按键切换彩灯变换仿真电路</td><td>15 分</td><td colspan="2"></td></tr>
<tr><td>5</td><td colspan="2">参与实物制作</td><td>15 分</td><td colspan="2"></td></tr>
<tr><td>6</td><td colspan="2">参与作品调试</td><td>15 分</td><td colspan="2"></td></tr>
<tr><td>7</td><td colspan="2">参与作品汇报</td><td>10 分</td><td colspan="2"></td></tr>
<tr><td>8</td><td colspan="2">撰写作品设计报告</td><td>10 分</td><td colspan="2"></td></tr>
<tr><td>9</td><td colspan="2">课程结束操作台干净</td><td>5 分</td><td colspan="2"></td></tr>
<tr><td>10</td><td colspan="2">课程结束计算机关闭</td><td>5 分</td><td colspan="2"></td></tr>
<tr><td>11</td><td colspan="2">参与交流区讨论、答疑</td><td>5 分</td><td colspan="2"></td></tr>
<tr><td>总分</td><td colspan="5"></td></tr>
</table>

表 4.10　小 组 互 评

<table>
<tr><td colspan="7">小组互评</td></tr>
<tr><td>项目名称</td><td colspan="3"></td><td colspan="2">任务名称</td><td></td></tr>
<tr><td>班级</td><td colspan="3"></td><td colspan="2">日期</td><td></td></tr>
<tr><td>被评人姓名</td><td>被评人学号</td><td></td><td>被评人组号</td><td></td><td>评价人姓名</td><td></td></tr>
<tr><td>序号</td><td colspan="3">评价项目</td><td>分值</td><td colspan="2">得分</td></tr>
<tr><td>1</td><td colspan="3">前期资料准备完备</td><td>10 分</td><td colspan="2"></td></tr>
<tr><td>2</td><td colspan="3">程序设计正确</td><td>20 分</td><td colspan="2"></td></tr>
<tr><td>3</td><td colspan="3">仿真电路设计正确</td><td>20 分</td><td colspan="2"></td></tr>
<tr><td>4</td><td colspan="3">实物制作实现功能正确</td><td>20 分</td><td colspan="2"></td></tr>
<tr><td>5</td><td colspan="3">心得体会汇总丰富翔实</td><td>10 分</td><td colspan="2"></td></tr>
<tr><td>6</td><td colspan="3">积极参与平台上的讨论、答疑</td><td>10 分</td><td colspan="2"></td></tr>
<tr><td>7</td><td colspan="3">积极对遇到困难的小组给予帮助与技术支持</td><td>10 分</td><td colspan="2"></td></tr>
<tr><td>总分</td><td colspan="6"></td></tr>
</table>

笔记栏

表 4.11　仿真操作（教师评价）

<table>
<tr><td colspan="6">仿真操作</td></tr>
<tr><td>项目名称</td><td colspan="2"></td><td>任务名称</td><td colspan="2"></td></tr>
<tr><td>班级</td><td colspan="2"></td><td>日期</td><td colspan="2"></td></tr>
<tr><td>姓名</td><td>学号</td><td></td><td>组号</td><td colspan="2"></td></tr>
<tr><td>序号</td><td colspan="3">评价项目</td><td>每处错误扣分值</td><td>得分</td></tr>
<tr><td rowspan="2">1</td><td rowspan="2">Keil C51 程序编写</td><td colspan="2">语法</td><td>3 分</td><td></td></tr>
<tr><td colspan="2">逻辑</td><td>5 分</td><td></td></tr>
<tr><td rowspan="3">2</td><td rowspan="3">Proteus 仿真电路</td><td colspan="2">元器件使用</td><td>5 分</td><td></td></tr>
<tr><td colspan="2">元器件参数</td><td>3 分</td><td></td></tr>
<tr><td colspan="2">接线</td><td>4 分</td><td></td></tr>
<tr><td>总分</td><td colspan="5"></td></tr>
</table>

表 4.12　作品制作与调试排故（教师评价）

<table>
<tr><td colspan="6">作品制作与调试排故</td></tr>
<tr><td>项目名称</td><td colspan="2"></td><td>任务名称</td><td colspan="2"></td></tr>
<tr><td>班级</td><td colspan="2"></td><td>日期</td><td colspan="2"></td></tr>
<tr><td>姓名</td><td>学号</td><td></td><td>组号</td><td colspan="2"></td></tr>
<tr><td>序号</td><td colspan="3">评价项目</td><td>分值</td><td>得分</td></tr>
<tr><td>1</td><td colspan="3">调试流程合理可行</td><td>10 分</td><td></td></tr>
<tr><td rowspan="5">2</td><td rowspan="3">实物调试</td><td colspan="2">能选择合适调试设备</td><td>5 分</td><td></td></tr>
<tr><td colspan="2">完成故障排查</td><td>10 分</td><td></td></tr>
<tr><td colspan="2">实现效果与设计方案一致</td><td>20 分</td><td></td></tr>
<tr><td rowspan="2">故障排除</td><td colspan="2">故障原因排查得当</td><td>15 分</td><td></td></tr>
<tr><td colspan="2">故障解决方法得当</td><td>15 分</td><td></td></tr>
<tr><td>3</td><td colspan="3">仪器使用完毕后归放整齐有序</td><td>5 分</td><td></td></tr>
<tr><td>4</td><td colspan="3">完成调试记录单</td><td>10 分</td><td></td></tr>
<tr><td>5</td><td colspan="3">课程结束操作台干净</td><td>5 分</td><td></td></tr>
<tr><td>6</td><td colspan="3">课程结束计算机关闭</td><td>5 分</td><td></td></tr>
<tr><td>总分</td><td colspan="5"></td></tr>
</table>

表 4.13　设计报告（教师评价）

<table>
<tr><td colspan="6">设计报告</td></tr>
<tr><td>项目名称</td><td colspan="2"></td><td>任务名称</td><td colspan="2"></td></tr>
<tr><td>班级</td><td colspan="2"></td><td>日期</td><td colspan="2"></td></tr>
<tr><td>姓名</td><td>学号</td><td></td><td>组号</td><td colspan="2"></td></tr>
<tr><td>序号</td><td colspan="3">评价项目</td><td>分值</td><td>得分</td></tr>
<tr><td>1</td><td colspan="3">设计方案描述准确</td><td>20 分</td><td></td></tr>
<tr><td>2</td><td colspan="3">元器件选用正确合理</td><td>20 分</td><td></td></tr>
<tr><td>3</td><td colspan="3">仿真效果正确可行</td><td>20 分</td><td></td></tr>
<tr><td>4</td><td colspan="3">调试方法得当有效</td><td>20 分</td><td></td></tr>
<tr><td>5</td><td colspan="3">报告排版设计美观大方</td><td>20 分</td><td></td></tr>
<tr><td>总分</td><td colspan="5"></td></tr>
</table>

知识拓展

使用 STC89C51 单片机外中断实现简易加法器的设置，电路原理图如图 4.6 所示。

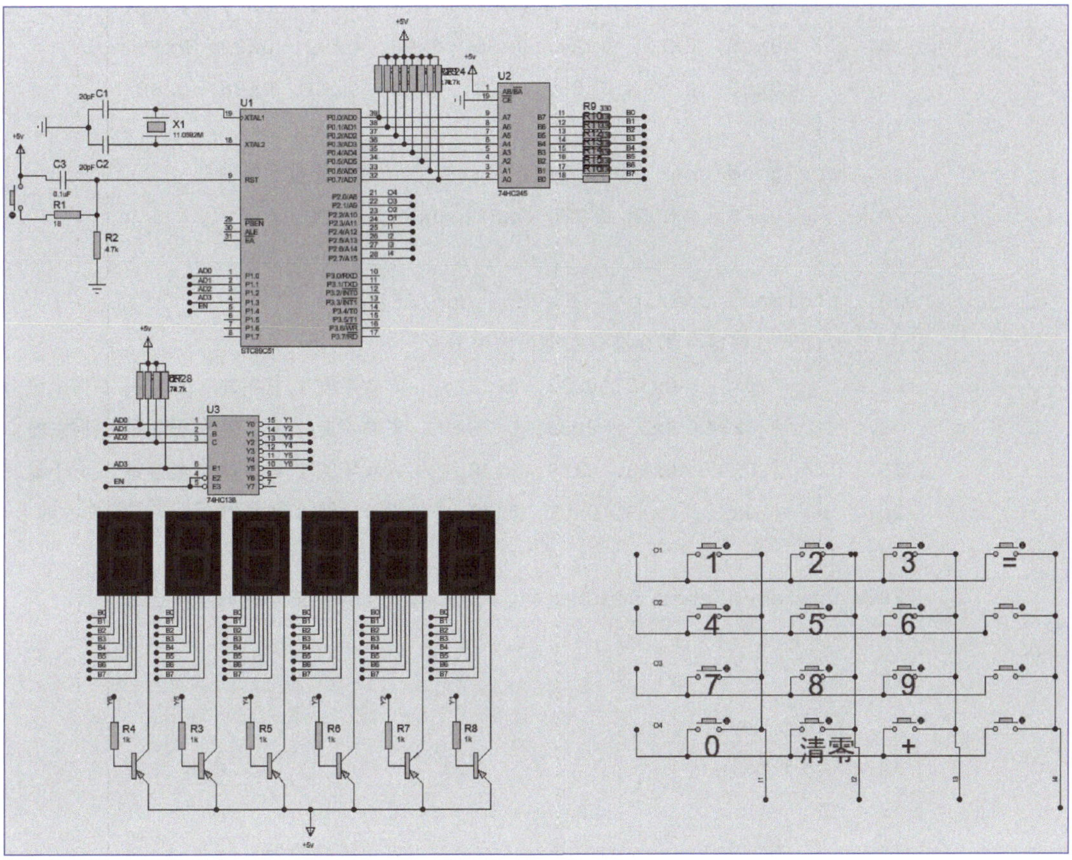

图 4.6　简易加法器电路原理图

C 语言源程序如下：

```
#include <reg52.h>
sbit ADDR0 = P1^0;
sbit ADDR1 = P1^1;
sbit ADDR2 = P1^2;
sbit ADDR3 = P1^3;
sbit ENLED = P1^4;
sbit KEY_IN_1 = P2^4;
sbit KEY_IN_2 = P2^5;
sbit KEY_IN_3 = P2^6;
```

```
sbit KEY_IN_4 = P2^7;
sbit KEY_OUT_1 = P2^3;
sbit KEY_OUT_2 = P2^2;
sbit KEY_OUT_3 = P2^1;
sbit KEY_OUT_4 = P2^0;
unsigned char code LedChar[] = { //数码管显示字符转换表
    0xC0, 0xF9, 0xA4, 0xB0, 0x99, 0x92, 0x82, 0xF8,
    0x80, 0x90, 0x88, 0x83, 0xC6, 0xA1, 0x86, 0x8E
};
unsigned char LedBuff[6] = {    //数码管显示缓冲区
    0xFF, 0xFF, 0xFF, 0xFF, 0xFF, 0xFF
};
unsigned char code KeyCodeMap[4][4] = {
//矩阵按键编号到标准键盘键码的映射表
    { 0x31, 0x32, 0x33, 0x26 },  //数字键1、数字键2、数字键3、向上键
    { 0x34, 0x35, 0x36, 0x25 },  //数字键4、数字键5、数字键6、向左键
    { 0x37, 0x38, 0x39, 0x28 },  //数字键7、数字键8、数字键9、向下键
    { 0x30, 0x1B, 0x0D, 0x27 }   //数字键0、ESC键、Enter键、向右键
};
unsigned char KeySta[4][4] = { //全部矩阵按键的当前状态
    {1, 1, 1, 1}, {1, 1, 1, 1}, {1, 1, 1, 1}, {1, 1, 1, 1}
};
void KeyDriver();
void main()
{
    EA = 1;                      //使能总中断
    ENLED = 0;                   //选择数码管进行显示
    ADDR3 = 1;
    TMOD = 0x01;                 //设置T0为模式1
    TH0 = 0xFC;                  //为T0赋初值0xFC67,定时1ms
    TL0 = 0x67;
    ET0 = 1;                     //使能T0中断
    TR0 = 1;                     //启动T0
    LedBuff[0] = LedChar[0];     //上电显示0
    while (1)
    {
    KeyDriver();                 //调用按键驱动函数
    }
```

笔记栏

```
}
/* 将一个无符号长整型的数字显示到数码管上,num 为待显示数字 */

void ShowNumber(unsigned long num)
{
    signed char i;
    unsigned char buf[6];

    for (i=0; i<6; i++) //把长整型数转换为 6 位十进制的数组
    {
    buf[i] = num % 10;
    num = num / 10;
    }
    for (i=5; i>=1; i--) //从最高位起,遇到 0 转换为空格,遇到非 0 则退出循环
    {
    if (buf[i] == 0)
    LedBuff[i] = 0xFF;
    else
    break;
    }
    for ( ; i>=0; i--) //剩余低位都如实转换为数码管显示字符
    {
    LedBuff[i] = LedChar[buf[i]];
    }
}
/* 按键动作函数,根据键码执行相应的操作,keycode 为按键键码 */
void KeyAction(unsigned char keycode)
{
    static unsigned long result = 0; //用于保存运算结果
    static unsigned long addend = 0; //用于保存输入的加数

    if ((keycode>=0x30) && (keycode<=0x39)) //输入 0~9 的数字
    {
    addend = (addend*10)+(keycode-0x30); //整体十进制左移,新数字进入个位
    ShowNumber(addend); //运算结果显示到数码管
    }
    else if (keycode == 0x26) //向上键用作加号,执行加法或连加运算
    {
```

笔记栏

```
        result += addend; //进行加法运算
        addend = 0;
        ShowNumber(result); //运算结果显示到数码管
        }
        else if (keycode == 0x0D) //Enter键,执行加法运算(实际效果与加号相同)
        {
        result += addend; //进行加法运算
        addend = 0;
        ShowNumber(result); //运算结果显示到数码管
        }
        else if (keycode == 0x1B) //Esc键,清零结果
        {
        addend = 0;
        result = 0;
        ShowNumber(addend); //清零后的加数显示到数码管
        }
}
/* 按键驱动函数,检测按键动作,调度相应动作函数,需在主循环中调用 */
void KeyDriver()
{
        unsigned char i, j;
        static unsigned char backup[4][4] = { //按键值备份,保存前一次的值
        {1, 1, 1, 1}, {1, 1, 1, 1}, {1, 1, 1, 1}, {1, 1, 1, 1}
        };

        for (i=0; i<4; i++) //循环检测4×4的矩阵按键
        {
        for (j=0; j<4; j++)
        {
        if (backup[i][j] != KeySta[i][j]) //检测按键动作
        {
        if (backup[i][j] != 0) //按键按下时执行动作
        {
        KeyAction(KeyCodeMap[i][j]); //调用按键动作函数
        }
        backup[i][j] = KeySta[i][j]; //刷新前一次的备份值
        }
        }
```

```c
    }
}
/* 按键扫描函数,需在定时中断中调用,推荐调用间隔为 1ms */
void KeyScan()
{
    unsigned char i;
    static unsigned char keyout = 0; //矩阵按键扫描输出索引
    static unsigned char keybuf[4][4] = { //矩阵按键扫描缓冲区
    {0xFF, 0xFF, 0xFF, 0xFF}, {0xFF, 0xFF, 0xFF, 0xFF},
    {0xFF, 0xFF, 0xFF, 0xFF}, {0xFF, 0xFF, 0xFF, 0xFF}
    };
    //将一行的 4 个按键值移入缓冲区
    keybuf[keyout][0] = (keybuf[keyout][0] << 1) | KEY_IN_1;
    keybuf[keyout][1] = (keybuf[keyout][1] << 1) | KEY_IN_2;
    keybuf[keyout][2] = (keybuf[keyout][2] << 1) | KEY_IN_3;
    keybuf[keyout][3] = (keybuf[keyout][3] << 1) | KEY_IN_4;
    //消抖后更新按键状态
    for (i=0; i<4; i++) //每行 4 个按键,所以循环 4 次
    {
    if ((keybuf[keyout][i] & 0x0F) == 0x00)
    { //连续 4 次扫描值为 0,即 4×4ms 内都是按下状态时,可认为按键已稳定按下
    KeySta[keyout][i] = 0;
    }
    else if ((keybuf[keyout][i] & 0x0F) == 0x0F)
    { //连续 4 次扫描值为 1,即 4×4ms 内都是弹起状态时,可认为按键已稳定弹起
    KeySta[keyout][i] = 1;
    }
    }
    //执行下一次的扫描输出
    keyout++; //输出索引递增
    keyout = keyout & 0x03; //索引值加到 4 即归零
    switch (keyout) //根据索引,释放当前输出引脚,拉低下次的输出引脚
    {
    case 0: KEY_OUT_4 = 1; KEY_OUT_1 = 0; break;
    case 1: KEY_OUT_1 = 1; KEY_OUT_2 = 0; break;
    case 2: KEY_OUT_2 = 1; KEY_OUT_3 = 0; break;
    case 3: KEY_OUT_3 = 1; KEY_OUT_4 = 0; break;
    default: break;
```

```
    }
}
/* 数码管动态扫描刷新函数,需在定时中断中调用 */
void LedScan()
{
    static unsigned char i = 0; //动态扫描的索引
    P0 = 0xFF; //显示消隐
    switch (i)
    {
    case 0: ADDR2=0; ADDR1=0; ADDR0=0; i++; P0=LedBuff[0]; break;
    case 1: ADDR2=0; ADDR1=0; ADDR0=1; i++; P0=LedBuff[1]; break;
    case 2: ADDR2=0; ADDR1=1; ADDR0=0; i++; P0=LedBuff[2]; break;
    case 3: ADDR2=0; ADDR1=1; ADDR0=1; i++; P0=LedBuff[3]; break;
    case 4: ADDR2=1; ADDR1=0; ADDR0=0; i++; P0=LedBuff[4]; break;
    case 5: ADDR2=1; ADDR1=0; ADDR0=1; i=0; P0=LedBuff[5]; break;
    default: break;
    }
}
/* T0 中断服务函数,用于数码管显示扫描与按键扫描 */
void InterruptTimer0() interrupt 1
{
    TH0 = 0xFC; //重新加载初值
    TL0 = 0x67;
    LedScan(); //调用数码管显示扫描函数
    KeyScan(); //调用按键扫描函数
}
```

笔记栏

课后训练

设置一个密码锁,密码是“1234”或“9999”,输入正确密码后按“D”键确定,则开锁,指示灯亮起 1 s;输入错误密码后显示“Err”;万能开锁后,可以按“复位”键关锁。

"芯"人才

全国首个"芯片"大学——南京集成电路大学揭牌

2020 年 10 月 22 日，南京集成电路大学在江苏南京江北新区人力资源服务产业园正式揭牌成立。这所由江北新区联合企业、高校共同成立的大学，是全国首个以集成电路产业命名、关注集成电路产业人才培养的大学。

此次揭牌的南京集成电路大学探索了一种新的产业人才培养模式。南京集成电路大学不是一所传统意义上的大学，更像是一个衔接高校和企业、推进产教融合的开放平台，是高校教育的重要补充，是企业选才的重要来源。该校采用"5+1+2"的设置，进行多维度、全方位的产业人才的培养。

与其他大学相比，南京集成电路大学的构建主体、定位、生源、师资、课程和毕业证书都与普通大学不同。南京集成电路大学不是由教育部或省、市教育主管部门成立，而是由南京市江北新区管委会根据当地产业发展需要而建。学校师资则更多为企业资深工程师、国内外行业专家和具有较高学术水平的高校教师。同时，课程设置也有所突破，依据学员的薄弱环节、企业需求的岗位技能进行有针对性的训练，强调个性化。学生毕业时将获得经过实践考核认证的结业证书。

（资料来源：光明日报）

任务 4.2　比赛计分器的设计与仿真

课前准备

教师活动：利用线上教学平台提前布置任务，通过课前测验了解学生学情，及时调整教学策略。

学生活动：通过线上教学平台对比赛计分器的设计与仿真任务进行初步了解，并在平台中积极互动交流，进行头脑风暴，激发探究热情，为课堂的深入学习打好基础。

知识回顾

回顾任务 4.1 中学习的中断的工作原理及使用方法，本任务将利用 STC89C51 单片机的外中断实现比赛计分器的设计与仿真。

任务描述

微课
比赛计分器：
任务分析

本任务要求利用单片机外中断实现简易比赛计分器：当按键 A 按下时，A 队比分加 1 分；当按键 B 按下时，B 队比分加 1 分；用数码管显示 A、B 队当前分数。本任务用 Keil C51、Proteus 开发工具进行仿真实现。

知识链接

微课
数码管的动
态显示

任务 3.2 中已经介绍了数码管的结构和工作原理、字形编码、显示方法等相关知识。由任务 3.2 可知，数码管有静态显示和动态扫描显示两种方法，这里将进一步详细介绍数码管的动态扫描显示方法。

本任务要用到 4 个数码管，A、B 两个队伍的分数均为 2 位数，均需要使用 2 个数码管，但单片机 I/O 引脚有限，一个数码管的段选端有 8 个，就需要连接单片机的 8 个 I/O 引脚，将单片机所有 I/O 引脚都用完也只能连接 4 个数码管，这样就无法再连接其他外设了。

可将单片机 I/O 引脚分别与数码管的段选端并联在一起，但此时也有一个问题，如果数码管的段选端并联在一起，那么 I/O 引脚输出一个字形编码时，不同数码管会显示同样的字符，如何才能根据需要显示不同的数字呢？

先来看图 4.7。我们看到的人骑在马背上奔驰的图像是 12 幅静止图画一帧一帧快速放映的结果，之所以看起来是动态的，是因为人眼具有视觉暂留现象（科学实验证明，人眼在某个视像消失后，仍可使该视像在视网膜上滞留 50 ~ 150 ms），利用这一现象即可实现数码管的动态扫描显示。

图 4.7 人眼视觉暂留现象

笔记栏

首先选中第 1 个数码管，将数字 1 的字形编码送出，此时第 1 位就会显示数字 1。那么，数码管选中与否靠什么来控制呢？数码管有 1 个公共端，公共端必须有合适的信号才能让数码管显示数字，即可将数码管的公共端称为位选端，只要给位选端赋予合适的信号，就可以选中相应的数码管。例如，对于共阳极数码管，要选中第 1 个数码管，只需要让其位选端为高电平信号“1”，其他数码管的位选端为低电平信号“0”即可。左边第 1 位显示数字 1 后，需要延时一定时间。因为如果点亮时间太短，人的眼睛还没有看到显示图像就已经消失了，那么人就会有数码管并未被点亮的错觉，所以要延时一定时间，具体延时多久需要总体考量。延时过后熄灭第 1 个数码管，让第 2 个数码管的位选端被选中，送出数字 2 的字形编码，延时一定时间后让它熄灭。再选中第 3 个数码管，送出数字 3 的字形编码，延时一定时间后让它熄灭。最后选中第 4 个数码管，送出数字 4 的字形编码，延时一定时间后让它熄灭。如果说从第 1 个数码管第 1 次选中到最后 1 次选中总的延时时间在人眼的视觉暂留范围（50 ~ 150 ms）内，人眼就可以看到 4 个数码管同时被点亮，并显示不同数字，这就是数码管的动态扫描显示原理。

所谓动态扫描显示，即依次向各位数码管送出字形编码以及相应的位选信号，使各位数码管交替显示，利用人眼视觉暂留现象，使人眼感觉各位数码管同时都在显示。

数码管的动态扫描显示有以下 3 个特点：

① 依次：依次选中每一位。以共阳极数码管为例，数码管中所有的 LED 的阳极都接在一起作为公共端，阴极作为接收字形码的段选端。将各数码管的段选端并联在一起，将其各自的公共端作为位选端，即要想选中哪个数码管，只要令其对应的位选信号是高电平即可。

② 同时：在选中某一个数码管后，要同时送出字形编码和段选信号。

③ 间隔：控制各个数码管显示的延时时间，使总的时间在视觉暂留范围（50 ~ 150 ms）内。

任务设计与实施

教师展示比赛计分器设计作品样例，学生通过小组协作分析作品的设计方案及方法。

一、总体方案设计

利用单片机外中断实现简易比赛计分器，系统中主要包括复位电路、晶振电路、数码管和按键电路，核心器件是 STC89C51 单片机，由其实现简易比赛计分器的规则控制与信号处理。比赛计分器框图如图 4.8 所示。

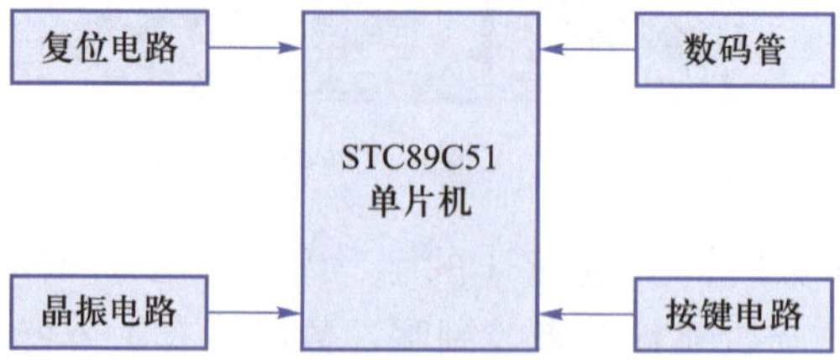

图 4.8　比赛计分器框图

微课
比赛计分器：硬件电路设计

二、硬件电路设计

单片机具有丰富的接口资源，可以与绝大部分的外围电路元器件进行组合开发，并可以在各种实验平台中使用，进行各类的实验内容设计。单片机是比赛计分器系统中的核心器件，决定了系统能否稳定运行。本任务选用 STC89C51 单片机，其应用广泛且能够满足本任务的设计需要。

单片机的所有程序都在烧写的时候写入只读存储器，单片机系统在启动之后必须要进行程序的读取。处理器读取一条代码的用时就是处理器的一个机器周期，这个时长就是处理器的节拍。晶振电路是处理器运行的核心外围电路，用于产生时钟，整个系统都需要时钟的存在才可以启动运转。本任务选择的是 11 MHz 的振源。虽然单片机内部带有振源，但是由于设计需要，这里选择了外部振源。

STC89C51 单片机设计了复位电路，当比赛计分器系统需要回到重新启动的状态时，就可以通过此电路对系统进行复位。

由 STC89C51 单片机、复位电路、晶振电路构成一个基本的单片机系统，再在外部 I/O 引脚上连接数码管、限流电阻和按键电路（用于触发外中断），就构成了比赛计分器的硬件电路，其原理图如图 4.9 所示。

按键触发外中断的工作原理：按键一端连接单片机 I/O 端口，同时外接上拉电阻接高电平，另外一端接地。当按键没有按下时，在上拉电阻作用下单片机 I/O 端口得到高电平信号，当按键按下时，单片机 I/O 端口与接地信号导通，得到低电平信号，由此产生下降沿信号，触发外中断。

实现动态扫描显示时，一个单片机 I/O 端口要连接多个数码管，可在 Proteus 软件中单击界面左侧的蓝色 P 图标，在弹出的 Pick Devices 对话框的 Keywords 文本框中输入 7SEG 查找数码管，在搜索结果中选择两个两位一体的数码管，将数码管段选端并联在一起，加入限流电阻与 P2.0 ~ P2.6 引脚连接，引出 A ~ G，用以控制字符；1 和 2 称为位选信号，用以控制单片机哪一位被点亮去显示。本设计有 4 个数码管，故有 4 个位选端，CS1 和 CS2 为 A 队分数位选端，CS3 和 CS4 为 B 队分数位选端，用标号形式与 P1.0 ~ P1.3 引脚连接。

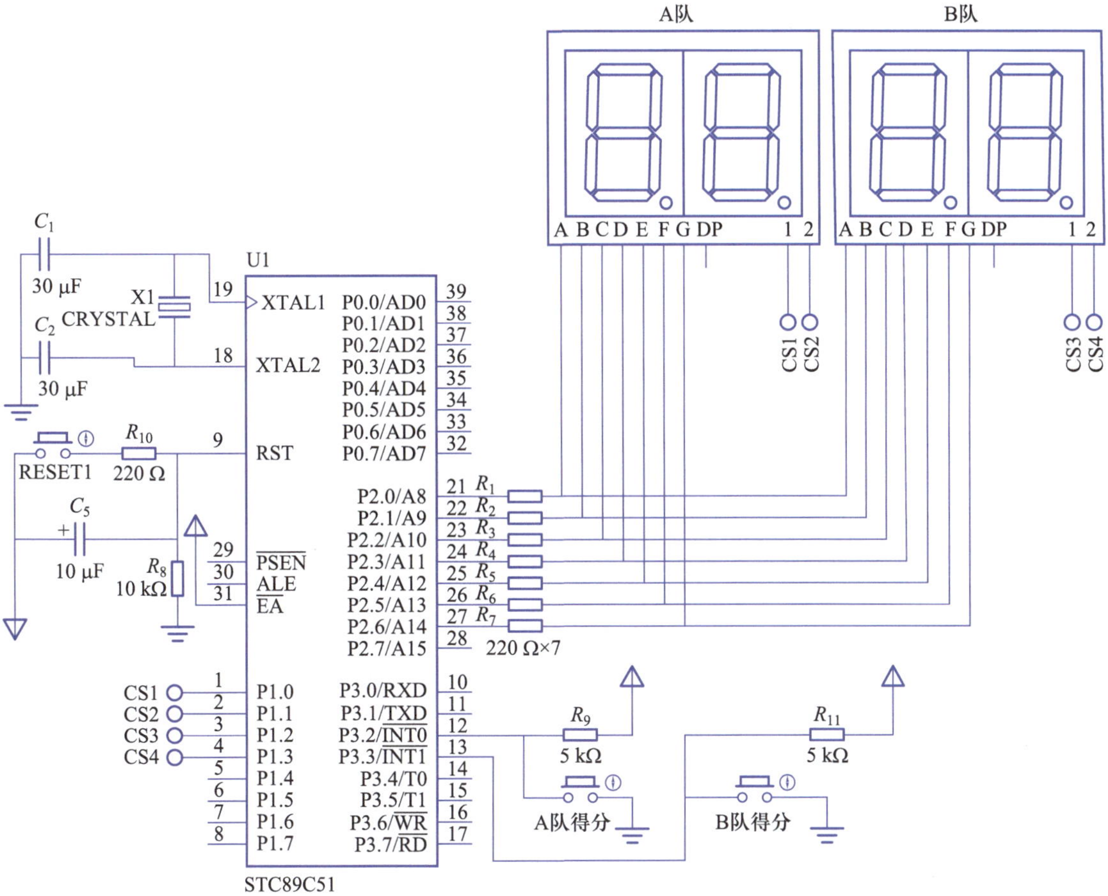

图 4.9　比赛计分器硬件电路原理图

三、软件设计

本设计通过 Proteus 仿真实现比赛计分器的基本功能要求：当按键 A 按下时，A 队比分加 1 分；当按键 B 按下时，B 队比分加 1 分。软件功能分析如图 4.10 所示。

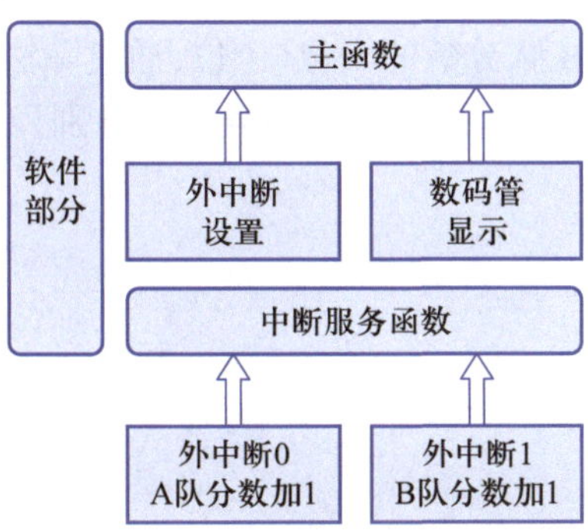

图 4.10　软件功能分析

微课
比赛计分器：软件设计

1. 主程序设计与实现

在主程序中，令 EA=1 打开总中断，并分别打开外中断 0 和外中断 1，再设置

笔记栏

下降沿触发方式，保证一次按键只有一次触发，然后进入主循环中调用数码管显示函数。主程序流程图如图 4.11 所示。

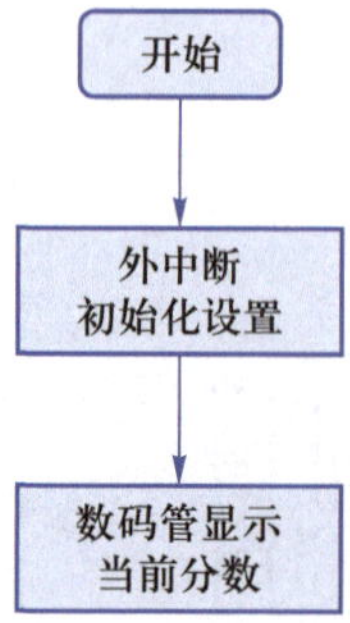

图 4.11　主程序流程图

主程序代码如下：

```
void main()
{
    EA = 1;                     //打开总中断
    EX0 = 1;                    //打开外中断 0
    EX1 = 1;                    //打开外中断 1

    IT0 = 1;                    //设置外中断 0 为下降沿触发方式
    IT1 = 1;                    //设置外中断 1 为下降沿触发方式
    while(1)
    {
        seg_display();          //调用数码管显示函数
    }
}
```

在数码管显示函数中，定义 numA1、numA2、numB1、numB2 这 4 个变量，代表 A 队分数的十位、个位和 B 队分数的十位、个位，通过除法和求余运算分别求出 A、B 两队分数的十位和个位，求出的 4 个数用数码管分别显示，代码如下：

微课
数码管显示函数

```
/*数码管显示函数*/
void seg_display()
{
    uchar numA1,numA2,numB1,numB2;

    numA1=A_NUM/10;
    numA2=A_NUM%10;
    numB1=B_NUM/10;
    numB2=B_NUM%10;
```

```
    P2=seg[numA1];
    CS1=0;
    delay_1ms(3);
    CS1=1;

    P2=seg[numA2];
    CS2=0;
    delay_1ms(3);
    CS2=1;

    P2=seg[numB1];
    CS3=0;
    delay_1ms(3);
    CS3=1;

    P2=seg[numB2];
    CS4=0;
    delay_1ms(3);
    CS4=1;
}
```

笔记栏

2. 中断服务程序设计与实现

在中断服务程序中编写外中断 0 和外中断 1 的两个中断服务函数。中断服务程序流程图如图 4.12 所示。

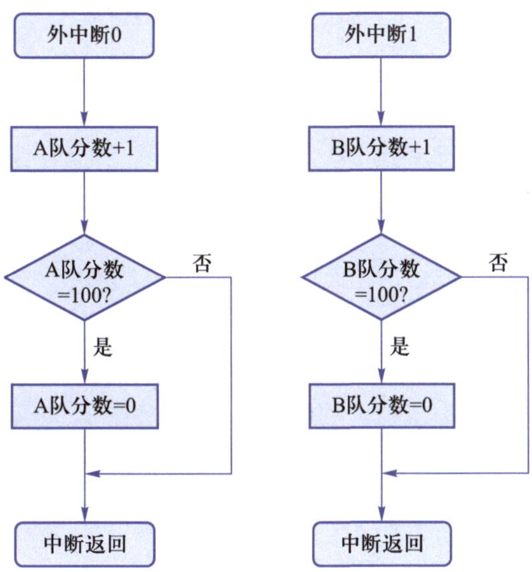

图 4.12　中断服务程序流程图

中断服务程序代码如下：

```
void exint0(void) interrupt 0          //外中断 0 的中断服务函数
{
    A_NUM++;
    if(A_NUM==100) A_NUM=0;
}
void exint1(void) interrupt 2          //外中断 1 的中断服务函数
{
    B_NUM++;
    if(B_NUM==100) B_NUM=0;
}
```

微课
比赛计分器：
电路仿真

3. 电路仿真

调试好程序后，单击编译图标，选择编译方式为 Release（发布版），编译成功后会生成 *.hex 文件，并自动加入单片机芯片属性中。

手动添加 *.hex 文件的方法是，返回 ISIS 主界面，双击 STC89C51 芯片，出现图 4.13 所示的“编辑元件”对话框，框中部分即为 *.hex 文件添加示意图。

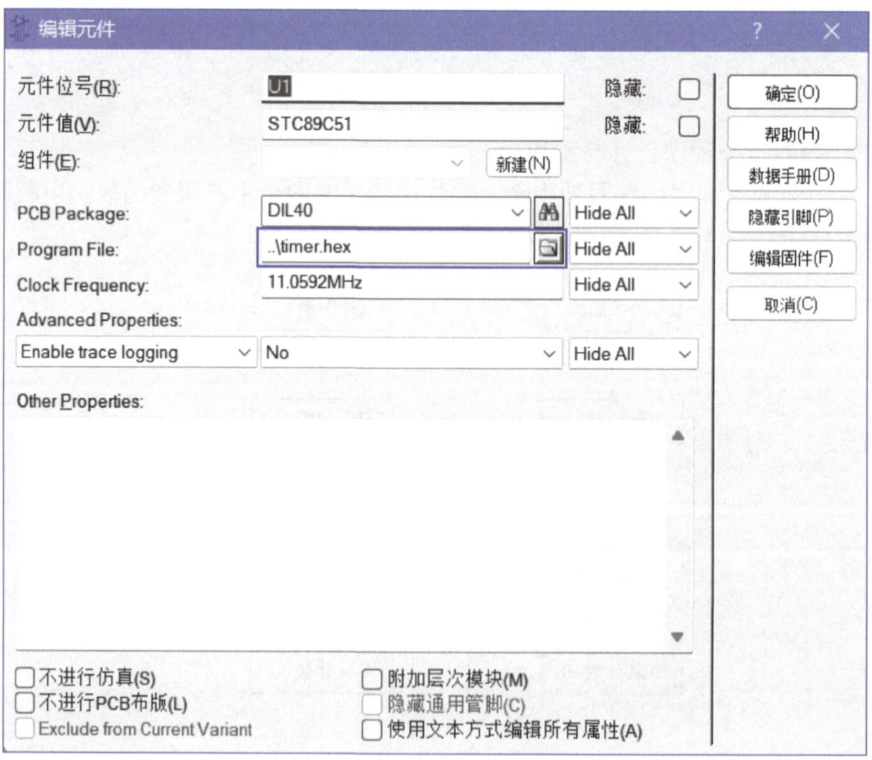

图 4.13　*.hex 文件添加示意图

微课
比赛计分器：
仿真结果

比赛计分器仿真结果如图 4.14 所示。

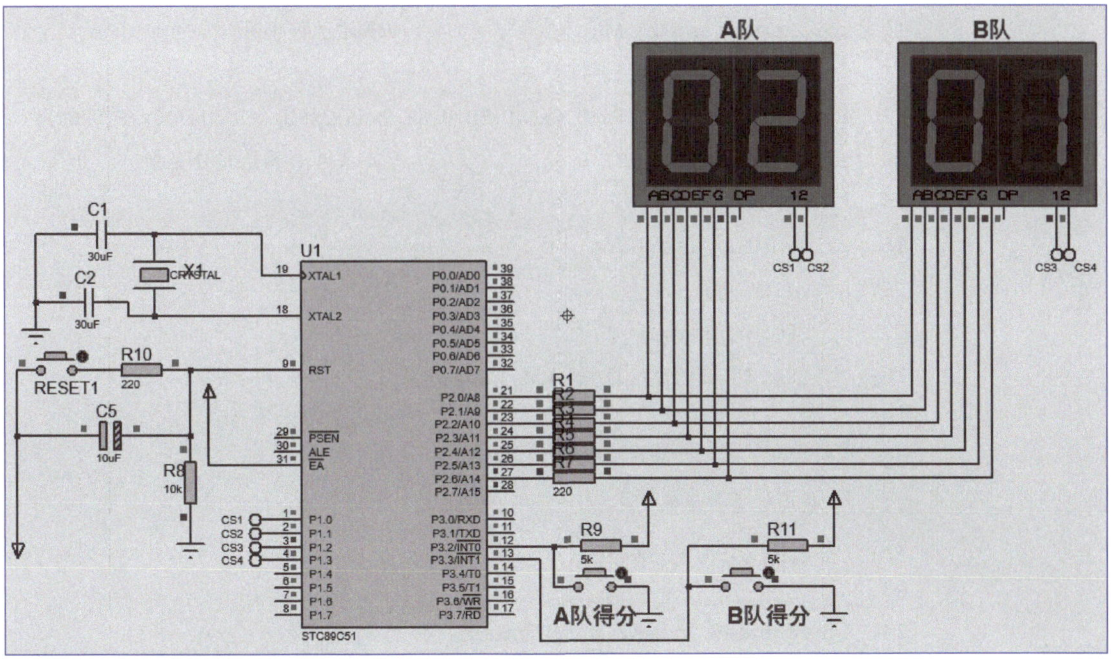

图 4.14　仿真结果

四、系统调试

1. 硬件设计

使用 Proteus 软件建立工程项目，选择合适的元器件并设置正确的参数，按照图 4.9 设计出仿真所需的电路原理图。

2. 软件调试

使用 Keil C51 软件编写并生成单片机能够运行的可执行程序文件，具体步骤如下：

① 新建“seg_t1_pic”工程文件，并保存在“seg_t1_pic”文件夹中，然后选择单片机型号为 STC89C51。

② 建立并加载“seg_t1_pic.c”源文件，代码如下：

```
#include<reg51.h>
#define uint unsigned int
#define uchar unsigned char
/*定义数码管位选端*/
sbit CS1=P1^0;
sbit CS2=P1^1;
sbit CS3=P1^2;
sbit CS4=P1^3;

```

笔记栏

```
void seg_display();                        //显示函数声明
/*共阴极不带点数组*/
uchar code seg[]={ 0x3F,0x6,0x5B,0x4F,0x66,0x6D,0x7D,0x7,0x7F,0x6F,};
uchar A_NUM,B_NUM;                         //定义A、B两队得分变量
/*延时1ms*/
void delay_1ms(uint i)
{   uint j;
    for(i;i>0;i--)
    for(j=130;j>0;j--);
}

/*数码管显示函数*/
void seg_display()
{
uchar numA1,numA2,numB1,numB2;

numA1=A_NUM/10;
numA2=A_NUM%10;
numB1=B_NUM/10;
numB2=B_NUM%10;

P2=seg[numA1];
CS1=0;
delay_1ms(3);
CS1=1;

P2=seg[numA2];
CS2=0;
delay_1ms(3);
CS2=1;

P2=seg[numB1];
CS3=0;
delay_1ms(3);
CS3=1;

P2=seg[numB2];
CS4=0;
```

笔记栏

```
delay_1ms(3);
CS4=1;
}


void main()
{
    EA = 1;                          //打开总中断
    EX0 = 1;                         //打开外中断 0
    EX1 = 1;                         //打开外中断 1

    IT0 = 1;                         //设置外中断 0 为下降沿触发方式
    IT1 = 1;                         //设置外中断 1 为下降沿触发方式

while(1)
{
    seg_display();                   //调用数码管显示函数
}
}


void exint0(void) interrupt 0    //外中断 0 的中断服务函数
{
    A_NUM++;
    if(A_NUM==100)  A_NUM=0;
}
void exint1(void) interrupt 2    //外中断 1 的中断服务函数
{
    B_NUM++;
    if(B_NUM==100)  B_NUM=0;
}
```

③“seg_t1_pic”工程配置与编译。

工程配置：将“目标”标签页中的晶振频率设为 11 MHz，将“输出”标签页中的“生成 HEX 文件”选择框选中。

工程编译：工程配置后，进行“seg_t1_pic”工程编译。若编译发生错误，要进行分析检查，直到编译正确为止。

3. 软、硬件联调

在 Proteus 仿真软件中，运行可执行的程序文件，运行调试如下：

① 打开仿真电路。

② 加载“seg_t1_pic.hex”HEX 文件。

③ 单击仿真工具栏中的“运行”按钮 ▶，令单片机全速运行程序。

观察运行结果是否与任务要求一致。若运行结果与任务要求不一致，要对电路和程序进行分析检查，直至运行结果正确。

笔记栏

任务评价

一、任务总结

本任务在单片机最小系统的基础上，在外部 I/O 引脚上连接数码管、限流电阻和按键电路，触发外中断，就构成了比赛计分器的硬件电路。本任务元器件少、成功率高、修改和扩展性强，适合初学者入门，迅速掌握单片机 I/O 端口的控制方法及单片机简单程序的设计方法。任务完成后需撰写设计报告。

二、任务评价表

本任务的评价指标及评价内容见表 4.14 ~ 表 4.19。

笔记栏

表 4.14　总 评 成 绩

总评成绩								
项目名称					任务名称			
班级					日期			
姓名	学号	组号	自我评价10%	小组互评10%	教师评价			总评成绩
					仿真操作30%	作品制作与调试排故30%	设计报告20%	

表 4.15　自 我 评 价

自我评价			
项目名称		任务名称	
班级		日期	
姓名	学号	组号	组长
序号	评价项目	分值	得分
1	参与查阅资料	5 分	
2	参与同组成员间的交流沟通	5 分	
3	参与设计程序	10 分	
4	参与设计比赛计分器仿真电路	15 分	
5	参与比赛计分器实物制作	15 分	
6	参与作品调试	15 分	
7	参与作品汇报	10 分	
8	撰写作品设计报告	10 分	
9	课程结束操作台干净	5 分	
10	课程结束计算机关闭	5 分	
11	参与交流区讨论、答疑	5 分	
总分			

表 4.16　小 组 互 评

小组互评			
项目名称		任务名称	
班级		日期	
被评人姓名	被评人学号	被评人组号	评价人姓名
序号	评价项目	分值	得分
1	前期资料准备完备	10 分	
2	程序设计正确	20 分	
3	仿真电路设计正确	20 分	
4	实物制作实现功能正确	20 分	
5	心得体会汇总丰富翔实	10 分	
6	积极参与平台上的讨论、答疑	10 分	
7	积极对遇到困难的小组给予帮助与技术支持	10 分	
总分			

笔记栏

表 4.17　仿真操作(教师评价)

仿真操作					
项目名称			任务名称		
班级			日期		
姓名		学号	组号		
序号	评价项目			每处错误扣分值	得分
1	Keil C51 程序编写	语法		3 分	
		逻辑		5 分	
2	Proteus 仿真电路	元器件使用		5 分	
		元器件参数		3 分	
		接线		4 分	
总分					

表 4.18　作品制作与调试排故(教师评价)

作品制作与调试排故					
项目名称			任务名称		
班级			日期		
姓名		学号	组号		
序号	评价项目			分值	得分
1	调试流程合理可行			10 分	
2	实物调试	能选择合适调试设备		5 分	
		完成故障排查		10 分	
		实现效果与设计方案一致		20 分	
	故障排除	故障原因排查得当		15 分	
		故障解决方法得当		15 分	
3	仪器使用完毕后归放整齐有序			5 分	
4	完成调试记录单			10 分	
5	课程结束操作台干净			5 分	
6	课程结束计算机关闭			5 分	
总分					

表 4.19　设计报告(教师评价)

设计报告					
项目名称			任务名称		
班级			日期		
姓名		学号	组号		
序号	评价项目			分值	得分
1	设计方案描述准确			20 分	
2	元器件选用正确合理			20 分	
3	仿真效果正确可行			20 分	
4	调试方法得当有效			20 分	
5	报告排版设计美观大方			20 分	
总分					

知识拓展

利用单片机定时 / 计数器中断实现比赛时间的倒计时显示(以篮球比赛 1 小节 10 min 为例),电路原理图如图 4.15 所示。

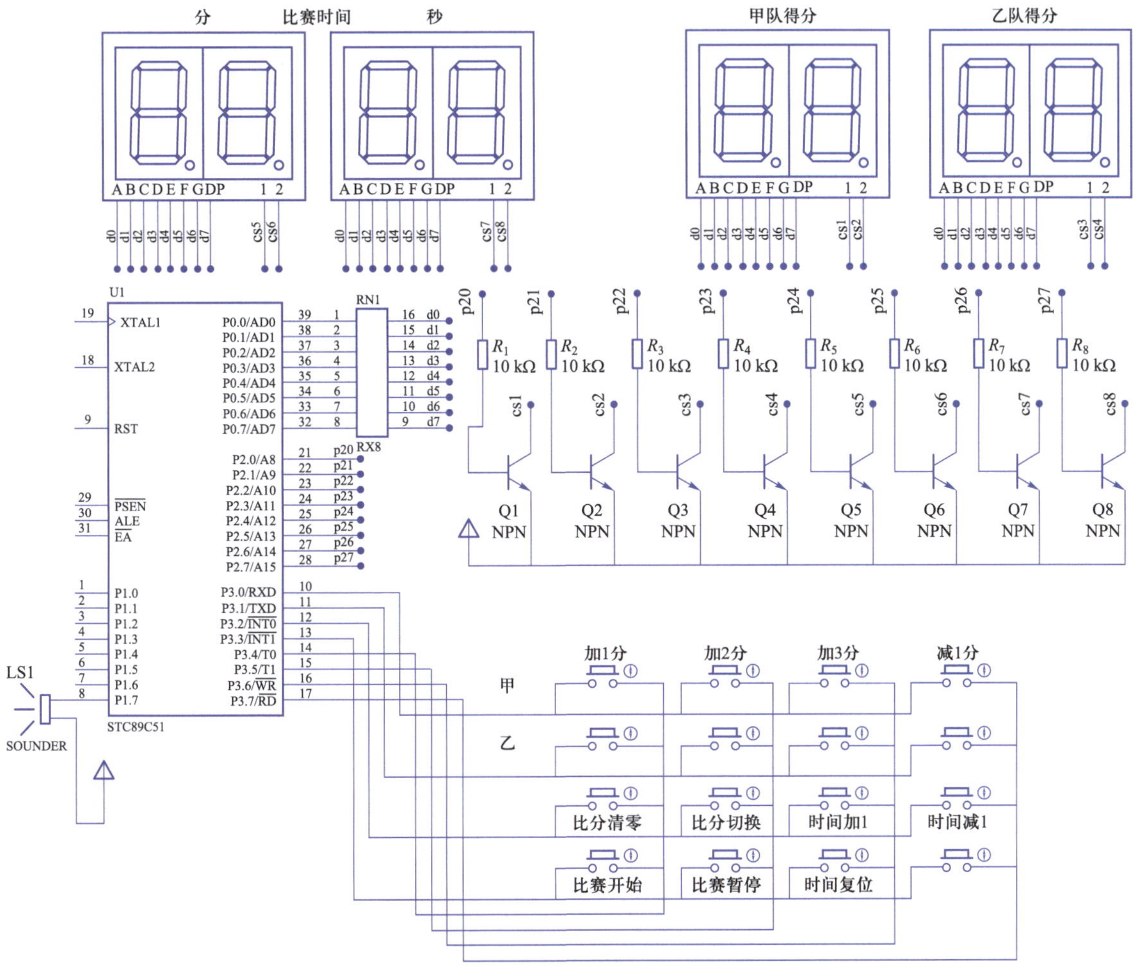

图 4.15 比赛时间倒计时显示电路原理图

课后训练

编制一个程序实现如下功能:① 自动计时,由 8 位 LED 显示器显示时、分、秒;② 具有校准功能,可以设置当前时间;③ 具有计时器功能,到达设定时间开启闹铃,15 s 后自动关闭闹铃;④ 在闹钟开启状态下或在闹铃过程中,可以按键关闭闹铃。在 Proteus 中进行仿真实现。

“芯”人才

“最硬核毕业证”来之不易

2020年6月2日，金越、王华强、王凯帆、张林隽和张紫飞，这5名平均年龄只有21.8岁的中国科学院大学（以下简称国科大）2016级计算机学院本科生，发布了他们自己设计、制造的芯片——64位RISC-V处理器SoC芯片。

这款芯片是全国首个由在校生主导设计并实现流片的处理器芯片，能成功运行Linux操作系统以及学生自己编写的国科大教学操作系统UCAS-Core。这5名毕业生被网友赞叹拿到了“最硬核毕业证”。

将一行行数字世界的代码，变成能在现实世界中运行的芯片，这一过程对于本科生来说，需要面对很多意想不到的挑战与挫折。“我们需要进行很多探索性的尝试，很多时候甚至需要将设计推倒重来，这对大家的心态是非常大的考验。”王华强说。

2019年12月19日，经过4个月高强度的开发工作后，学生们的芯片设计图纸正式提交。大家就如同高考交卷，终于舒了一口气，却又悬起了一颗心。因为，还要等待芯片送到厂家制作、返回。

2020年4月23日，王华强从微信群里得知，他们亲手设计的处理器芯片返回了。而这并不是终点，还需要进行测试验证。但当时，参与计划的5名学生却因疫情阻碍不能返校，无法到现场调试与测试。幸好几位在京同学挺身而出，帮助他们完成了调试测试工作。

2020年6月，这5名学生顺利通过毕业答辩，实现了带着自己设计的处理器芯片毕业的目标。学生们将这款处理器芯片命名为“果壳（NutShell）”，与“国科”发音相同，寄托了他们对母校的深厚情感。

2020年9月，“果壳”芯片的设计方案被2020年度RISC-V全球论坛接收，是全世界29个技术报告中唯一由本科生完成的设计。

（资料来源：人民日报）

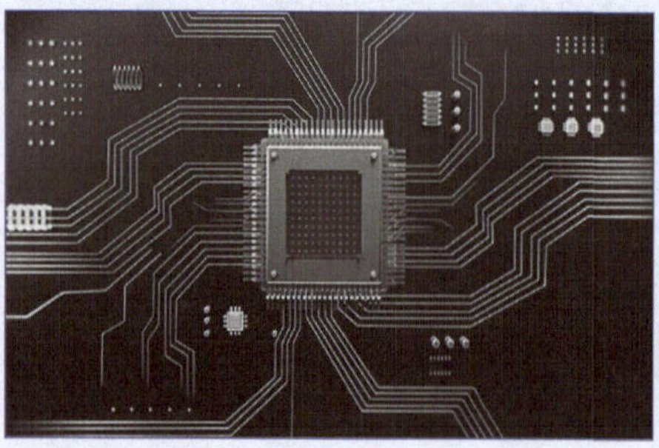

项目五

单片机定时/计数器系统的工程应用

项目导读

本项目以完整的项目开发为任务，包括简易电子琴的设计与仿真、PWM呼吸灯的设计与仿真两个任务，介绍STC89C51单片机定时/计数器的使用方法，将单片机定时/计数器产生方波的相关知识融入任务中，启发学生利用单片机控制扬声器发出不同的音符，利用按键控制PWM的占空比。通过基于Proteus软件的仿真设计，使学生熟悉数码管、扬声器、按键、LED灯等设备的使用方法，掌握单片机项目开发流程，加深对单片机系统开发的认识。

知识目标	1. 掌握STC89C51单片机定时/计数器的使用 2. 理解单片机定时/计数器产生方波的工作原理，理解PWM控制的工作原理 3. 掌握单片机产生PWM信号的方法
能力目标	1. 能够用Proteus软件进行硬件电路仿真 2. 能够按照设计思路设计简易电子琴、PWM呼吸灯 3. 能够按照要求编写软件程序
素养目标	1. 具有正确的价值观以及憧憬科学、报效祖国的精神 2. 具有举一反三的能力以及标准操作的习惯 3. 具有求真、臻善、审美三重工程伦理精神，在工作中尽可能规避工程事故的发生，树立促进我国工程事业蓬勃发展的信念
教学重点	单片机定时/计数器产生PWM的方法
教学难点	按键控制PWM信号的占空比
建议学时	10学时
推荐教学方法	从任务入手，通过简易电子琴和PWM呼吸灯的设计，让学生了解单片机定时/计数器的工作原理，能将音符与方波联系起来，并利用单片机定时/计数器产生方波，通过基于Proteus仿真的硬件电路设计，熟悉数码管、扬声器、按键、LED灯等设备的使用方法，构建以提出任务、分析任务、完成任务为主线的能力培养模式
推荐学习方法	面对任务要善于分析、抽丝剥茧，将大任务分解成一个个小任务，并将小任务与课本知识衔接，最后再将小任务整合，完成大任务

任务 5.1　简易电子琴的设计与仿真

课前准备

教师活动：提前布置定时器预习任务，通过课前测验了解学生学情，及时调整教学策略。

学生活动：通过预习对简易电子琴的设计与仿真任务进行初步了解，并在平台中积极互动交流，提出疑问，为课堂的学习打好基础。

知识回顾

回顾项目四中学习的单片机中断的概念，以及中断能解决的任务实例，加深对中断的理解。

任务描述

利用单片机控制扬声器发出不同音符的关键是利用单片机产生一定频率的方波，而单片机产生方波需要利用定时 / 计数器。

本任务要求利用 STC89C51 单片机内部定时 / 计数器，实现简易电子琴的设计：分别按下 8 个按键，扬声器发出中音 1 到高音 1 这 8 个音符；用数码管显示按下的音符（1 ~ 7）。本任务用 Keil C51、Proteus 开发工具进行仿真实现。

知识链接

一、STC89C51 定时 / 计数器的结构和工作原理

微课
定时 / 计数器介绍

定时控制是最常用的控制方法之一，而定时器就是一种定时部件。作为电路，计数的对象只能是脉冲。当计数脉冲的周期一定时，计数器同时也就是定时器。

实现定时和计数的方法一般有软件定时、专用硬件电路定时和可编程定时 / 计数器 3 种方法。

软件定时：执行一个循环程序进行时间延迟。这种方法定时准确，不需要外加硬件电路，但增加了 CPU 开销。

专用硬件电路定时：可实现精确的定时和计数，但参数调节不便。

可编程定时 / 计数器：不占用 CPU 时间，能与 CPU 并行工作，实现精确的定时和计数，又可以通过编程设置其工作方式和其他参数，因此使用方便。

STC89C51 单片机共有两个可编程的定时 / 计数器，分别称为定时 / 计数器 0（T0）和定时 / 计数器 1（T1）。每个定时 / 计数器都有 16 位的加法计数结构，定时 / 计数器 0 的高 8 位和低 8 位分别由特殊功能寄存器中的 TH0（地址为 8CH）和

TL0（地址为 8AH）组成，定时 / 计数器 1 的高 8 位和低 8 位分别由特殊功能寄存器中的 TH1（地址为 8DH）和 TL1（地址为 8BH）组成。

与中断系统一样，CPU 也是通过一组特殊功能寄存器来操作定时 / 计数器，这是所有功能部件的共同点。

进行定时 / 计数器操作的特殊功能寄存器模式共有以下几种：

- TMOD：选择工作模式和工作方式（T0、T1 共用）。
- TCON：用来启动与停止计数，并向 CPU 传递中断请求信号。
- TH0+TL0：T0 的 16 位计数器。
- TH1+TL1：T1 的 16 位计数器。

特殊功能寄存器的初始值全为 00H。

1. 控制寄存器 TCON

TCON 是一个 8 位的特殊功能寄存器，字节地址为 88H，可位寻址，见表 5.1。

表 5.1　控制寄存器 TCON

位序	D7	D6	D5	D4	D3	D2	D1	D0
符号	TF1	TR1	TF0	TR0	IE1	IT1	IE0	IT0
位地址（H）	8F	8E	8D	8C	8B	8A	89	88

TCON 不仅可用于定时器计数，而且可用于中断控制。

（1）TF0 和 TF1

这两位是定时 / 计数器 0 和定时 / 计数器 1 计数溢出中断请求标志位。当定时 / 计数器计数溢出时由硬件自动置“1”，表示定时到或计数已满，CPU 响应中断后又由硬件自动清“0”。采用查询方式时，它们可作为查询测试标志，但在查询有效后要以软件方式及时将其清“0”。

（2）TR0 和 TR1

① TR0（TR1）=0，停止定时 / 计数器工作。

② TR0（TR1）=1，启动定时 / 计数器工作。

这两位根据需要均以软件方式来置“1”或清“0”。例如，用 SETB TR0 指令将 TR0 置“1”，用 CLR TR0 指令将 TR0 清“0”。

2. 工作方式控制寄存器 TMOD

TMOD 是一个 8 位的特殊功能寄存器，字节地址为 89H，不能位寻址，其低 4 位用于控制定时 / 计数器 0，高 4 位用于控制定时 / 计数器 1，见表 5.2。

微课
定时 / 计数器寄存器

表 5.2　工作方式控制寄存器 TMOD

位序	D7	D6	D5	D4	D3	D2	D1	D0
符号	GATE	$C/\overline{T}$	M1	M0	GATE	$C/\overline{T}$	M1	M0
字节地址	89H（不能位寻址）							
控制的定时 / 计数器	控制定时 / 计数器 1				控制定时 / 计数器 0			

（1）GATE：门控位

GATE 结构示意图如图 5.1 所示。

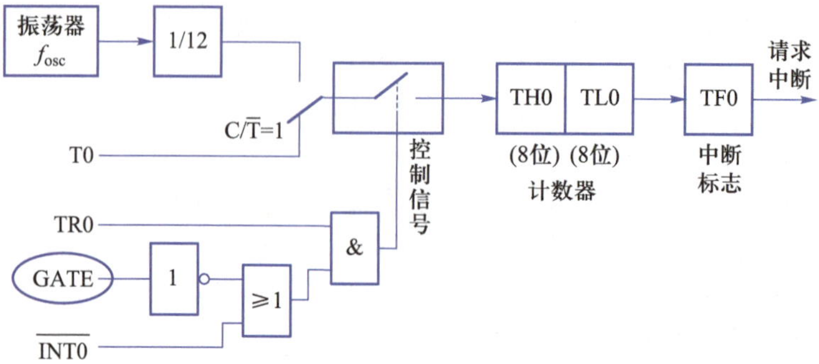

图 5.1　GATE 结构示意图

① GATE=0，以运行控制位 TR0、TR1 来启动定时 / 计数器。

② GATE=1，以外中断请求信号 $\overline{INT0}$、$\overline{INT1}$ 来启动定时 / 计数器。只有在 $\overline{INT0}$（$\overline{INT1}$）=1 且 TR0（TR1）=1 时才能启动定时 / 计数器，用于测量 $\overline{INT0}$（$\overline{INT1}$）端的脉冲宽度，有特殊用途时才需使 GATE=1。

(2) C/$\overline{T}$：定时模式或计数模式选择位

C/$\overline{T}$=0，选择定时模式；C/$\overline{T}$=1，选择计数模式，如图 5.2 所示。

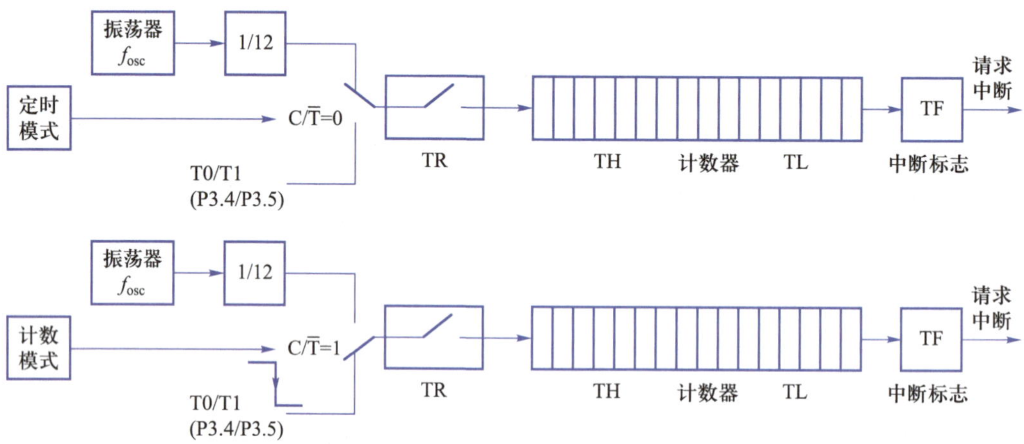

图 5.2　定时模式和计数模式示意图

(3) M1M0：工作方式选择位

① M1M0=00，选择工作方式 0，为 13 位定时 / 计数器方式。

② M1M0=01，选择工作方式 1，为 16 位定时 / 计数器方式。

③ M1M0=10，选择工作方式 2，为计数初值自动再装入的 8 位定时 / 计数器。

④ M1M0=11，选择工作方式 3，把 T0 分为两个 8 位计数器（T1 不工作）。

3. 中断允许控制寄存器 IE

IE 已经在任务 4.1 中做了说明，其中与定时 / 计数器有关的位是 EA、ET0、ET1，在此不赘述。

4. 定时 / 计数器的定时与计数功能

由于可编程定时器是采用计数的方法来实现定时的，因此可编程定时器都兼有计数功能，可以对外来脉冲进行计数。STC89C51 单片机的两个定时 / 计数器都是可编程定时器，它们也都具有定时和计数两个功能。

(1) 定时功能

定时 / 计数器的定时功能是通过计数来实现的，只不过此时的计数脉冲来自单片机芯片内部，是系统振荡脉冲经 12 分频后送来的。由于一个机器周期等于 12 个振荡脉冲周期，所以此时的定时 / 计数器是每到一个机器周期就加 1，计数频率为振荡脉冲频率的 1/12。

图 5.3 所示为定时器的结构和工作示意图。图中输入信号周期是固定的，接收到一个下降沿，计数器加 1，直至溢出。由此可以看出，时间的长短与计数器存放脉冲个数的能力，即数据长度有关。

笔记栏

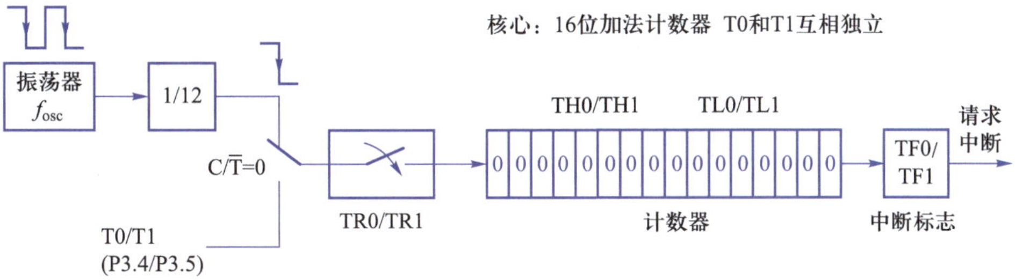

图 5.3　定时器的结构和工作示意图

(2) 计数功能

定时 / 计数器的计数是指对外部事件进行计数，外部事件的发生以输入脉冲来表示，因此计数功能的实质就是对外来脉冲进行计数。

STC89C51 单片机芯片用引脚 T0(P3.4)作为定时 / 计数器 0 外来计数脉冲的输入端，用引脚 T1(P3.5)作为定时 / 计数器 1 外来计数脉冲的输入端。T0、T1 输入外来脉冲下降沿时有效，定时 / 计数器在有效脉冲的触发下进行加 1 操作。

图 5.4 所示为计数器的结构和工作示意图。图中脉冲为外设给定，周期不确定。当 P3.4/P3.5 引脚有一个下降沿到达时，计数器加 1，直至溢出。由此可以看出，计数的多少与计数器存放脉冲个数的能力，即数据长度有关。

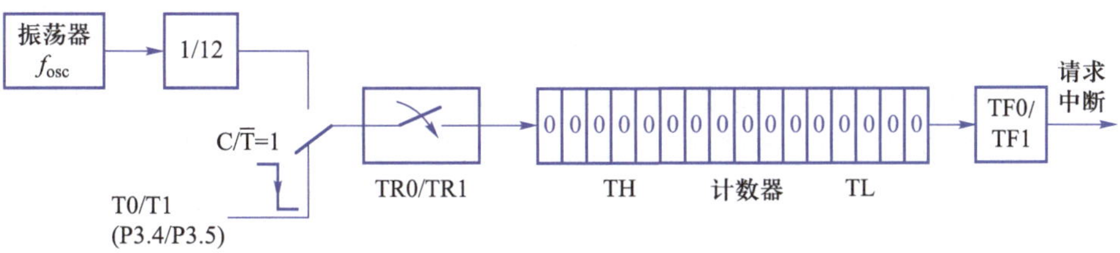

图 5.4　计数器的结构和工作示意图

由于单片机对计数脉冲的采样是在 2 个机器周期中进行的，因此，为了计数的正确性，要求外来计数脉冲的频率不得高于单片机系统振荡脉冲频率的 1/24。

至于是定时还是计数，由 $C/\overline{T}$ 进行控制：$C/\overline{T}=0$ 时为定时器工作，$C/\overline{T}=1$ 时为计数器工作。而是否启动定时，则由 TR0/TR1 决定：人为使 TR0/TR1=1，定时 / 计数器开始工作。当 TF0/TF1=1 时，告诉 CPU 定时 / 计数器溢出。标志位 TF0 或 TF1 置“1”，对计数功能而言，表示计数已满；对定时功能而言，表示定时时间已到。

微课
定时/计数器的工作方式

二、STC89C51 定时/计数器的工作方式

笔记栏

如前所述，由软件对特殊功能寄存器 TMOD 中的控制位 $C/\overline{T}$ 进行设置，可选择定时/计数器工作于定时模式或计数模式，对控制位 M1、M0 进行设置，可选择定时/计数器的 4 种工作方式。

1. 工作方式 0

在工作方式 0 中，定时/计数器是 13 位的计数结构，是一个 13 位的定时/计数器。在这种情况下，16 位寄存器（TH0、TL0 和 TH1、TL1）只用 TH0（TH1）的 8 位和 TL0（TL1）的低 5 位，TL0（TL1）的高 3 位不用。

在工作方式 0 中，定时/计数器 0 和定时/计数器 1 的逻辑结构和操作是完全相同的。这里以定时/计数器 0 的逻辑结构为例来说明其操作方法，图 5.5 所示为定时/计数器 0 工作方式 0 逻辑结构图。

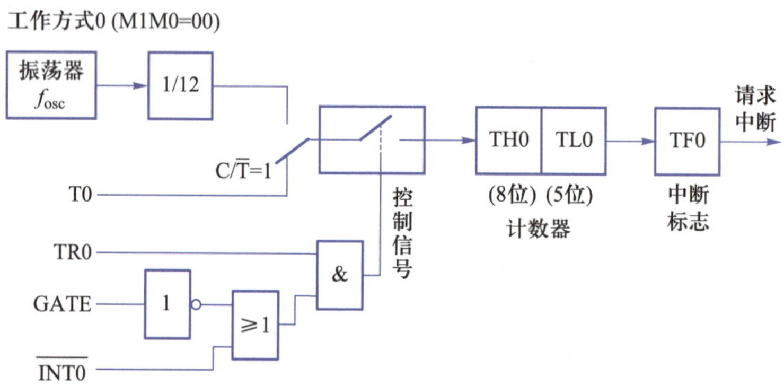

图 5.5　定时/计数器 0 工作方式 0 逻辑结构图

TL0 的低 5 位溢出时向 TH0 进位，而 TL0 溢出时是向中断标志位 TF0 进位（称为 TH0 硬件置“1”），并申请中断，在中断允许的情况下可产生中断响应，也可通过软件查询 TF0 是否置“1”来确定定时/计数器的计数或定时是否完成。

当 $C/\overline{T}$=0 时，定时/计数器用作定时功能，对一次溢出而言，其定时时间为（2^{13}－定时/计数器初值）× $12/f_{osc}$（f_{osc} 为晶振频率）。

当 $C/\overline{T}$=1 时，多路开关连接振荡器的 12 分频输出，多路开关与引脚 T0 相连接，定时/计数器 0 对外部计数脉冲进行计数，用作计数功能。外部计数脉冲由 T0 输入，当引脚上的信号电平发生从“1”到“0”的跳变时，计数器加 1，最大计数值为 2^{13}。

在实际应用中，如果需要更长的定时时间或更大的计数范围，可以此为基础进行编程，通过循环定时或循环计数来实现。

当 GATE=0 时，从图 5.5 中的逻辑功能可知“或”门被封锁，输出“1”。“与”门打开，由 TR0 来控制定时/计数器的开启和关闭。TR0=1 时，“与”门输出“1”，定时/计数器开启；TR0=0 时，“与”门输出“0”，定时/计数器关闭。

当 GATE=1 且 TR0=1 时，从图 5.5 中的逻辑功能可知“或”门、“与”门全部打开，由外部信号电平通过 $\overline{INT0}$ 来控制定时/计数器的开启和关闭。$\overline{INT0}$=1 时，“与”门输出“1”，定时/计数器开启；$\overline{INT0}$=0 时，“与”门输出“0”，定时/计数器关闭。

对于新学者，不推荐使用工作方式 0。

2. 工作方式 1

在工作方式 1 中，定时 / 计数器是一个 16 位的定时 / 计数器。定时 / 计数器 0 工作方式 1 逻辑结构图如图 5.6 所示。

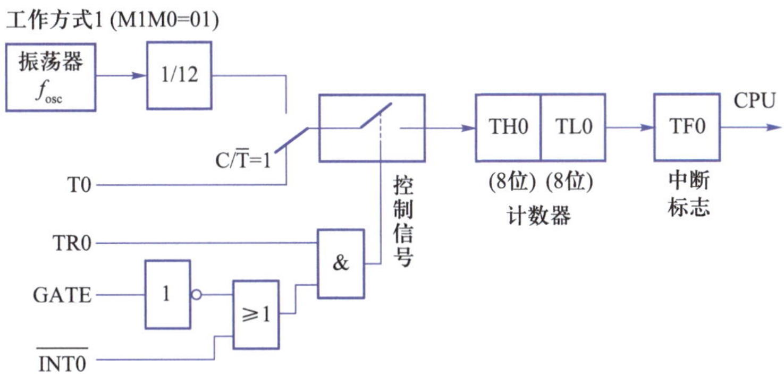

图 5.6　定时 / 计数器 0 工作方式 1 逻辑结构图

在工作方式 1 中，定时 / 计数器 0 和定时 / 计数器 1 的设置和使用方法几乎与工作方式 0 完全相同，唯一的差别是：在工作方式 1 中，定时 / 计数器由 TH0（TH1）的 8 位和 TL0（TL1）的 8 位构成。因此对一次溢出而言，定时时间为 $(2^{16}-$ 定时 / 计数器初值$)\times$ 机器周期，即 $(2^{16}-$ 定时 / 计数器初值$)\times 12/f_{osc}$，计数范围为 1 ~ 65 536（1 ~ 2^{16}）。

同样，如果需要更长的定时时间或更大的计数范围，可以此为基础通过编程来实现。

对于新学者，推荐使用工作方式 1。

3. 工作方式 2

工作方式 2 是能重置初值的 8 位定时 / 计数器。在工作方式 2 中，定时 / 计数器 0 和定时 / 计数器 1 的逻辑结构和操作完全相同，以定时 / 计数器 0 为例，其逻辑结构图如图 5.7 所示。

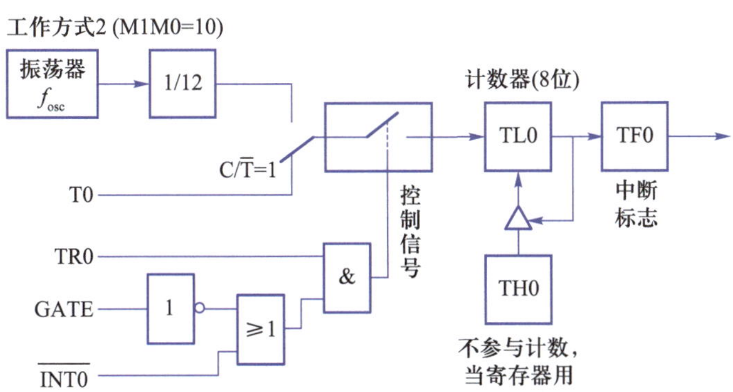

图 5.7　定时 / 计数器 0 工作方式 2 逻辑结构图

工作方式 2 用 TL0（TL1）作为 8 位计数器，而 TH0（TH1）作为预置寄存器，用于保存计数初值。初始化时，把计数初值分别装入 TL0（TL1）和 TH0（TH1）中。在操作过程中，当 TL0（TL1）计数溢出时，便置位 TF0（TF1），同时预置寄存器 TH0

(TH1)自动将初值重新装入 TL0(TL1)中,定时 / 计数器又进入新一轮的计数,如此循环,重复不止。

这种工作方式非常适合循环计数的应用,后面还可以看到,它在串行数据通信中作为波特率发生器使用。

对一次溢出而言,工作方式 2 的定时时间为(2^8− 定时 / 计数器初值)× 机器周期,即(2^8− 定时 / 计数器初值)× $12/f_{osc}$,计数范围为 1 ~ 256(1 ~ 2^8)。

笔记栏

由工作方式 2 的特点可知,如果需要更长的定时时间或更大的计数范围,其实现起来比前两种方式更为方便。

4. 工作方式 3

工作方式 3 中,定时 / 计数器 0 和定时 / 计数器 1 的设置与使用是不同的。

定时 / 计数器 0 在工作方式 3 下被拆成 2 个独立的 8 位计数器 TH0 和 TL0,如图 5.8 所示。

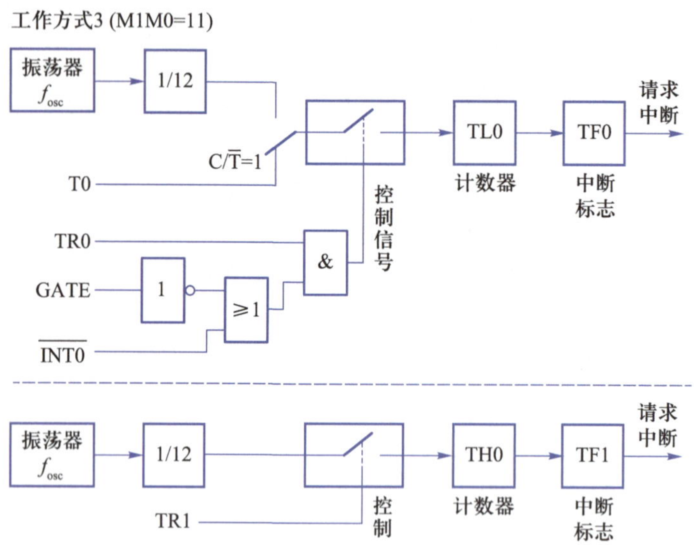

图 5.8　定时 / 计数器 0 工作方式 3 逻辑结构图

TL0 独占原定时 / 计数器 0 的控制位和引脚信号,即 C/$\overline{T}$、GATE、TR0、TF0、T0(P3.4)引脚和 $\overline{INT0}$(P3.2)引脚。除只用 8 位 TL0 之外,其功能及操作与工作方式 0 和工作方式 1 完全相同,可用于定时,也可用于计数。

TH0 只可用作简单的内部定时功能,它占用原定时 / 计数器 1 的控制位 TR1 和 TF1,同时占用它的中断源,其启动和关闭受 TR1 控制。

由上述情况可知,在工作方式 3 中,定时 / 计数器 0 可构成两个定时器或一个定时器和一个计数器。

在工作方式 3 中,若 TL0 发生中断,中断服务程序入口地址为 000BH;若 TH0 发生中断,中断服务程序入口地址为 001BH。

定时 / 计数器 1 不能在工作方式 3 下使用,如果把定时 / 计数器 1 设置在工作方式 3,它就停止工作。

在定时 / 计数器 0 工作方式 3 中,定时 / 计数器 1 的 TR1、TF1 和中断源虽然均

被定时 / 计数器 0 所占用，但它仍可设置为工作方式 0 ~ 2。在这种情况下，定时 / 计数器 1 一般用作串行口的波特率发生器。在实际应用中，常把定时 / 计数器 1 设置成工作方式 2，作为波特率发生器使用。

由图 5.8 可知，这种情况下，只有一个控制位 C/$\overline{T}$ 用来切换其定时或计数功能，而且寄存器的溢出只能将输出送入串行口。通过控制位 M1M0 设置好工作方式后，定时 / 计数器 1 就会自动开始运行；若要停止运行，只需将其设置为工作方式 3，即将 M1M0 置为“11”就能使定时 / 计数器 1 停止运行。

三、AT89C52 定时 / 计数器简述

1. T2 相关寄存器

AT89C52 与 STC89C51 不同的是增加了定时 / 计数器 2（T2）。T2 是一个 16 位定时 / 计数器。

(1) 特殊功能寄存器增加内容

AT89C52 在特殊功能寄存器中增加了与 T2 相关的寄存器，如图 5.9 所示。

0F8H									0FFH
0F0H	B 00000000								0F7H
0E8H									0EFH
0E0H	ACC 00000000								0E7H
0D8H									0DFH
0D0H	PSW 00000000								0D7H
0C8H	T2CON 00000000	T2MOD XXXXXX00	RCAP2L 00000000	RCAP2H 00000000	TL2 00000000	TH2 00000000			0CFH
0C0H									0C7H
0B8H	IP XX000000								0BFH
0B0H	P3 11111111								0B7H
0A8H	IE 0X000000								0AFH
0A0H	P2 11111111		AUXR1 XXXXXXX0				WDTRST XXXXXXXX		0A7H
98H	SCON 00000000	SBUF XXXXXXXX							9FH
90H	P1 11111111								97H
88H	TCON 00000000	TMOD 00000000	TL0 00000000	TL1 00000000	TH0 00000000	TH1 00000000	AUXR XXX00XX0		8FH
80H	P0 11111111	SP 00000111	DP0L 00000000	DP0H 00000000	DP1L 00000000	DP1H 00000000		PCON 0XXX0000	87H

图 5.9 AT89C52 特殊功能寄存器映像及复位值

寄存器 T2CON 和 T2MOD 包含 T2 的控制位和状态位。寄存器对 RCAP2H 和 RCAP2L 是 T2 的捕捉 / 自动重载寄存器。

(2) T2 控制寄存器 T2CON

T2CON 的地址为 C8H,可位寻址,复位值为 00000000B,见表 5.3。

表 5.3 T2CON

位序	D7	D6	D5	D4	D3	D2	D1	D0
符号	TF2	EXF2	RCLK	TCLK	EXEN2	TR2	$C/\overline{T2}$	$CP/\overline{RL2}$

笔记栏

① TF2 :T2 溢出标志位。必须由软件清“0”。RCLK=1 或 TCLK=1 时,TF2 不置位。

② EXF2 :T2 外部输入引脚信号有效标志位。EXEN2=1 时,T2EX(P1.1)引脚上的下降沿会使 EXF2 被硬件置位,引起捕捉或重载。如果 T2 中断打开,EXF2=1 时,将进入 T2 中断服务程序入口。EXF2 必须由软件清“0”。在向下 / 向上计数模式(DCEN=1)下,EXF2 不能引起中断。

③ RCLK:波特率发生器模式控制位。

④ TCLK:波特率发生器模式控制位。

⑤ EXEN2 :T2EX 使能标志位。EXEN2=1 时,T2EX 引脚的下降沿有效;EXEN2=0 时,T2EX 引脚的信号无效。

⑥ TR2 :T2 的启停位。TR2=1 时,T2 开始工作。

⑦ $C/\overline{T2}$:T2 定时 / 计数选择位。$C/\overline{T2}$=0 时,为定时器功能;$C/\overline{T2}$=1 时,对外部事件计数(下降沿有效)。

⑧ $CP/\overline{RL2}$:捕捉 / 重载选择位。EXEN2=1、$CP/\overline{RL2}$=1 时,T2EX 引脚的下降沿会引起捕捉操作;EXEN2=1、$CP/\overline{RL2}$=0 时,T2 溢出或 T2EX 引脚的下降沿都会引起自动重载操作。RCKL=1 或 TCKL=1 时,此标志位无效,此时 T2 工作在自动重载方式下。

(3) T2 控制寄存器 T2MOD

T2MOD 的地址为 C9H,不可位寻址,复位值为 XXXXXX00B,见表 5.4。

表 5.4 T2MOD

位序	D7	D6	D5	D4	D3	D2	D1	D0
符号	—	—	—	—	—	—	T2OE	DCEN

① D7 ~ D2 :无定义,预留扩展。

② T2OE:T2 输出允许位。

③ DCEN:DCEN=1 时,T2 可配置成向上 / 向下计数,此时,到底是向上计数还是向下计数由 T2EX 引脚上的电平决定。

(4) T2 中断允许控制寄存器 IE

T2 中断允许控制寄存器 IE 增加了 D5 位的 ET2 标志位,见表 5.5。

表 5.5 IE

位序	D7	D6	D5	D4	D3	D2	D1	D0
符号	EA	—	ET2	ES	ET1	EX1	ET0	EX0

ET2：T2 中断允许控制位。ET2=0 时，禁止 T2（TF2 或 EXF2）中断；ET2=1 时，允许 T2（TF2 或 EXF2）中断。

IE 的 D6 位未使用，其有可能应用于 AT89 系列新产品之中。

（5）T2 中断优先级控制寄存器 IP

T2 中断优先级控制寄存器 IP 增加了 D5 位的 PT2 标志位，见表 5.6。

表 5.6　IP

笔记栏

位序	D7	D6	D5	D4	D3	D2	D1	D0
符号	—	—	PT2	PS	PT1	PX1	PT0	PX0

PT2：T2 中断优先级控制位。PT2=1 时，设定 T2 为高优先级中断源；PT2=0 时，设定 T2 为低优先级中断源。复位后，PT2=0。

2. T2 的工作方式

T2 与 T1、T0 不同，它分为定时和计数两种工作方式，定时工作方式下有捕捉、自动重载、波特率发生器和时钟发生器 4 种工作模式，计数工作方式下有捕捉、自动重载两种工作模式。其工作方式由控制寄存器 T2CON 中的 C/$\overline{T2}$ 位选择：C/$\overline{T2}$=0 时，为定时方式；C/$\overline{T2}$=1 时，为计数方式。

3. T2 的工作模式

T2 有捕捉、自动重载（向上或向下计数）、波特率发生器和时钟发生器 4 种工作模式。其工作模式由 T2CON 中的相关位进行选择，见表 5.7。

表 5.7　T2 的工作模式

RCLK+TCLK	CP/$\overline{RL2}$	C/$\overline{T2}$	T2OE	TR2	模式
0	0	0	0	1	16 位自动重载
0	1	0	0	1	16 位捕捉
1	×	0	0	1	波特率发生器
0	×	0	1	1	时钟发生器
1	×	0	1	1	波特率发生器 & 时钟发生器（频率相关联，都依赖于此）

T2 作为定时器还是计数器，区别在于脉冲来源不同：作为定时器使用时，脉冲来源于晶振频率的 1/12；作为计数器使用时，脉冲来源于 T2（P1.0）引脚。

T2 作为计数器时，只有两种工作模式：捕捉和自动重载。

T2 有两个 8 位寄存器：TH2 和 TL2。在定时工作方式中，每到一个机器周期，TL2 都会加 1。由于一个机器周期由 12 个晶振周期构成，因此计数频率就是晶振频率的 1/12。在计数工作方式中，T2（P1.0）在发生“1”至“0”的下降沿时加 1。因为识别从“1”到“0”的跳变需要两个机器周期（24 个晶振周期），所以最大的计数频率不高于晶振频率的 1/24。为了确保给定的电平在改变前采样到一次，电平应该至少在一个完整的机器周期内保持不变。

（1）捕捉模式

在捕捉模式下，通过 T2CON 中的 EXEN2 来选择两种工作方式。如果 EXEN2=0，

T2 是一个 16 位定时 / 计数器，溢出时，对 T2CON 的 TF2 置位，发出中断请求。如果 EXEN2=1，T2 仍然进行加 1 计数。当外部输入 T2EX 引脚出现下降沿，会使得 TH2 和 TL2 中的值分别传送到 RCAP2H 和 RCAP2L 中（即下降沿出现的时刻被记录在 RCAP2H 和 RCAP2L 中，因此称为捕捉）。除此之外，T2EX 的跳变会引起 T2CON 中的 EXF2 置位。像 TF2 一样，T2EX 也会发出中断请求。

捕捉模式如图 5.10 所示。

笔记栏

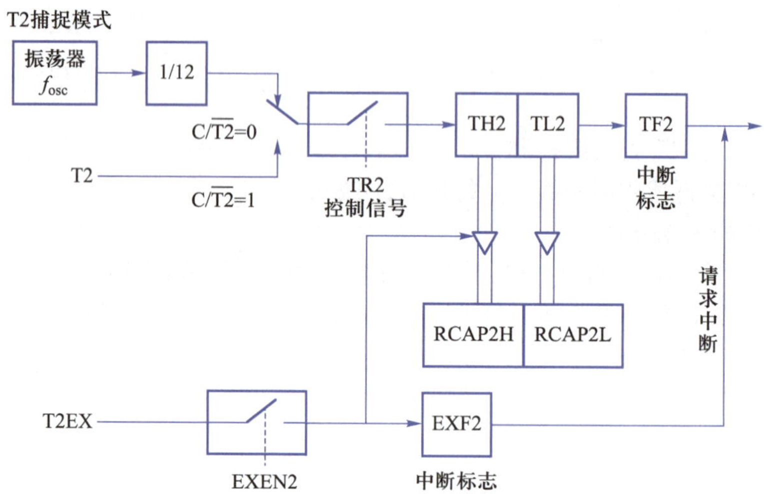

图 5.10　T2 捕捉模式

（2）自动重载模式

当 T2 工作于 16 位自动重载模式时，可对其编程实现向上计数或向下计数。这一功能可以通过 T2MOD 中的 DCEN（向下计数允许位）来实现。通过复位，DCEN 被置为“0”。T2 默认不能选择计数方向。

如图 5.11 所示，DCEN=0 时，T2 自动计数。通过 T2CON 中的 EXEN2 可以选择两种方式。如果 EXEN2=0，T2 计数，计到 0FFFFH 后置位 TF2 溢出标志。计

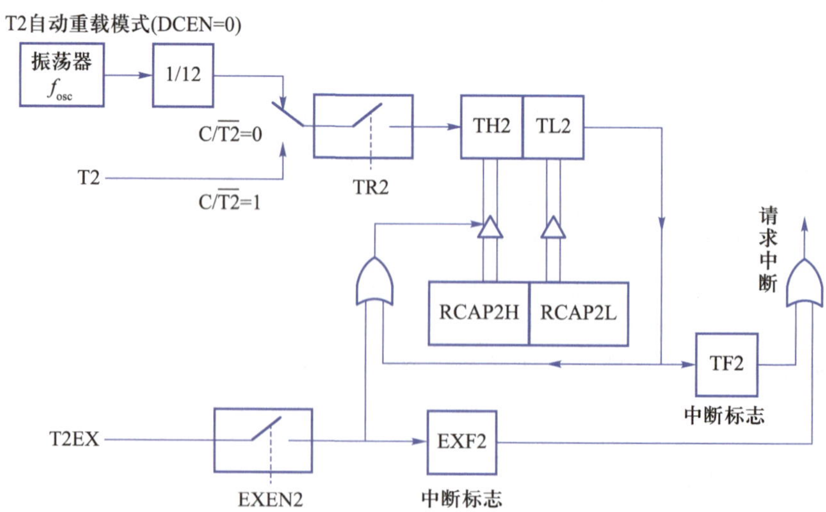

图 5.11　T2 自动重载模式（DCEN=0）

数溢出也使得定时器寄存器重新从 RCAP2H 和 RCAP2L 中加载 16 位值。如果 EXEN2=1，计数溢出或外部 T2EX 引脚上的下降沿都会触发 16 位重载。这个下降沿也置位 EXF2 中断标志位。

如图 5.12 所示，DCEN=1 时，允许 T2 向上或向下计数。这时，T2EX 引脚上的电平控制着计数的方向。T2EX 引脚上的高电平使得 T2 向上计数，计到 0FFFFH 溢出，并置位 TF2。定时器的溢出也使得 RCAP2H 和 RCAP2L 中的 16 位值分别加载到定时器存储器 TH2 和 TL2 中。T2EX 引脚上的低电平使得 T2 向下计数。当 TH2 和 TL2 分别等于 RCAP2H 和 RCAP2L 中的值时，置位 TF2，并将 0FFFFH 加载到 TH2 和 TL2 中。在这种工作模式下，EXF2 不能触发中断。

笔记栏

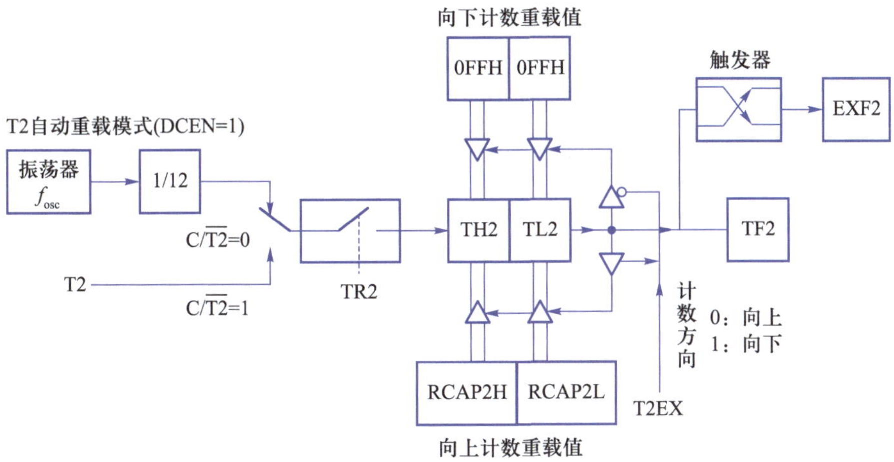

图 5.12　T2 自动重载模式（DCEN=1）

（3）波特率发生器模式

通过设置 T2CON 中的 TCLK 或 RCLK 可选择 T2 作为波特率发生器，如图 5.13 所示。当 T2 配置成波特率发生器时，C/$\overline{T2}$（T2CON.1）应该清“0”。如果 T2 作为发送或接收波特率发生器，T1 可用作他用，发送和接收的波特率可以不同。

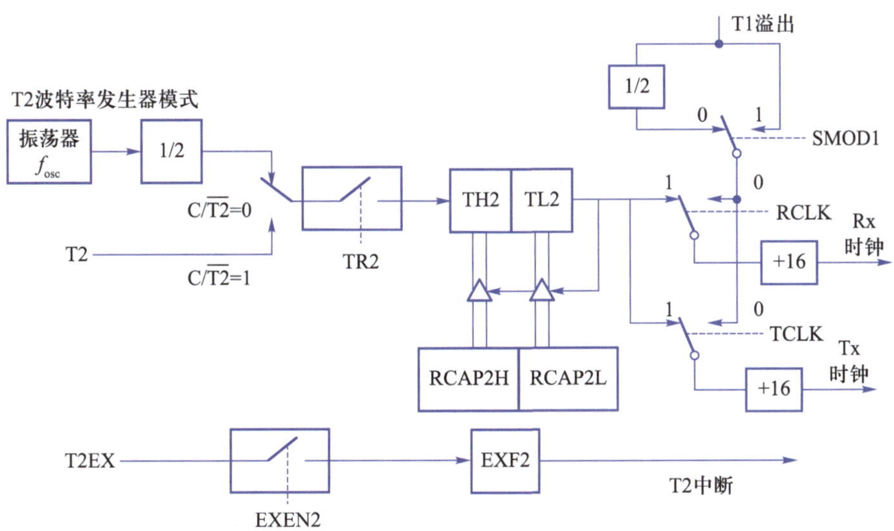

图 5.13　T2 波特率发生器模式

笔记栏

(4) 时钟发生器模式

如图 5.14 所示，可以通过编程在 P1.0 引脚输出一个占空比为 50% 的时钟信号。这个引脚除了常规的 I/O 引脚外，还有两种可选择功能。它可以通过编程作为 T2 的外部时钟输入或占空比为 50% 的时钟输出。当 f_{osc}=16 MHz 时，输出的时钟频率范围为 61 Hz ~ 4 MHz。

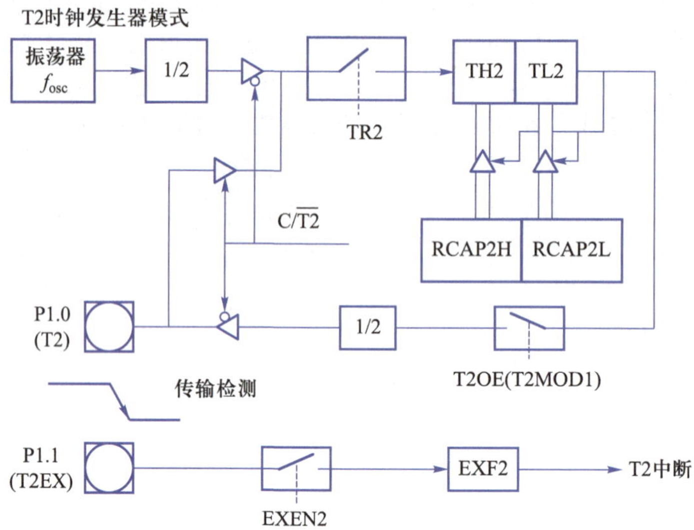

图 5.14　T2 时钟发生器模式

为了把 T2 配置成时钟发生器，C/$\overline{T2}$（T2CON.1）必须清“0”，T2OE（T2MOD.1）必须置“1”。TR2（T2CON.2）置“1”，启动定时器。时钟输出频率取决于晶振频率和 T2 捕捉寄存器（RCAP2H、RCAP2L）的重载值，如下式所示：

$$\text{时钟输出频率} = \frac{\text{晶振频率}}{4\times[65\,536-(\text{RCAP2H, RCAP2L})]}$$

在时钟发生器模式下，T2 不会产生中断，这和 T2 用作波特率发生器时一样。T2 也可以同时用作波特率发生器和时钟发生器。不过，波特率和输出时钟频率相互并不独立，它们都依赖于 RCAP2H 和 RCAP2L。

四、STC89C52 中的看门狗定时器

实际环境中，电磁干扰可能使“程序跑飞”而使单片机系统出现故障。为了避免系统在故障状态下持续过长时间，STC89C52 中增加了一个专门的定时器用来监视这种情况，如果发现“程序跑飞”，这个定时器将使系统在规定的时间内复位，从而使系统重新“回到正轨”。由于这个定时器在一定程度上负责系统的安全，所以习惯上称其为看门狗定时器（watch dog timer，WDT）。

1. WDT 的结构及工作原理

WDT 由一个 13 位的计数器（没有地址，不可读写）和一个特殊功能寄存器 WDTRST（地址为 6AH，只写）构成。系统启动后 WDT 并不工作，为了启动 WDT，用户必须往 WDTRST 中依次写入 01EH 和 0E1H。当 WDT 启动后，WDT

的计数器将从 0 开始每过一个机器周期加 1。当 WDT 溢出时,它将在 RST 引脚(9 脚)上产生一个高电平(持续 96 个晶振周期),从而使系统复位。

从 WDT 启动到溢出而使系统复位的时间间隔为 2^{13}=8 192 个机器周期。WDT 具体的溢出时间与系统的振荡频率有关。如果 f_{osc}=12 MHz,则 WDT 从启动到溢出的时间间隔为 8.192 ms。

如果不想让 WDT 溢出而使系统复位,就必须在溢出前使 WDT 复位(俗称"喂狗")。将 WDT 复位的方法与启动方法一样(往 WDTRST 中依次写入 01EH 和 0E1H)。WDT 复位后其 13 位计数器又从 0 开始计数。同样,如果不想使系统复位,就必须在 WDT 复位后的 8 192 个机器周期内再将其复位("喂狗")。可见,凡是启动了 WDT 的系统,其程序中必须有"喂狗"程序段,而且"喂狗"程序段的间隔不能超过 8 192 个机器周期。如果系统受到干扰而出现"程序跑飞"后便执行不到预设的"喂狗"程序段,这样 WDT 将在不超过 8 192 个机器周期后将系统复位。

笔记栏

可以通过使系统复位(硬件复位或 WDT 溢出复位)来使 WDT 停止工作。

2. WDT 的运行情况

(1) 运行方式下的 WDT

在运行方式下,如果启动了 WDT,那么所有程序(包括子程序和中断服务程序)中必须周期性包含"喂狗"程序段,这样 WDT 只有在"程序跑飞"后才会使系统复位。

(2) 掉电方式下的 WDT

在掉电方式下,振荡器停止工作,这意味着 WDT 也停止工作。在这种方式下,用户不必"喂狗"。

为了确保在离开掉电方式最初的几个状态 WDT 不溢出,最好在进入掉电方式前复位 WDT。

(3) 空闲方式下的 WDT

在空闲方式下振荡器继续工作,所以如果启动了 WDT,那么进入空闲方式后 WDT 将继续工作。在空闲方式下 CPU 停止执行程序,无法"喂狗",因此必须采取以下几种措施来防止 WDT 在空闲方式下复位单片机:

① 特殊寄存器 AUXR 的 WDIDLE 位决定 WDT 在空闲方式下是否继续计数。默认状态下,WDIDLE=0,WDT 继续计数。用户可在进入空闲方式前使 WDIDLE=1,这样,进入空闲方式后 WDT 将停止工作。

② 用户可以启动一个定时器,定时离开空闲方式,"喂狗"后再重新进入空闲方式。

任务设计与实施

一、总体方案设计

简易电子琴的电路主要包括单片机最小系统、数码管、按键电路及扬声器,如图 5.15 所示。

微课
简易电子琴:设计思路

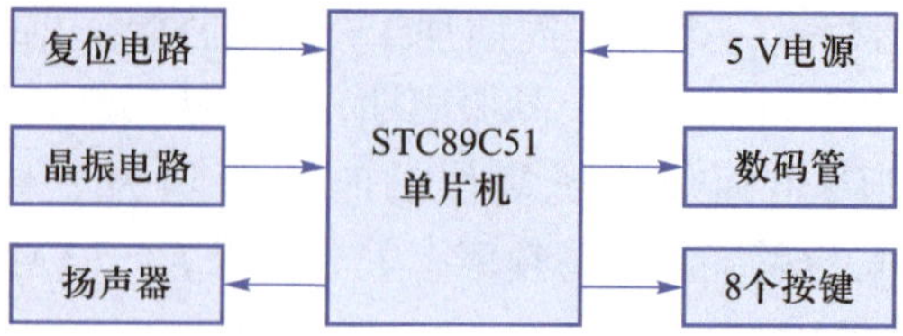

图 5.15　简易电子琴电路框图

微课
简易电子琴：硬件电路设计

二、硬件电路设计

由 STC89C51 单片机、复位电路、晶振电路构成一个基本的单片机系统，在 P1 口连接扬声器，在 P2 口连接限流电阻和数码管，在 P3 口连接 8 个按键，就构成了简易电子琴的硬件电路，其原理图如图 5.16 所示。

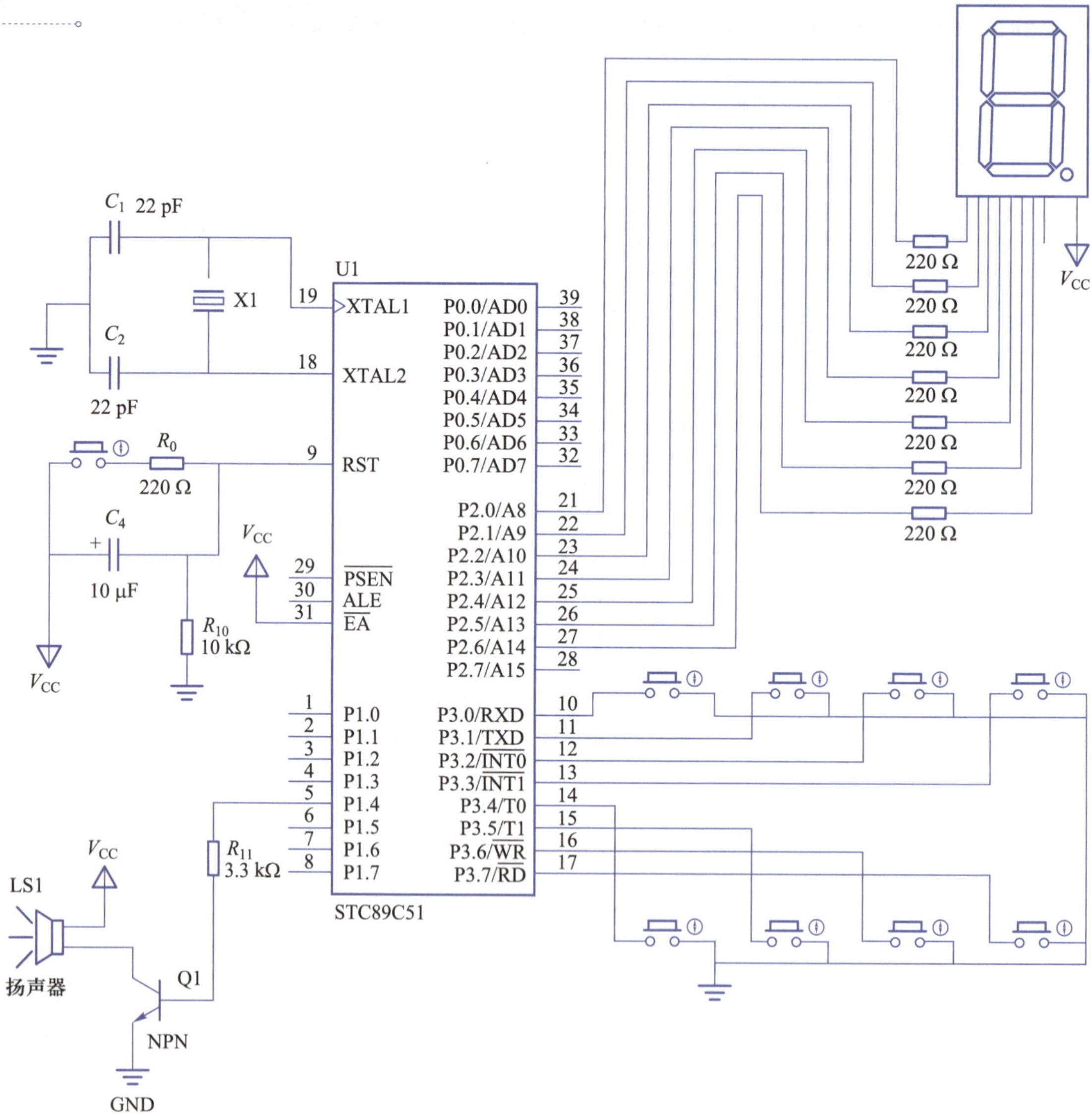

图 5.16　简易电子琴硬件电路原理图

① 共阳极数码管连接到单片机的 P2 口，分别显示相应音符的数字。共阳极数码管段码见表 5.8。

表 5.8　共阳极数码管段码

数字	0	1	2	3	4	5	6	7	8	9
段码	0xC0	0xF9	0xA4	0xB0	0x99	0x92	0x82	0xF8	0x80	0x90

② 8 个按键连接到单片机的 P3 口，分别表示简易电子琴的中音 1 到高音 1 这 8 个音符，当按下按键时，P3 口相应引脚变为低电平，定时器工作，输出相应频率的方波。

③ P1.4 引脚接晶体管放大电路驱动扬声器。

三、软件设计

微课
简易电子琴：软件设计

1. 不同音符与单片机定时器之间的关系

(1) 不同音符的产生

扬声器发出的声音不同是因为声音的音阶不同，即声音振动的频率不同。中音 1 到高音 1 相应的频率见表 5.9。在数字电路中，音阶的频率是指方波的频率，要使数字电路中的扬声器发出不同的声音，就是要使扬声器输出不同频率的方波，而利用单片机产生不同频率的方波则需要使用定时器。所以设计简易电子琴的关键问题可以归纳为如下两个：

① 如何控制单片机产生不同频率的方波；

② 如何利用按键控制扬声器发出不同的声音，并在数码管中进行相应显示。

表 5.9　8 键电子琴音阶及频率

音阶	中音 1	中音 2	中音 3	中音 4	中音 5	中音 6	中音 7	高音 1
频率 /kHz	523	587	659	698	784	880	988	1 046

(2) 单片机产生方波

图 5.17 所示为一个固定频率的方波，在一个周期内，方波由相同时间的高电平与低电平组成，中音 1 的频率为 523 kHz，周期为 1 912 μs，半周期为 956 μs，即高、低电平时间分别为 956 μs。

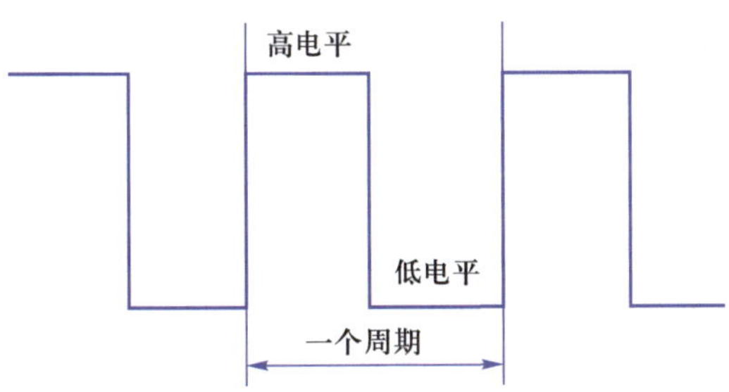

图 5.17　方波示意图

可以利用单片机定时 / 计数器实现方波：设置定时 / 计数器时间为 956 μs，开启定时/计数器输出高电平，定时时间到 956 μs 时将电平取反为低电平，继续定时 956 μs，定时时间到后继续取反为高电平，周而复始，实现频率为 523 kHz 方波的输出，如图 5.18 所示。

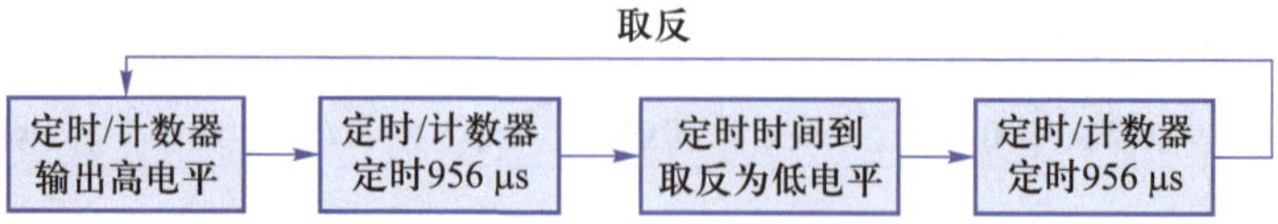

图 5.18　利用单片机定时/计数器实现方波示意图

笔记栏

经过上述分析，此时问题可以归结为如何设置定时/计数器实现 956 μs 的定时。设置定时/计数器相应寄存器一般需要设置定时/计数器工作方式、放置定时/计数器初值，最后启动定时/计数器。

① 设置定时/计数器工作方式。定时/计数器不同工作方式的区别只是定时时间长短不同与是否重装，这里采用 T0 的工作方式 1。控制寄存器 TMOD 设置见表 5.10。

表 5.10　控制寄存器 TMOD 设置

位序	D7	D6	D5	D4	D3	D2	D1	D0
符号	GATE	$C/\overline{T}$	M1	M0	GATE	$C/\overline{T}$	M1	M0
设置值	0	0	0	0	0	0	0	1

TMOD 的低 4 位用于控制 T0，高 4 位用于控制 T1，这里采用的是 T0，所以高 4 位全部为“0”。低 4 位中，设置 GATE=0，以运行控制位 TR0 来启动定时/计数器；$C/\overline{T}$=0，选择定时模式；M1M0=01，选择工作方式 1，为 16 位定时/计数器方式。因此最终寄存器 TMOD=0x01。

② 放置定时/计数器初值。本任务中单片机主频为 12 MHz，一个时钟周期为 1/12 μs，一个机器周期等于 12 个时钟周期，为 1 μs，所以对于中音 1，定时/计数器初始值应该设置为 0xFC44（TH0=0xFC，TL0=0x44），即定时器从 64 580 开始计数，计到 2^{16}（65 536），共计数 956 个（956 μs），有

$$2^{16}-956/1=64\,580=\text{0xFC44}$$

按相同方式可以设定中音 1 到高音 1 相应的定时/计数器初始值，见表 5.11。

表 5.11　定时/计数器初始值

音阶	中音 1	中音 2	中音 3	中音 4	中音 5	中音 6	中音 7	高音 1
周期/μs	1 912	1 704	1 517	1 433	1 276	1 136	1 012	956
定时/计数器初始值	FC44	FCAC	FD09	FD33	FD82	FDC8	FE06	FE22

微课
简易电子琴：switch 语句

2. 按键控制方波频率

C 语言中，switch 语句是一种多分支选择结构的语句，多用于编写选择分支较多的程序，语句格式如下：

```
switch(x)
{
    case a : ...;break;
```

```
    case b : ...;break;
    case c : ...;break;
    ...
    default:...;
}
```


① 当 switch 的变量或表达式的值与某一 case 后边的常量或常量表达式的值相等时，就执行该 case 后边的语句；当 switch 的变量或表达式的值与所有 case 子句后边的常量或常量表达式的值都不相等时，就执行 default 后边的语句。

② switch 后边表达式中的变量可以是整型或者字符型变量。

③ case 后边必须为常量或常量表达式，且各 case 后边的常量或常量表达式必须互不相同，否则将因为冲突而导致语法错误。

④ 各个 case 和 default 的先后次序不会影响程序的运行。

⑤ 每个 case 分支后边可以有多条语句。

⑥ 执行完一个 case 后边的语句以后，将继续执行下一个 case 后边的语句。可以在每个 case 对应语句的后边用一个 break 语句使执行流程跳出 switch 结构。

⑦ 如果匹配的 case 分支后边没有语句，将继续执行下一个 case 后边的语句。

之前已根据中音 1 到高音 1 相应的频率分别计算出了其周期，进而得到了使用单片机定时 / 计数器 0 工作方式 1 时定时 / 计数器的初始值，频率、周期、定时 / 计数器相应初始值是一一对应的。可以通过按下不同的按键控制定时 / 计数器不同的初始值，使单片机产生不同频率的方波，即实现按键控制方波频率。

通过电路原理图，可以知道 STC89C51 单片机的 P2.0 ~ P2.6 引脚连接了共阳极数码管，P3.0 ~ P3.7 引脚连接了电子琴的 8 个按键。8 个按键的初始值均设为高电平“1”，即 P3 的初值为 0xFF。按键按下时，相应端口变为低电平“0”，比如按下按键 1，P3.0 引脚的值变为低电平“0”，P3 的值由 11111111 变为 11111110，化为十六进制为 0xFE。按键与 P3 值的对应表见表 5.12。

表 5.12 按键与 P3 值的对应表

所按按键	1	2	3	4	5	6	7	8
P3 值	0xFE	0xFD	0xFB	0xF7	0xEF	0xDF	0xBF	0x7F

例如，当 P3.0 引脚连接的按键 1 按下，此时 P3 值为 0xFE，定时 / 计数器初始值为 0xFC44，即 TH0=0xFC，TL0=0x44，P2 口显示数字 1，应该输出 0xF9，所以按键 1 按下的 switch 分支语句代码如下：

```
case 0xFE:P2=0xF9;a=0xFC;b=0x44;EA=1;break; //按键 1 按下 switch 分支语句代码
```

又如，当 P3.1 引脚连接的按键 2 按下，此时 P3 的值为 0xFD，定时 / 计数器初始值为 0xFCAC，即 TH0=0xFC，TL0=0xAC，P2 口显示数字 2，应该输出 0xA4，所以按键 2 按下的 switch 分支语句代码如下：

```
case 0xFD:P2=0xA4;a=0xFC;b=0xAC;EA=1;break;  //按键 2 按下 switch 分支语句代码
```

按键扫描函数如下：

```
void check_key()//按键扫描函数
{
P3=0xFF;//先赋给 P3 口高电平
switch(P3)//对 P3 口进行判断，当有按键按下时，相应引脚变为低电平
{
    case 0xFE:P2=0xF9;a=0xFC;b=0x44;EA=1;break; //当按键 1 按下时，P2 口所接数码管显示数字 1，并给定时器赋初值，打开中断系统总开关
    case 0xFD:P2=0xA4;a=0xFC;b=0xAC;EA=1;break;
    case 0xFB:P2=0xB0;a=0xFD;b=0x09;EA=1;break;
    case 0xE7:P2=0x99;a=0xFD;b=0x33;EA=1;break;
    case 0xEF:P2=0x92;a=0xFD;b=0x82;EA=1;break;
    case 0xDF:P2=0x82;a=0xFD;b=0xC8;EA=1;break; //注意:EA 不能改为 TR0
    case 0xBF:P2=0xF8;a=0xFE;b=0x06;EA=1;break;
    case 0x7F:P2=0xF9;a=0xFE;b=0x22;EA=1;break;
    default:EA=0;speaker=0;P2=0xFF;  //当 P3 口为其他状态（包括无按键按下和多按键按下）时，关闭声音输出和数码管显示
}
}
```

笔记栏

3. 程序整体设计

根据之前的分析，可以将简易电子琴程序分为三大块：定时 / 计数器初始化设置、按键扫描、定时时间到电平取反。可以将定时 / 计数器初始化设置与按键扫描设计为主函数，定时时间到电平取反设计为中断服务函数，这样定时时间到就可以执行电平取反操作，实现电平高、低变换。

主程序流程图如图 5.19 所示，首先对定时 / 计数器进行初始化，然后判断是否有按键按下，若有按键按下则执行按键扫描函数判断所按键，同时数码管显示相应数值，并设定定时 / 计数器初值，打开定时 / 计数器，此时便可以输出一个方波。完成一个流程后，程序继续判断是否有按键按下，若无按键按下则关闭定时 / 计数器、扬声器、数码管，程序继续判断是否有按键按下。

主函数如下：

```
void main() //主函数
{
TMOD=0x01;    //定时 / 计数器 0 工作方式 1
TH0=a;        //定时 / 计数器 0 初值的高 8 位
TL0=b;        //定时 / 计数器 0 初值的低 8 位
              //没有设定固定数值，而是采用中间变量 a 与 b，
              //是为了与 switch 语句配合使用
ET0=1;        //允许中断
```

```
TR0=1;          //打开定时/计数器0
while(1)        //进入循环
{
check_key();//按键扫描
}
}
```

笔记栏

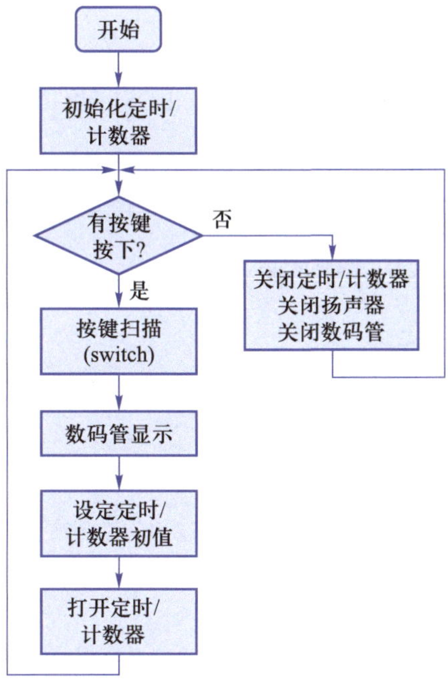

图 5.19　主程序流程图

定时 / 计数器中断流程图如图 5.20 所示，一旦定时时间到，无论程序现在执行到哪一步，都会直接跳转到中断服务程序，执行中断服务程序的内容。因为定时 / 计数器工作方式 1 没有自动重装功能，扬声器要连续发声，所以要装入定时 / 计数器初值，保证输出连续的方波。

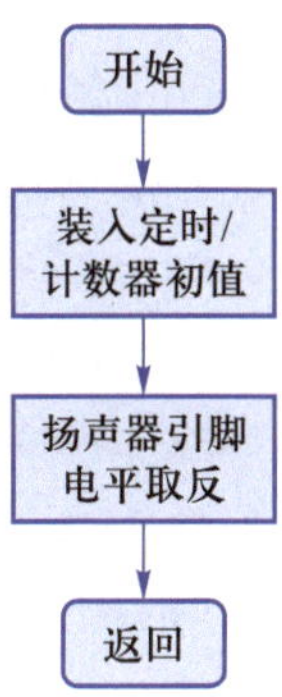

图 5.20　定时 / 计数器中断流程图

定时 / 计数器 0 中断服务函数如下：

```
void time0() interrupt 1                //定时 / 计数器 0 中断服务函数
{
TH0=a;                                  //定时 / 计数器 0 高 8 位赋初值
TL0=b;                                  //定时 / 计数器 0 低 8 位赋初值
speaker=~speaker;                       //扬声器引脚电平取反
}
```

笔记栏

4. 简易电子琴控制设计与实现

完成硬件电路原理图的设计后，使用 Keil C51 软件编写并生成单片机能够运行的可执行程序文件，具体步骤如下：

① 新建“DIANZIQIN”工程文件，并保存在“DIANZIQIN”文件夹中，然后选择单片机型号为 STC89C51。

② 建立并加载“DIANZIQIN.c”源文件，代码如下：

```
/* 名称:简易电子琴
#include<reg52.h>                       //包含头文件
#define uint unsigned int
#define uchar unsigned char             //宏定义
sbit speaker=P1^4;                      //扬声器引脚定义
uchar a,b;  //声明两个无符号字符型变量,用于定时 / 计数器 0 初值的赋值

void check_key()                        //按键扫描函数
{
P3=0xFF;                                //先赋给 P3 口高电平
switch(P3)  //对 P3 口进行判断,当有按键按下时,相应引脚变为低电平
{
    case 0xFE:P2=0xF9;a=0xFC;b=0x44;EA=1;break; //当按键 1 按下时,P2 口所接数码管显示数字 1,并给定时器赋初值,打开中断系统总开关
    case 0xFD:P2=0xA4;a=0xFC;b=0xAC;EA=1;break;
    case 0xFB:P2=0xB0;a=0xFD;b=0x09;EA=1;break;
    case 0xE7:P2=0x99;a=0xFD;b=0x33;EA=1;break;
    case 0xEF:P2=0x92;a=0xFD;b=0x82;EA=1;break;
    case 0xDF:P2=0x82;a=0xFD;b=0xC8;EA=1;break; //注意:EA 不能改为 TR0
    case 0xBF:P2=0xF8;a=0xFE;b=0x06;EA=1;break;
    case 0x7F:P2=0xF9;a=0xFE;b=0x22;EA=1;break;
    default:EA=0;speaker=0;P2=0xFF;  //当 P3 口为其他状态(包括无按键按下和多按键按下)时,关闭声音输出和数码管显示
```

```
}
}

void main()                       //主函数
{
TMOD=0x01;                        //定时/计数器0工作方式1
TH0=a;                            //定时/计数器0初值的高8位
TL0=b;                            //定时/计数器0初值的低8位
ET0=1;                            //允许中断
TR0=1;                            //打开定时/计数器0
while(1)                          //进入循环
{
check_key();                      //按键扫描
}
}

void time0() interrupt 1          //定时/计数器0中断服务函数
{
TH0=a;                            //定时/计数器0高8位赋初值
TL0=b;                            //定时/计数器0低8位赋初值
speaker=~speaker;                 //扬声器引脚电平取反
}
```

③“DIANZIQIN”工程配置与编译。

工程配置:将“目标”标签页中的晶振频率设为12 MHz,将“输出”标签页中的“生成HEX文件”选择框选中。

工程编译:工程配置后,进行“DIANZIQIN”工程编译。若编译发生错误,要进行分析检查,直到编译正确为止。

微课
简易电子琴:
电路仿真

5. 电路仿真

在Protues软件中按照图5.16所示的简易电子琴硬件电路原理图进行接线后,加载“DIANZIQIN.hex”HEX文件,并单击仿真工具栏中的“运行”按钮 ,令单片机全速运行程序,仿真结果如图5.21所示。按下不同的按键,数码管显示相应的数字,扬声器发出相应音阶的声音,则仿真成功;否则应再进行调试。

注意:

① 若数码管显示数字乱码,可检查数码管与单片机引脚连线软、硬件是否一致,是否连错。

② 按下某一按键时,若数码管显示不一致,可检查按键与单片机引脚连线是否与代码规定一致。

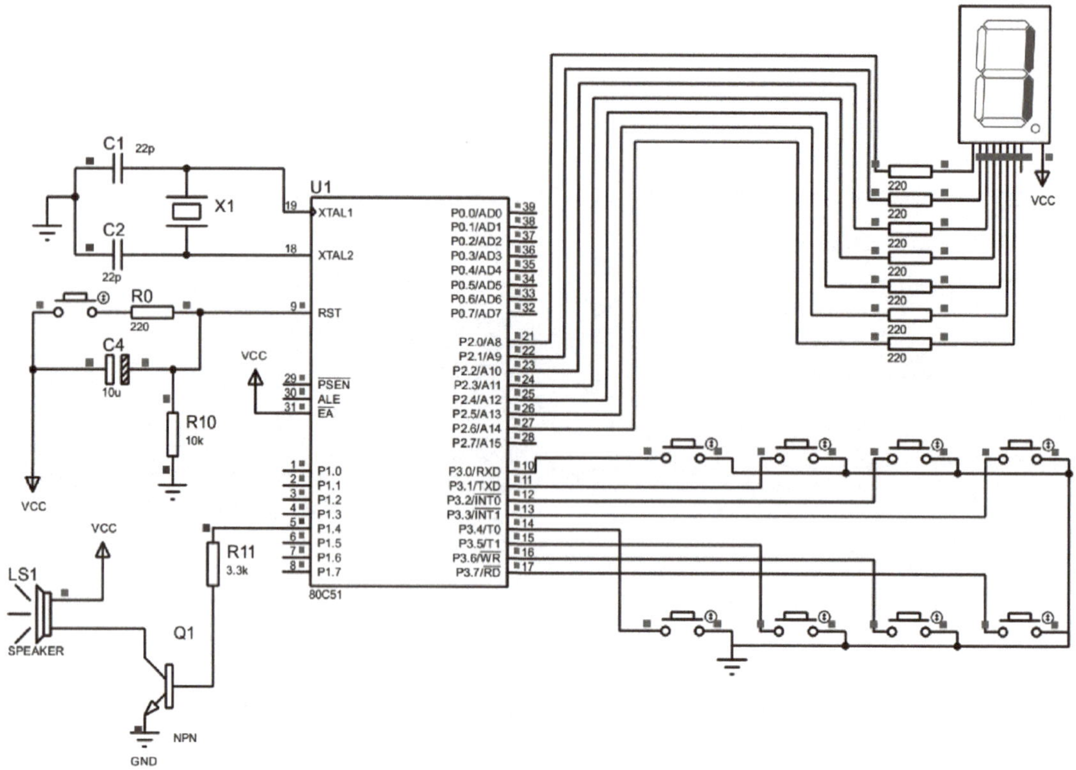

图 5.21　仿真结果

任务评价

一、任务总结

本任务在单片机最小系统的基础上，由 P3 口外接 8 个按键，按下按键，相应引脚变为低电平，通过 switch 语句，使得数码管显示相应数字，并赋予单片机定时 / 计数器初值，定时 / 计数器开始计时，时间到引脚电平取反且定时 / 计数器重新开始计时，周而复始，实现一定频率方波的输出。本任务适合对单片机并行输入 / 输出端口、中断系统有一定了解的学习者，通过本任务的学习，掌握单片机产生方波的方法，学习 switch 语句，并巩固数码管的使用，提升综合能力。任务完成后需撰写设计报告。

二、任务评价表

本任务的评价指标及评价内容见表 5.13 ~ 表 5.18。

表 5.13　总 评 成 绩

<table>
<tr><td colspan="9">总评成绩</td></tr>
<tr><td>项目名称</td><td colspan="4"></td><td>任务名称</td><td colspan="3"></td></tr>
<tr><td>班级</td><td colspan="4"></td><td>日期</td><td colspan="3"></td></tr>
<tr><td rowspan="2">姓名</td><td rowspan="2">学号</td><td rowspan="2">组号</td><td rowspan="2">自我评价 10%</td><td rowspan="2">小组互评 10%</td><td colspan="3">教师评价</td><td rowspan="2">总评成绩</td></tr>
<tr><td>仿真操作 30%</td><td>作品制作与调试排故 30%</td><td>设计报告 20%</td></tr>
<tr><td></td><td></td><td></td><td></td><td></td><td></td><td></td><td></td><td></td></tr>
</table>

笔记栏

表 5.14　自 我 评 价

<table>
<tr><td colspan="6">自我评价</td></tr>
<tr><td>项目名称</td><td colspan="2"></td><td>任务名称</td><td colspan="2"></td></tr>
<tr><td>班级</td><td colspan="2"></td><td>日期</td><td colspan="2"></td></tr>
<tr><td>姓名</td><td>学号</td><td></td><td>组号</td><td>组长</td><td></td></tr>
<tr><td>序号</td><td colspan="2">评价项目</td><td>分值</td><td colspan="2">得分</td></tr>
<tr><td>1</td><td colspan="2">参与查阅资料</td><td>5 分</td><td colspan="2"></td></tr>
<tr><td>2</td><td colspan="2">组间讨论掌握定时器各种工作方式</td><td>5 分</td><td colspan="2"></td></tr>
<tr><td>3</td><td colspan="2">能实现按键扫描函数的程序设计</td><td>10 分</td><td colspan="2"></td></tr>
<tr><td>4</td><td colspan="2">参与设计仿真电路</td><td>15 分</td><td colspan="2"></td></tr>
<tr><td>5</td><td colspan="2">参与实物制作</td><td>15 分</td><td colspan="2"></td></tr>
<tr><td>6</td><td colspan="2">参与作品调试</td><td>15 分</td><td colspan="2"></td></tr>
<tr><td>7</td><td colspan="2">参与作品汇报</td><td>10 分</td><td colspan="2"></td></tr>
<tr><td>8</td><td colspan="2">撰写作品设计报告</td><td>10 分</td><td colspan="2"></td></tr>
<tr><td>9</td><td colspan="2">课程结束操作台干净</td><td>5 分</td><td colspan="2"></td></tr>
<tr><td>10</td><td colspan="2">课程结束计算机关闭</td><td>5 分</td><td colspan="2"></td></tr>
<tr><td>11</td><td colspan="2">参与交流区讨论、答疑</td><td>5 分</td><td colspan="2"></td></tr>
<tr><td>总分</td><td colspan="5"></td></tr>
</table>

表 5.15　小 组 互 评

<table>
<tr><td colspan="8">小组互评</td></tr>
<tr><td>项目名称</td><td colspan="3"></td><td colspan="2">任务名称</td><td colspan="2"></td></tr>
<tr><td>班级</td><td colspan="3"></td><td colspan="2">日期</td><td colspan="2"></td></tr>
<tr><td>被评人姓名</td><td></td><td>被评人学号</td><td></td><td>被评人组号</td><td></td><td>评价人姓名</td><td></td></tr>
<tr><td>序号</td><td colspan="4">评价项目</td><td>分值</td><td colspan="2">得分</td></tr>
<tr><td>1</td><td colspan="4">前期资料准备完备</td><td>10 分</td><td colspan="2"></td></tr>
<tr><td>2</td><td colspan="4">掌握单片机产生方波的方法，程序设计正确</td><td>20 分</td><td colspan="2"></td></tr>
<tr><td>3</td><td colspan="4">仿真电路设计正确</td><td>20 分</td><td colspan="2"></td></tr>
<tr><td>4</td><td colspan="4">能实现按键、数码管硬件电路设计</td><td>20 分</td><td colspan="2"></td></tr>
<tr><td>5</td><td colspan="4">心得体会汇总丰富翔实</td><td>10 分</td><td colspan="2"></td></tr>
<tr><td>6</td><td colspan="4">积极参与平台上的讨论、答疑</td><td>10 分</td><td colspan="2"></td></tr>
<tr><td>7</td><td colspan="4">积极对遇到困难的小组给予帮助与技术支持</td><td>10 分</td><td colspan="2"></td></tr>
<tr><td>总分</td><td colspan="7"></td></tr>
</table>

笔记栏

表 5.16 仿真操作（教师评价）

<table>
<tr><th colspan="6">仿真操作</th></tr>
<tr><td>项目名称</td><td colspan="2"></td><td>任务名称</td><td colspan="2"></td></tr>
<tr><td>班级</td><td colspan="2"></td><td>日期</td><td colspan="2"></td></tr>
<tr><td>姓名</td><td></td><td>学号</td><td></td><td>组号</td><td></td></tr>
<tr><td>序号</td><td colspan="2">评价项目</td><td></td><td>每处错误扣分值</td><td>得分</td></tr>
<tr><td rowspan="2">1</td><td colspan="2" rowspan="2">Keil C51 程序编写</td><td>语法</td><td>3 分</td><td></td></tr>
<tr><td>逻辑</td><td>5 分</td><td></td></tr>
<tr><td rowspan="3">2</td><td colspan="2" rowspan="3">Proteus 仿真电路</td><td>元器件使用</td><td>5 分</td><td></td></tr>
<tr><td>元器件参数</td><td>3 分</td><td></td></tr>
<tr><td>接线</td><td>4 分</td><td></td></tr>
<tr><td>总分</td><td colspan="5"></td></tr>
</table>

表 5.17 作品制作与调试排故（教师评价）

<table>
<tr><th colspan="6">作品制作与调试排故</th></tr>
<tr><td>项目名称</td><td colspan="2"></td><td>任务名称</td><td colspan="2"></td></tr>
<tr><td>班级</td><td colspan="2"></td><td>日期</td><td colspan="2"></td></tr>
<tr><td>姓名</td><td></td><td>学号</td><td>组号</td><td colspan="2"></td></tr>
<tr><td>序号</td><td colspan="3">评价项目</td><td>分值</td><td>得分</td></tr>
<tr><td>1</td><td colspan="3">调试流程合理可行</td><td>10 分</td><td></td></tr>
<tr><td rowspan="5">2</td><td rowspan="3">实物调试</td><td colspan="2">能选择合适调试设备</td><td>5 分</td><td></td></tr>
<tr><td colspan="2">完成故障排查</td><td>10 分</td><td></td></tr>
<tr><td colspan="2">实现效果与设计方案一致</td><td>20 分</td><td></td></tr>
<tr><td rowspan="2">故障排除</td><td colspan="2">故障原因排查得当</td><td>15 分</td><td></td></tr>
<tr><td colspan="2">故障解决方法得当</td><td>15 分</td><td></td></tr>
<tr><td>3</td><td colspan="3">仪器使用完毕后归放整齐有序</td><td>5 分</td><td></td></tr>
<tr><td>4</td><td colspan="3">完成调试记录单</td><td>10 分</td><td></td></tr>
<tr><td>5</td><td colspan="3">课程结束操作台干净</td><td>5 分</td><td></td></tr>
<tr><td>6</td><td colspan="3">课程结束计算机关闭</td><td>5 分</td><td></td></tr>
<tr><td>总分</td><td colspan="5"></td></tr>
</table>

表 5.18 设计报告（教师评价）

<table>
<tr><th colspan="6">设计报告</th></tr>
<tr><td>项目名称</td><td colspan="2"></td><td>任务名称</td><td colspan="2"></td></tr>
<tr><td>班级</td><td colspan="2"></td><td>日期</td><td colspan="2"></td></tr>
<tr><td>姓名</td><td></td><td>学号</td><td>组号</td><td colspan="2"></td></tr>
<tr><td>序号</td><td colspan="3">评价项目</td><td>分值</td><td>得分</td></tr>
<tr><td>1</td><td colspan="3">设计方案描述准确</td><td>20 分</td><td></td></tr>
<tr><td>2</td><td colspan="3">元器件选用正确合理</td><td>20 分</td><td></td></tr>
<tr><td>3</td><td colspan="3">仿真效果正确可行</td><td>20 分</td><td></td></tr>
<tr><td>4</td><td colspan="3">调试方法得当有效</td><td>20 分</td><td></td></tr>
<tr><td>5</td><td colspan="3">报告排版设计美观大方</td><td>20 分</td><td></td></tr>
<tr><td>总分</td><td colspan="5"></td></tr>
</table>

知识拓展

使用 STC89C51 单片机驱动 16 位按键电子琴工作，其音阶表见表 5.19，硬件电路原理图如图 5.22 所示。

笔记栏

表 5.19　16 位按键电子琴音阶表

按键	1	2	3	4	5	6	7	8
音阶	中音 1	中音 2	中音 3	中音 4	中音 5	中音 6	中音 7	高音 1
频率 /kHz	523	587	659	698	784	880	988	1 046
定时 / 计数器初始值	FC44	FCAC	FD09	FD33	FD82	FDC8	FE06	FE22
按键	9	10	11	12	13	14	15	16
音阶	低音 1	低音 2	低音 3	低音 4	低音 5	低音 6	低音 7	高音 2
频率 /kHz	262	294	330	349	392	440	494	1 175
定时 / 计数器初始值	F88C	F95B	FA15	FA67	FB04	FB90	FC0C	FE56

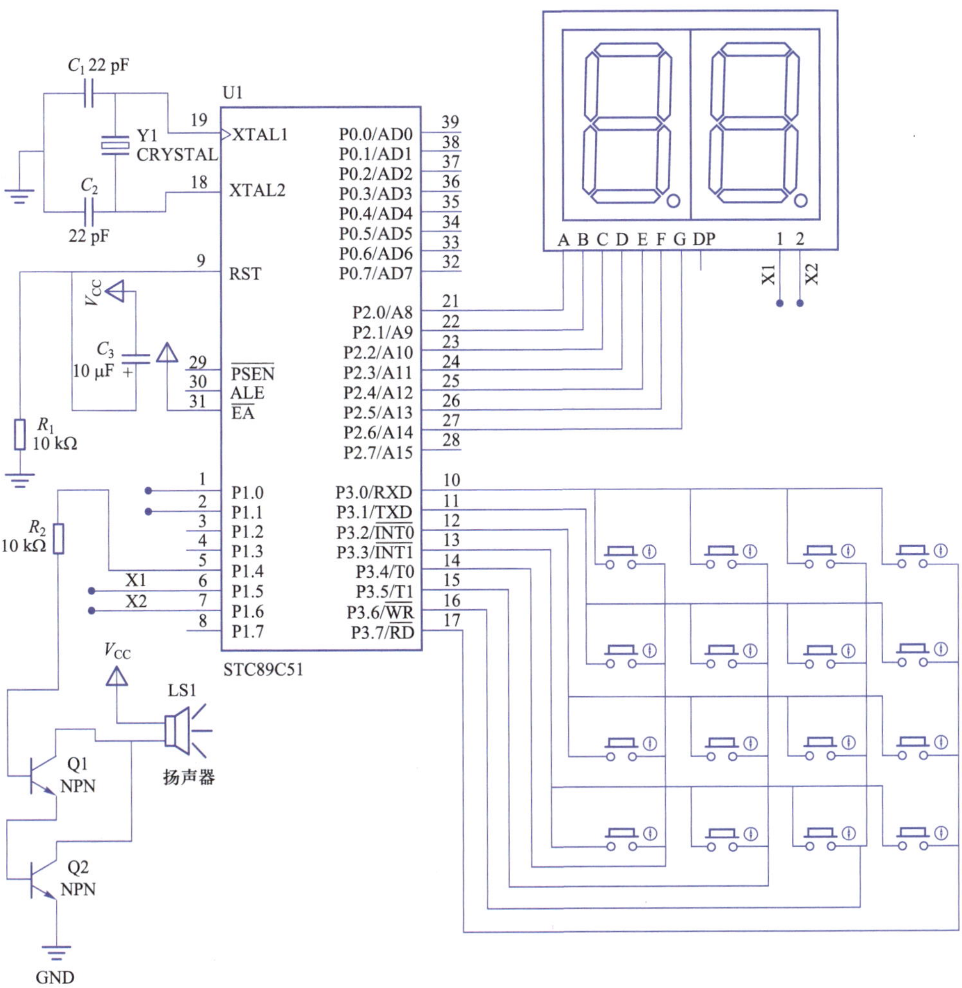

图 5.22　16 位按键电子琴硬件电路原理图

C 语言源程序如下：

笔记栏

```
/* 名称:16 位按键电子琴花样流水灯 */
#include<reg52.h>                        //包含头文件
#define uint unsigned int
#define uchar unsigned char              //宏定义
sbit speaker=P1^4;                       //扬声器引脚定义
sbit X1=P1^5;
sbit X2=P1^6;
sbit X4=P1^0;
sbit X5=P1^1;
sbit X6=P1^2;
uchar a,b;//声明两个无符号字符型变量,用于定时/计数器 0 初值的赋值
#define KEY_PORT P3                      //使用宏定义矩阵按键控制口
//共阳极数码管显示 0~F 的段码数据
Unsigned char code table[]={0xC0,0xF9,0xA4,0xB0,0x99,0x92,
0x82,0xF8,0x80,0x90,0x88,0x83,0xC6,0xA1,0x86,0x8E};
void delay(uint z)                       //延时 1ms 函数
{
uint x,y;
for(x=0;x<z;x++)
    for(y=0;y<112;y++);
}
uchar key_matrix_scan(void)
{
    uchar key_value_m=0;
KEY_PORT=0x0F;                           //给所有行赋值 0,列全为 1
if(KEY_PORT!=0x0F)                       //判断按键是否按下
{
    delay(5);                            //5ms 消抖
if(KEY_PORT!=0x0f)
{
//测试行
KEY_PORT=0x0f;
switch(KEY_PORT)
{
    case 0x0E: key_value_m=1; break;
    case 0x0D: key_value_m=2; break;
    case 0x0B: key_value_m=3; break;
    case 0x07: key_value_m=4;break;
```

```
}
//测试列
KEY_PORT=0xF0;
switch(KEY_PORT)
{
case 0xE0: key_value_m=key_value_m;break;
case 0xD0: key_value_m=key_value_m+4; break;
case 0xB0: key_value_m=key_value_m+8;break;
case 0x70: key_value_m=key_value_m+12;break;
}
//while(KEY_PORT!=0xF0);          //等待按键松开
X4=1;
  }
}
else
{
key_value_m=0;
X4=0;
}
     return key_value_m;
}
uchar test =0;
void main()                       //主函数
{
TMOD=0x01;                        //定时 / 计数器 0 工作方式 1
TH0=a;                            //定时 / 计数器 0 初值的高 8 位
TL0=b;                            //定时 / 计数器 0 初值的低 8 位
ET0=1;                            //允许中断
TR0=1;                            //打开定时 / 计数器 0
X5=0;
X4=0 ;
while(1)                          //进入循环
{
test = key_matrix_scan();
P0 = test;
if(1 == test)
{
X5=1;
}
else
```

笔记栏

笔记栏

```
{
    X5=0;
}
switch(test)                    //当有按键按下时,相应引脚变为低电平
{
case 1: X1=1;P2=table[1];a=0xF8;b=0x8C;EA=1; break;  //低音 1
case 2: X1=1;P2=table[2];a=0xF9;b=0x5B;EA=1; break;  //低音 2
case 3: X1=1;P2=table[3];a=0xFA;b=0x15;EA=1; break;  //低音 3
case 4: X1=1;P2=table[4];a=0xFA;b=0x67;EA=1;break;   //低音 4
case 5: X1=1;P2=table[5];a=0xFB;b=0x04;EA=1;break;   //低音 5
case 6: X1=1;P2=table[6];a=0xFB;b=0x90;EA=1;break;   //低音 6
case 7: X1=1;P2=table[7];a=0xFC;b=0x0C;EA=1;break;   //低音 7
case 8: X1=1;P2=table[8];a=0xFC;b=0x44;EA=1;break;   //中音 1
case 9: X2=1;P2=table[1];a=0xFC;b=0xAC;EA=1;break;   //中音 2
case 10: X2=1;P2=table[2];a=0xFD;b=0x09;EA=1;break;  //中音 3
case 11: X2=1;P2=table[3];a=0xFD;b=0x33;EA=1;break;  //中音 4
case 12: X2=1;P2=table[4];a=0xFD;b=0x82;EA=1;break;  //中音 5
case 13: X2=1;P2=table[5];a=0xFD;b=0xC8;EA=1;break;  //中音 6
case 14: X2=1;P2=table[6];a=0xFE;b=0x06;EA=1;break;  //中音 7
case 15: X2=1;P2=table[7];a=0xFE;b=0x22;EA=1;break;  //高音 1
case 16: X2=1;P2=table[8];a=0xFE;b=0x56;EA=1;break;  //高音 2
default:X1=0;X2=0;EA=0;speaker=0;P2=0xFF; //当 P3 口为其他状态
(包括无按键按下和多按键按下)时,关闭声音输出和数码管显示
}
 delay(5);
}
}
void time0() interrupt 1        //定时 / 计数器 0 中断服务函数
{
TH0=a;                          //定时 / 计数器 0 高 8 位赋初值
TL0=b;                          //定时 / 计数器 0 低 8 位赋初值
speaker=~speaker;               //扬声器引脚电平取反
}
```

课后训练

要求 8 个 LED 灯的阴极接至单片机 P0 口,两开关 S0、S1 分别接至单片机 P3.2 引脚和 P3.3 引脚。编写程序控制 LED 灯状态:按下 S0 后,点亮 8 个 LED 灯;按下 S1 后,LED 灯变为闪烁状态。

“芯”高端

为芯片“保鲜”

近年来，量子计算技术发展突飞猛进，已成为新一轮科技革命和产业变革的前沿领域，对促进科技高质量发展、保障国家安全具有非常重要的作用。量子计算机甚至被称为“信息时代原子弹”，其研发已成为全球多国国家战略。

曾有科技公司称，其研发的量子计算机成功地在 3 分 20 秒内完成了传统计算机需 1 万年处理的问题。中国科学院院士薛其坤说，目前全球一年产生的数据需要百亿 TB 的存储量才能完成，而未来的量子存储设备，可能只需指甲盖大小就能存储人类几百年的信息数据。如此看来，量子计算技术已经成为未来科技的重要发展趋势，而量子芯片作为量子计算机的核心部件，则成为业界关注的重点。

与传统经典集成电路芯片不同，量子芯片需要经过复杂的系统生产过程，像环境温度、洁净程度、噪声、振动、电磁波以及微小杂质颗粒等，都会对量子芯片产生影响。

来自安徽省量子计算工程研究中心的团队，成功研制出国产首个用于保存量子芯片的“冰箱”，并投入国内首条量子芯片生产线使用。这让我国在量子芯片的研发和系统生产中取得了显著优势。

（资料来源：中国科技信息）

任务 5.2　PWM 呼吸灯的设计与仿真

课前准备

笔记栏

教师活动：利用线上教学平台提前布置任务，通过课前关于定时器的测验了解学生学情，及时调整教学策略。

学生活动：通过线上教学平台对 PWM 呼吸灯的设计与仿真任务进行初步了解，并在平台中积极互动交流，进行头脑风暴，激发探究热情，为课堂的深入学习打好基础。

知识回顾

回顾任务 5.1 的内容，总结单片机各定时/计数器的使用方法。本任务就是要使用定时/计数器产生 PWM 波，调节呼吸灯的亮度。

任务描述

在一个周期（点亮时间＋熄灭时间）内，LED 灯点亮的时间越长，亮度越高。PWM 可以通过不断调节占空比实现对 LED 灯亮度的调节，呈现渐亮渐灭的效果。PWM 占空比调节的重点是对单片机定时/计数器的控制。

本任务要求利用 STC89C51 单片机控制按键产生不同 PWM 波，按下按键 S1 时，LED 灯从熄灭状态慢慢变亮，直到最大亮度，时间为 2 s，然后再慢慢变暗，直到熄灭，时间也为 2 s；按下按键 S2 时，呼吸灯频率加快；按下按键 S3 时，呼吸灯频率减慢；按下按键 S4 时，LED 灯熄灭。本任务用 Keil C51、Proteus 开发工具进行仿真实现。

知识链接

一、什么是 PWM

微课
什么是PWM

PWM 是脉冲宽度调制（pulse width modulation）的英文缩写，简称脉宽调制，是一种使用单片机或者其他处理器的数字输出来对模拟电路进行控制的方法，这种方法以数字方式来控制模拟电路，可以大幅度降低系统的成本和功耗。PWM 广泛应用在测量、通信、功率控制与变换等许多领域中，灯光控制、直流电机调速、开关电源、逆变器、变频器等产品中都有 PWM 的身影。

在采样控制理论中有一个重要结论：冲量相等而形状不同的窄脉冲加在具有惯性的环节上时，其效果基本相同。PWM 控制技术就是以该结论为理论基础，利用单片机的 I/O 引脚输出一系列幅值相等而宽度不相等的脉冲，用这些脉冲来代替正弦波或其他所需要的波形，按一定的规则对各脉冲的宽度进行调制，其既可改变逆变电路输出电压的大小，也可改变输出频率。

图 5.23 所示为一个典型的 PWM 波，T 是 PWM 波的周期，T_{on} 是高电平的宽度，V_{CC} 是高电平值。当该 PWM 波通过积分器（低通滤波器）后，可以得到平均输出电压为 $V=V_{CC}\times T_{on}/T$。式中，T_{on}/T 称为 PWM 波的占空比。调节 T_{on} 的宽度，可以改变 PWM 波的占空比，从而得到不同的平均输出电压。

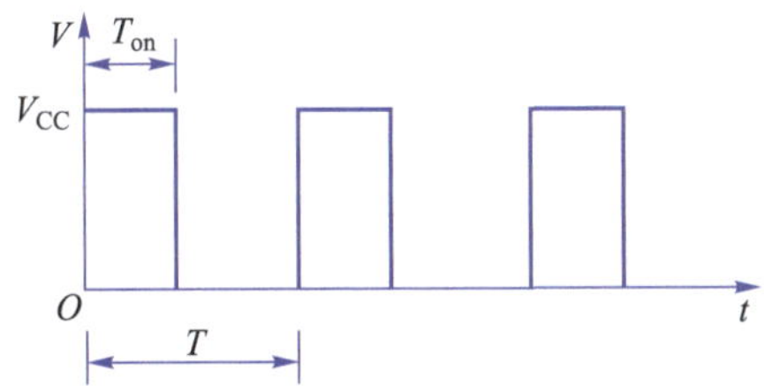

图 5.23　典型的 PWM 波

二、单片机产生 PWM 波

微课
用单片机产生 PWM 的方法

1. 两个定时 / 计数器产生 PWM 波

对于 PWM 控制来说，其关键的参数有两个：脉冲的频率和脉冲的宽度。在实际的单片机应用系统中，通常可以使用定时 / 计数器来实现对这两个参数的控制。

PWM 波由两个参数决定，一个是频率，也就是多长时间产生一个高脉冲电平；另一个是高脉冲电平的宽度，也就是每次高脉冲电平持续的时间。在 PWM 波形发生器的应用中，定时 / 计数器 0（T0）和定时 / 计数器 1（T1）都使用工作方式 1，T1 用于决定 PWM 波的频率，而 T0 用于决定 PWM 波中高脉冲电平的宽度，在 T1 的中断服务程序中启动 T0，让其输出预置宽度的高脉冲电平信号，波形信号从引脚上输出。

2. 一个定时 / 计数器产生 PWM 波

可以采用一个定时 / 计数器控制 PWM 波高电平的时间，进而改变占空比。对于 LED 灯，只要占空比不变，即使频率不同，亮度也相同。所以在控制 LED 灯的亮度时，可以只采用一个定时 / 计数器改变占空比。

三、应用 PWM 时应注意的问题

① PWM 波的频率与控制对象有关。例如，PWM 用于控制灯的亮度时，其频率应该高于 40 Hz，即周期小于 25 ms；PWM 用于直流电机调速时，其频率越高，直流电机转动越平滑。

② 除了频率外，还要考虑 PWM 波占空比的调节精度。如一些单片机自带的 PWM 具有 8 位的精度，指的是 PWM 波的占空比分成 2^8=256 份，具有 256 级调节，很显然，PWM 的位数越高，输出就会越精细。但占空比的调节精度和 PWM 波的频率是一对矛盾，在相同的的时钟下，提高占空比的精度，将导致 PWM 波的频率降低。

③ PWM 控制本身属于开环控制，具有调节功能但不具备稳定负载的能力，也不保证输出结果正比于占空比。例如在电机调速应用中，通过 PWM 控制可以改变电机的功率，但不能稳定电机的转速，电机的转速受到负载力矩的影响，不与占空比成正比关系。PWM 控制灯光时，由于灯丝在不同温度下电阻不同，虽然占空比越大，灯光越亮，但实际亮度也不与占空比成正比。要得到高精度、高稳定度的结果，需要借助反馈，结合各种反馈控制算法（如 PID 算法、模糊控制算法等）。

笔记栏

任务设计与实施

一、总体方案设计

PWM 呼吸灯的电路主要包括单片机最小系统、8 个 LED 灯和 4 个按键，如图 5.24 所示。

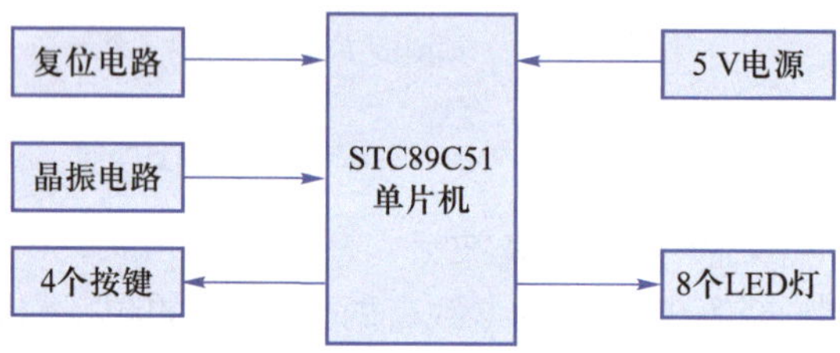

图 5.24　PWM 呼吸灯电路框图

二、硬件电路设计

由 STC89C51 单片机、复位电路、晶振电路构成一个基本的单片机系统，在 P1.0 ~ P1.3 引脚连接 4 个按键，在 P2 口连接限流电阻和 LED 灯，就构成了 PWM 呼吸灯的硬件电路，其原理图如图 5.25 所示。

4 个按键连接到单片机的 P1.0 ~ P1.3 引脚，分别表示开灯、加速、减速以及关灯。8 个 LED 灯连接到单片机的 P2 口，低电平发光，模拟呼吸灯的效果。

三、软件设计

1. 呼吸效果的实现

PWM 可以实现 LED 灯亮度的调节，通过不断调节 PWM 波的占空比，便可使 LED 灯呈现渐亮渐灭的效果，渐亮时不断加大占空比，渐灭时不断减少占空比。利用人眼视觉暂留现象，取 LED 灯闪烁的频率为 50 Hz，即每 20 ms 改变一次 PWM 波的占空比，所以 PWM 波的周期为 20 ms；将占空比分成 100 份，则每一份所占用的时间为 20 ms/100=200 μs。200 μs 用定时 / 计数器产生。LED 灯从点亮到熄灭需要的时间为 20 ms × 100=2 s，同样从熄灭到点亮也需要 2 s。

微课
PWM 调光设计

2. 定时 / 计数器初始化

为了让定时 / 计数器产生 200 μs 的定时，需要设置定时 / 计数器工作方式、放置定时 / 计数器初值。

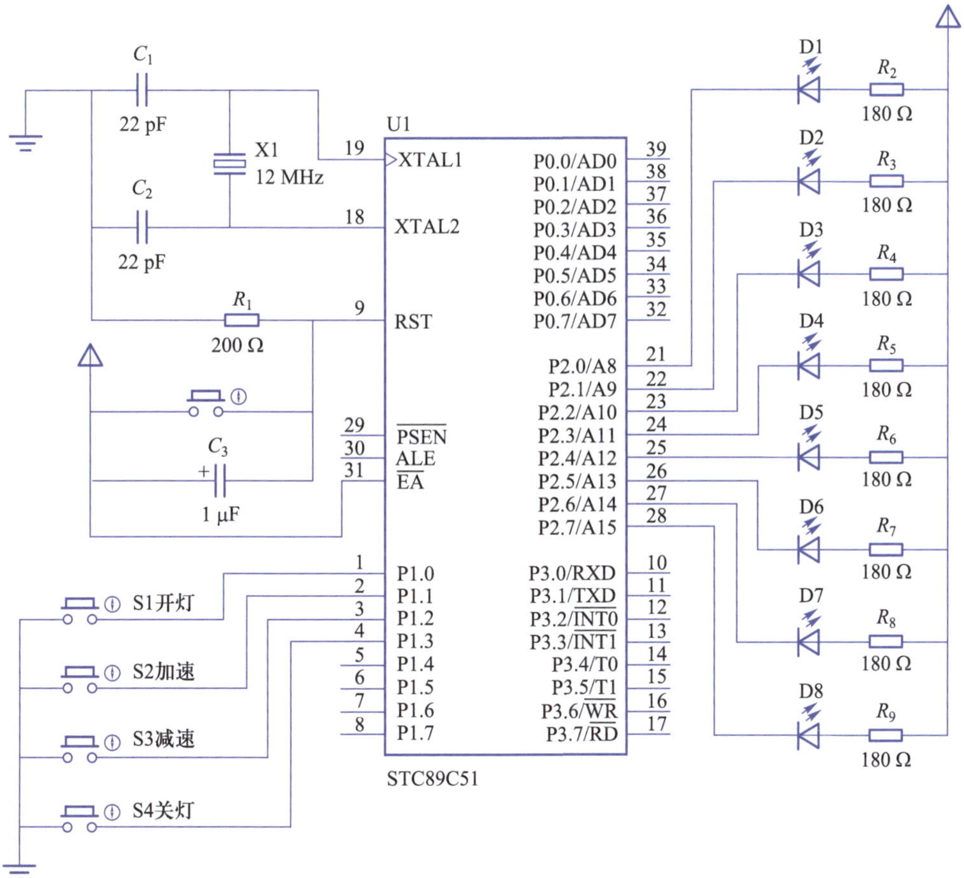

图 5.25 PWM 呼吸灯硬件电路原理图

(1) 设置定时 / 计数器工作方式

定时 / 计数器不同工作方式的区别只是定时时间长短不同与是否重装，这里采用定时 / 计数器 0 的工作方式 1，工作方式设置与简易电子琴一样，寄存器 TMOD=0x01。

(2) 放置定时 / 计数器初值

本任务中单片机主频为 12 MHz，一个时钟周期为 1/12 μs，一个机器周期等于 12 个时钟周期，为 1 μs。定时器从 65 336 开始计数，计到 2^{16}，共计数 200 个 (200 μs)，有

$$2^{16}-200/1=65\ 536-200=65\ 336$$

所以定时 / 计数器的初始值应该为 TH0=65 336/256，TL0=65 336%256。

3. 按键控制呼吸灯效果

C 语言提供了 3 种基本循环语句来实现循环结构，包括 while 语句、do-while 语句和 for 语句，它们在逻辑上是相同的，都可以用来处理同一问题，一般可以互相代替。

C 语言提供的循环语句都是在给定条件为“真”的情况下，重复执行一个语句序列，直到条件为“假”时停止。因此，构造一个循环结构应该具备以下几项内容：

笔记栏

笔记栏

循环继续条件、循环体、循环控制变量。

（1）while 语句

while 语句常用于循环次数不能事先确定，需要使用条件控制循环结束的循环结构。while 语句执行过程如图 5.26 所示。

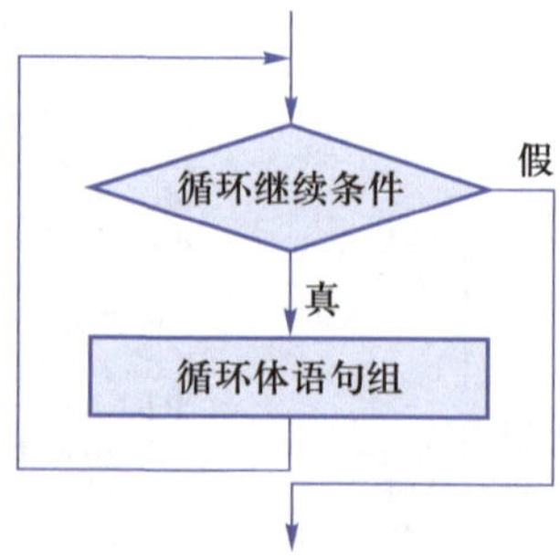

图 5.26　while 语句执行过程

while 语句的一般形式如下：

```
while(循环继续条件)
{
    循环体语句组
}
```

使用 while 语句需要注意：先判断循环继续条件，再执行循环体语句组。当循环继续条件一开始就为假时，循环体一次也不执行。循环继续条件也称为循环条件表达式，循环继续条件为真时，循环继续；为假时，循环结束。循环体内除了包括需要重复执行的语句外，还应该包括能够使循环继续条件趋于为假的计算。如果循环体只是一条简单语句，可以不加花括号，但是建议即便循环体只有一条简单语句，也最好将其用花括号括起来。

（2）do-while 语句

do-while 语句常用于循环次数不能事先确定，需要使用条件控制循环结束的循环结构，但是循环体至少要执行一次。do-while 语句执行过程如图 5.27 所示。

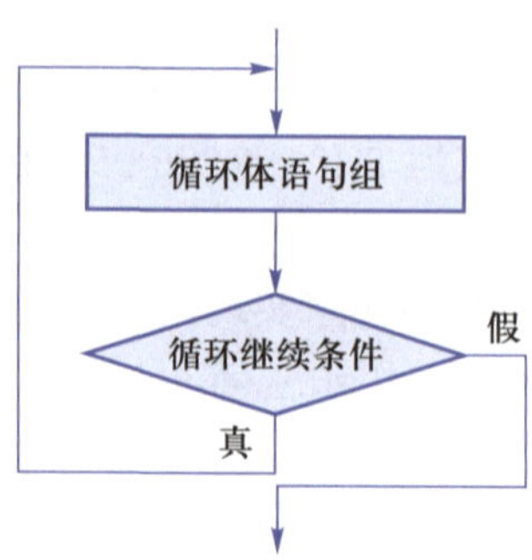

图 5.27　do-while 语句执行过程

do-while 语句的一般形式如下：

```
do
{
    循环体语句组
}while( 循环继续条件 )
```

使用 do-while 语句时需要注意：先执行循环体语句组，再判断循环继续条件。即便循环继续条件一开始就为假，循环体也会执行一次。语句中的循环体也是用花括号括起来的复合语句。如果循环体只是一条简单语句，可以不加花括号，但为了便于维护仍然建议加上花括号。循环体内应该包括能够使循环继续条件趋于为假的计算来终止循环。

笔记栏

(3) for 语句

for 语句不仅可以用于循环次数已经确定的情况，也可以用于循环次数不能事先确定，需要使用条件控制循环结束的情况。for 语句执行过程如图 5.28 所示。

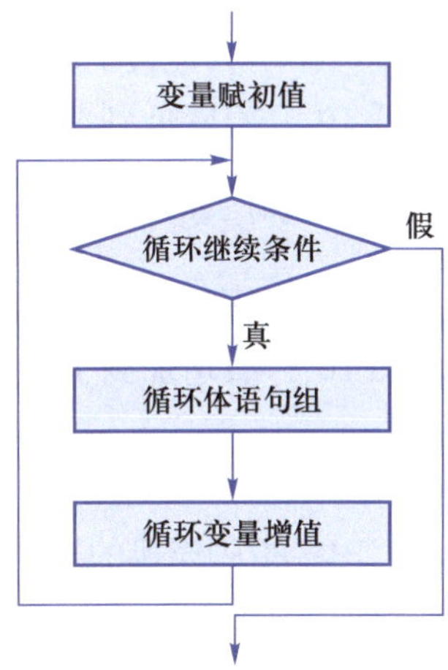

图 5.28　for 语句执行过程

for 语句的一般形式如下：

```
for(变量赋初值 ; 循环继续条件 ; 循环变量增值)
{
    循环体语句组
}
```

本任务采用 while 语句与 if 语句实现键盘扫描功能。通过硬件电路原理图，可知 STC89C51 单片机的 P1.0 ~ P1.3 引脚与按键 1 ~ 按键 4(S1 ~ S4) 分别相连，单片机需要一直扫描按键是否按下，当按键按下时相应引脚变为低电平“0”。同时为了防止开关瞬间伴随的一连串的抖动，需要加入延时函数防抖，代码如下：

```
void delay(uint z)                //延时函数
{
    uint x,y;
    for(x=0;x<z;x++)
    for(y=0;y<112;y++);
}
```

例如，按下按键 1 时，P1.0 引脚的值变为低电平“0”，此时需要先延时防止抖动，代码如下：

```
delay(5);           //按键 1 按下，5s 延时防抖
```

P1.0 引脚连接的按键 1 按下时，开启定时 / 计数器，并将占空比份数设定为 100 份，代码如下：

笔记栏

```
EA=1;ET0=1;TR0=1;flag=100; //按键 1 按下，开启定时 / 计数器，flag 表示占空比份数
```

P1.1 引脚连接的按键 2 按下时，开启加速功能，每按一次按键 2，占空比份数降低 10，一直降低到 80，即具有两次加速功能，代码如下：

```
flag=flag-10; if(flag<90) flag=80;        //按键 2 按下，加速
```

P1.2 引脚连接的按键 3 按下时，开启减速功能，每按一次按键 3，占空比份数增加 10，一直增加到 120，即具有两次减速功能，代码如下：

```
flag=flag+10; if(flag>110) flag=120;  //按键 3 按下，减速
```

P1.3 引脚连接的按键 4 按下时，关闭定时 / 计数器，并将占空比份数设定为 0，代码如下：

```
EA=0;ET0=0;TR0=0;flag=0;                //按键 4 按下，关闭定时 / 计数器
```

为防止按键同时按下，需要加入按键互斥代码，直到当前按下的按键松开才允许其他按键作用。例如，按键 1 按下时相应的互斥代码如下：

```
while(!k1);        //按键互斥代码，只要按键 1 按下，k1 即为低电平“0”，此时程序
一直在运行互斥代码，无法进入其他按键程序
```

按键扫描函数如下：

```
while(1)
{
    if(k1==0)
    {
        delay(5);
        if(k1==0)
        {
            EA=1; ET0=1; TR0=1;
            flag=100;
        }
        while(!k1);     //保证直到按键 1 松开，才开始判断其他按键
    }
```

```
    if(k2==0)
    {
        delay(5);
        if(k2==0)
        { flag=flag-10; if(flag<90) flag=80; }
        while(!k2);
    }
    if(k3==0)
    {
        delay(5);
        if(k3==0)
        { flag=flag+10; if(flag>110) flag=120; }
        while(!k3);
    }
    if(k4==0)
    {
        delay(5);
        if(k4==0)
        {
            EA=0; ET0=0; TR0=0;
            flag=0;
        }
        while(!k4);
    }
    if(flag==0) P2=0xFF;
}
}
```

笔记栏

4. 定时 / 计数器 0 中断服务程序

定时 / 计数器 0 中断服务程序主要包括定时 / 计数器 0 初始化设置与 PWM 占空比调节两部分。一旦定时时间到，无论程序现在执行到哪一步，都会直接跳转到中断服务程序，执行中断服务程序的内容。因为定时 / 计数器 0 工作方式 1 没有自动重装功能，而扬声器要连续发声，所以要装入定时 / 计数器 0 初值，以保证输出连续的方波。

PWM 调节占空比时，flag 表示占空比份数，count 与 flag 有关，count 每从 0 增长到 flag-1，完成一个 PWM 的周期；完成一个 PWM 的周期后，num 加 1，调整占空比；num 不断增加，占空比不断改变，num 一直从 0 增加到 99，完成一次 LED 灯由亮变暗的过程。LED 灯由暗变亮的过程也类似。

图 5.29 所示为 LED 灯由亮变暗波形示意图，每一行表示一个完整的 PWM 周期，白色区域表示 LED 灯熄灭，蓝色区域表示 LED 灯点亮。

笔记栏

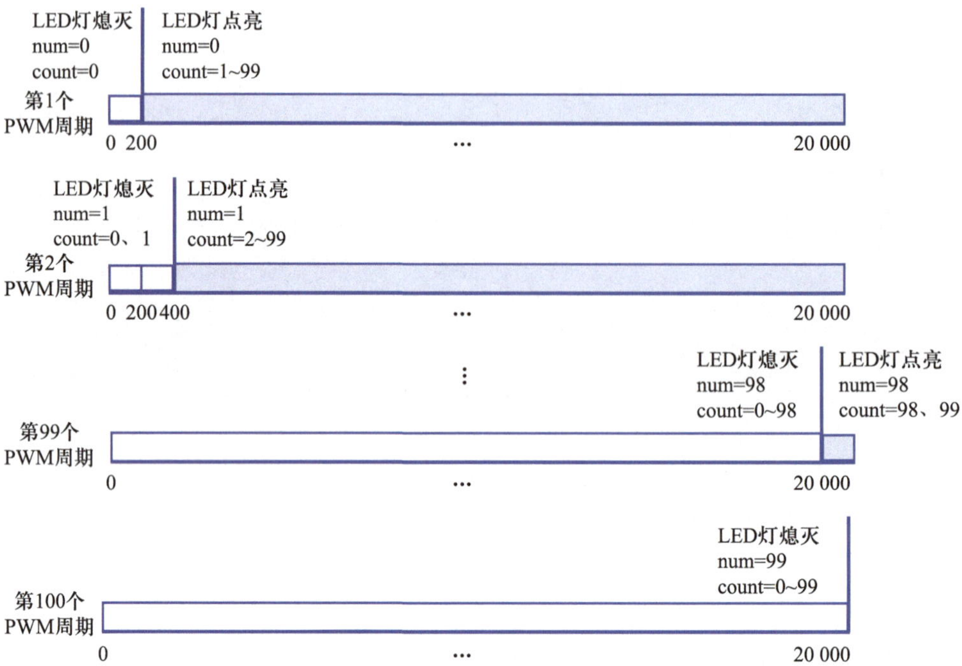

图 5.29　LED 灯由亮变暗波形示意图

定时 / 计数器 0 中断服务程序如下：

```
void timer0() interrupt 1
{
TH0=(65536-200)/256;          //重装初值
TL0=(65536-200)%256;
if(count>num)                  //大于规定占空比时 LED 灯点亮
{
     P2=0x00;
}
else                           //否则熄灭
{
     P2=0xFF;
}
count++;
if(count==flag)
{
     count=0;
     if(num<=flag&&i==0)       //占空比逐次递增
```

```
    {
        num++;
    }
    if(num==flag) i=1;      // 开始递减的标志
    if(num>=0&&i==1)        // 占空比达到最大后
    {
        num--;              // 开始逐次递减
    }
    if(num==0) i=0;         // 开始递增的标志
}
```

笔记栏

5. 程序整体设计

根据之前的分析，可以将 PWM 呼吸灯程序分为三大部分：定时 / 计数器初始化设置、按键扫描、PWM 占空比调节。将按键扫描设计为主函数，定时 / 计数器初始化设置与 PWM 占空比调节设计为中断服务函数。

主程序流程图如图 5.30 所示，首先判断按键 1 是否按下，若按下则开始判断按键 2 与按键 3 是否按下，如果按键 2 按下，增加呼吸频率，如果按键 3 按下，减慢呼吸频率，然后输出电平至 LED 灯；否则程序一直判断是否按下按键。

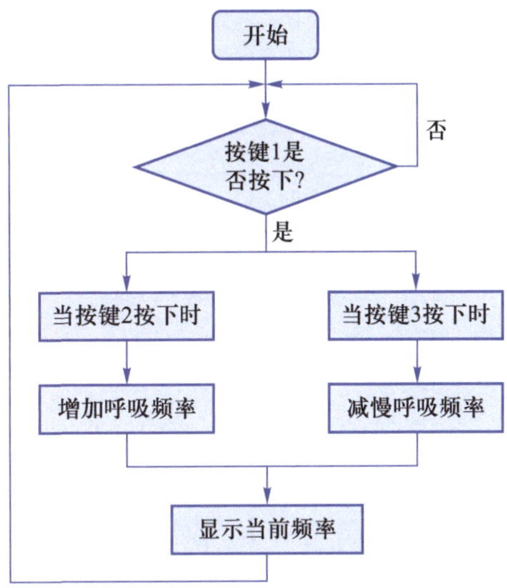

图 5.30　主程序流程图

6. PWM 呼吸灯控制设计与实现

PWM 呼吸灯控制的代码如下：

```
/* 名称:PWM 呼吸灯 */
#include<reg52.h>
#define uchar unsigned char
#define uint unsigned int
uchar count=0;              // 占空比
uchar num=0;                // 调节占空比
uchar i=0;
uchar flag=0;
sbit k1=P1^0;
sbit k2=P1^1;
sbit k3=P1^2;
sbit k4=P1^3;
void delay(uint z)          // 延时函数
```

笔记栏

```
{
uint x,y;
for(x=0;x<z;x++)
for(y=0;y<112;y++);
}
void main()                              //主函数
{
TMOD=0X01;                               //使用定时 / 计数器 0 的工作方式 1
TH0=(65536-200)/256;
TL0=(65536-200)%256;
EA=0;                                    //打开总中断
ET0=0;                                   //允许定时 / 计数器 0 中断
TR0=0;                                   //打开定时 / 计数器 0
while(1)
{
    if(k1==0)
    {
        delay(5);
        if(k1==0)
        {
            EA=1; ET0=1; TR0=1;
            flag=100;
        }
        while(!k1);                      //保证直到按键 1 松开,才开始判断其他按键
    }
    if(k2==0)
    {
        delay(5);
        if(k2==0)
        { flag=flag-10; if(flag<90) flag=80; }
        while(!k2);
    }
    if(k3==0)
    {
        delay(5);
        if(k3==0)
        { flag=flag+10; if(flag>110) flag=120; }
        while(!k3);
    }
```

```
    if(k4==0)
    {
        delay(5);
        if(k4==0)
        {
            EA=0; ET0=0; TR0=0;
            flag=0;
        }
        while(!k4);
    }
    if(flag==0) P2=0xFF;
}
}
void timer0() interrupt 1
{
TH0=(65536-200)/256;                    //重装初值
TL0=(65536-200)%256;
if(count>num)                           //大于规定占空比时 LED 灯点亮
{
    P2=0x00;
}
else                                    //否则熄灭
{
    P2=0xFF;
}
count++;
if(count==flag)
{
    count=0;
    if(num<=flag&&i==0)                 //占空比逐次递增
    {
        num++;
    }
    if(num==flag) i=1;                  //开始递减的标志
    if(num>=0&&i==1)                    //占空比达到最大后
    {
        num--;                          //开始逐次递减
    }
```

笔记栏

```
        if(num==0) i=0;                     //开始递增的标志
}
}
```

7. 电路仿真

利用 Protues 仿真软件对系统进行电路仿真，仿真结果如图 5.31 所示。

笔记栏

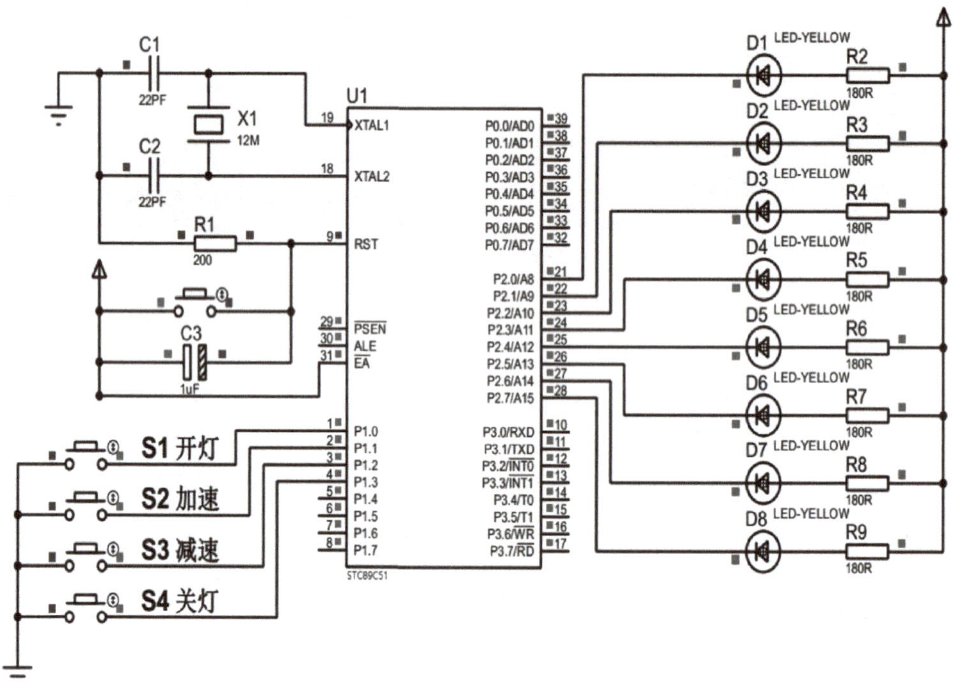

图 5.31　仿真结果

任务评价

一、任务总结

本任务在单片机最小系统的基础上，将 P1.0 ~ P1.3 引脚分别连接开灯、加速、减速以及关灯按键，在 P2 口连接限流电阻和 LED 灯，就构成了 PWM 呼吸灯的硬件电路。通过定时 / 计数器 0 中断服务程序调节 PWM 波占空比，通过占空比的不断增大与减小，实现 LED 灯的亮、暗呼吸效果。本任务适合对单片机并行输入 / 输出端口、中断系统、循环语句、选择分支语句有一定了解的学习者，是比较综合的项目。任务完成后需撰写设计报告。

二、任务评价表

本任务的评价指标及评价内容见表 5.20 ~ 表 5.25。

表 5.20　总 评 成 绩

<table>
<tr><td colspan="10">总评成绩</td></tr>
<tr><td>项目名称</td><td colspan="4"></td><td>任务名称</td><td colspan="4"></td></tr>
<tr><td>班级</td><td colspan="4"></td><td>日期</td><td colspan="4"></td></tr>
<tr><td rowspan="2">姓名</td><td rowspan="2">学号</td><td rowspan="2">组号</td><td rowspan="2">自我评价10%</td><td rowspan="2">小组互评10%</td><td colspan="3">教师评价</td><td rowspan="2">总评成绩</td></tr>
<tr><td>仿真操作30%</td><td>作品制作与调试排故30%</td><td>设计报告20%</td></tr>
<tr><td></td><td></td><td></td><td></td><td></td><td></td><td></td><td></td><td></td></tr>
</table>

表 5.21　自 我 评 价

<table>
<tr><td colspan="6">自我评价</td></tr>
<tr><td>项目名称</td><td colspan="2"></td><td>任务名称</td><td colspan="2"></td></tr>
<tr><td>班级</td><td colspan="2"></td><td>日期</td><td colspan="2"></td></tr>
<tr><td>姓名</td><td></td><td>学号</td><td>组号</td><td></td><td>组长</td></tr>
<tr><td>序号</td><td colspan="2">评价项目</td><td>分值</td><td colspan="2">得分</td></tr>
<tr><td>1</td><td colspan="2">参与查阅资料</td><td>5 分</td><td colspan="2"></td></tr>
<tr><td>2</td><td colspan="2">同组成员交流 PWM 产生方法</td><td>5 分</td><td colspan="2"></td></tr>
<tr><td>3</td><td colspan="2">参与设计程序</td><td>10 分</td><td colspan="2"></td></tr>
<tr><td>4</td><td colspan="2">参与设计仿真电路</td><td>15 分</td><td colspan="2"></td></tr>
<tr><td>5</td><td colspan="2">参与实物制作</td><td>15 分</td><td colspan="2"></td></tr>
<tr><td>6</td><td colspan="2">参与作品调试</td><td>15 分</td><td colspan="2"></td></tr>
<tr><td>7</td><td colspan="2">参与作品汇报</td><td>10 分</td><td colspan="2"></td></tr>
<tr><td>8</td><td colspan="2">撰写作品设计报告</td><td>10 分</td><td colspan="2"></td></tr>
<tr><td>9</td><td colspan="2">课程结束操作台干净</td><td>5 分</td><td colspan="2"></td></tr>
<tr><td>10</td><td colspan="2">课程结束计算机关闭</td><td>5 分</td><td colspan="2"></td></tr>
<tr><td>11</td><td colspan="2">参与交流区讨论、答疑</td><td>5 分</td><td colspan="2"></td></tr>
<tr><td>总分</td><td colspan="5"></td></tr>
</table>

表 5.22　小 组 互 评

<table>
<tr><td colspan="7">小组互评</td></tr>
<tr><td>项目名称</td><td colspan="2"></td><td colspan="2">任务名称</td><td colspan="2"></td></tr>
<tr><td>班级</td><td colspan="2"></td><td colspan="2">日期</td><td colspan="2"></td></tr>
<tr><td>被评人姓名</td><td></td><td>被评人学号</td><td>被评人组号</td><td></td><td>评价人姓名</td><td></td></tr>
<tr><td>序号</td><td colspan="3">评价项目</td><td>分值</td><td colspan="2">得分</td></tr>
<tr><td>1</td><td colspan="3">前期资料准备完备</td><td>10 分</td><td colspan="2"></td></tr>
<tr><td>2</td><td colspan="3">按键扫描函数程序设计正确</td><td>20 分</td><td colspan="2"></td></tr>
<tr><td>3</td><td colspan="3">仿真电路设计正确</td><td>20 分</td><td colspan="2"></td></tr>
<tr><td>4</td><td colspan="3">按键电路实物制作实现功能正确</td><td>20 分</td><td colspan="2"></td></tr>
<tr><td>5</td><td colspan="3">心得体会汇总丰富翔实</td><td>10 分</td><td colspan="2"></td></tr>
<tr><td>6</td><td colspan="3">积极参与平台上的讨论、答疑</td><td>10 分</td><td colspan="2"></td></tr>
<tr><td>7</td><td colspan="3">积极对遇到困难的小组给予帮助与技术支持</td><td>10 分</td><td colspan="2"></td></tr>
<tr><td>总分</td><td colspan="6"></td></tr>
</table>

笔记栏

笔记栏

表 5.23　仿真操作（教师评价）

<table>
<tr><th colspan="6">仿真操作</th></tr>
<tr><td>项目名称</td><td colspan="2"></td><td>任务名称</td><td colspan="2"></td></tr>
<tr><td>班级</td><td colspan="2"></td><td>日期</td><td colspan="2"></td></tr>
<tr><td>姓名</td><td></td><td>学号</td><td>组号</td><td colspan="2"></td></tr>
<tr><td>序号</td><td colspan="2">评价项目</td><td></td><td>每处错误扣分值</td><td>得分</td></tr>
<tr><td rowspan="2">1</td><td rowspan="2">Keil C51 程序编写</td><td colspan="2">语法</td><td>3 分</td><td></td></tr>
<tr><td colspan="2">逻辑</td><td>5 分</td><td></td></tr>
<tr><td rowspan="3">2</td><td rowspan="3">Proteus 仿真电路</td><td colspan="2">元器件使用</td><td>5 分</td><td></td></tr>
<tr><td colspan="2">元器件参数</td><td>3 分</td><td></td></tr>
<tr><td colspan="2">接线</td><td>4 分</td><td></td></tr>
<tr><td>总分</td><td colspan="5"></td></tr>
</table>

表 5.24　作品制作与调试排故（教师评价）

<table>
<tr><th colspan="6">作品制作与调试排故</th></tr>
<tr><td>项目名称</td><td colspan="2"></td><td>任务名称</td><td colspan="2"></td></tr>
<tr><td>班级</td><td colspan="2"></td><td>日期</td><td colspan="2"></td></tr>
<tr><td>姓名</td><td></td><td>学号</td><td>组号</td><td colspan="2"></td></tr>
<tr><td>序号</td><td colspan="3">评价项目</td><td>分值</td><td>得分</td></tr>
<tr><td>1</td><td colspan="3">调试流程合理可行</td><td>10 分</td><td></td></tr>
<tr><td rowspan="5">2</td><td rowspan="3">实物调试</td><td colspan="2">能选择合适调试设备</td><td>5 分</td><td></td></tr>
<tr><td colspan="2">完成故障排查</td><td>10 分</td><td></td></tr>
<tr><td colspan="2">实现效果与设计方案一致</td><td>20 分</td><td></td></tr>
<tr><td rowspan="2">故障排除</td><td colspan="2">故障原因排查得当</td><td>15 分</td><td></td></tr>
<tr><td colspan="2">故障解决方法得当</td><td>15 分</td><td></td></tr>
<tr><td>3</td><td colspan="3">仪器使用完毕后归放整齐有序</td><td>5 分</td><td></td></tr>
<tr><td>4</td><td colspan="3">完成调试记录单</td><td>10 分</td><td></td></tr>
<tr><td>5</td><td colspan="3">课程结束操作台干净</td><td>5 分</td><td></td></tr>
<tr><td>6</td><td colspan="3">课程结束计算机关闭</td><td>5 分</td><td></td></tr>
<tr><td>总分</td><td colspan="5"></td></tr>
</table>

表 5.25　设计报告（教师评价）

<table>
<tr><th colspan="6">设计报告</th></tr>
<tr><td>项目名称</td><td colspan="2"></td><td>任务名称</td><td colspan="2"></td></tr>
<tr><td>班级</td><td colspan="2"></td><td>日期</td><td colspan="2"></td></tr>
<tr><td>姓名</td><td></td><td>学号</td><td>组号</td><td colspan="2"></td></tr>
<tr><td>序号</td><td colspan="3">评价项目</td><td>分值</td><td>得分</td></tr>
<tr><td>1</td><td colspan="3">设计方案描述准确</td><td>20 分</td><td></td></tr>
<tr><td>2</td><td colspan="3">元器件选用正确合理</td><td>20 分</td><td></td></tr>
<tr><td>3</td><td colspan="3">仿真效果正确可行</td><td>20 分</td><td></td></tr>
<tr><td>4</td><td colspan="3">调试方法得当有效</td><td>20 分</td><td></td></tr>
<tr><td>5</td><td colspan="3">报告排版设计美观大方</td><td>20 分</td><td></td></tr>
<tr><td>总分</td><td colspan="5"></td></tr>
</table>

知识拓展

使用 STC89C51 单片机驱动 PWM 音乐呼吸灯电路，如图 5.32 所示，其在 PWM 呼吸灯的基础上增加了扬声器，灯光可随着音乐闪烁。

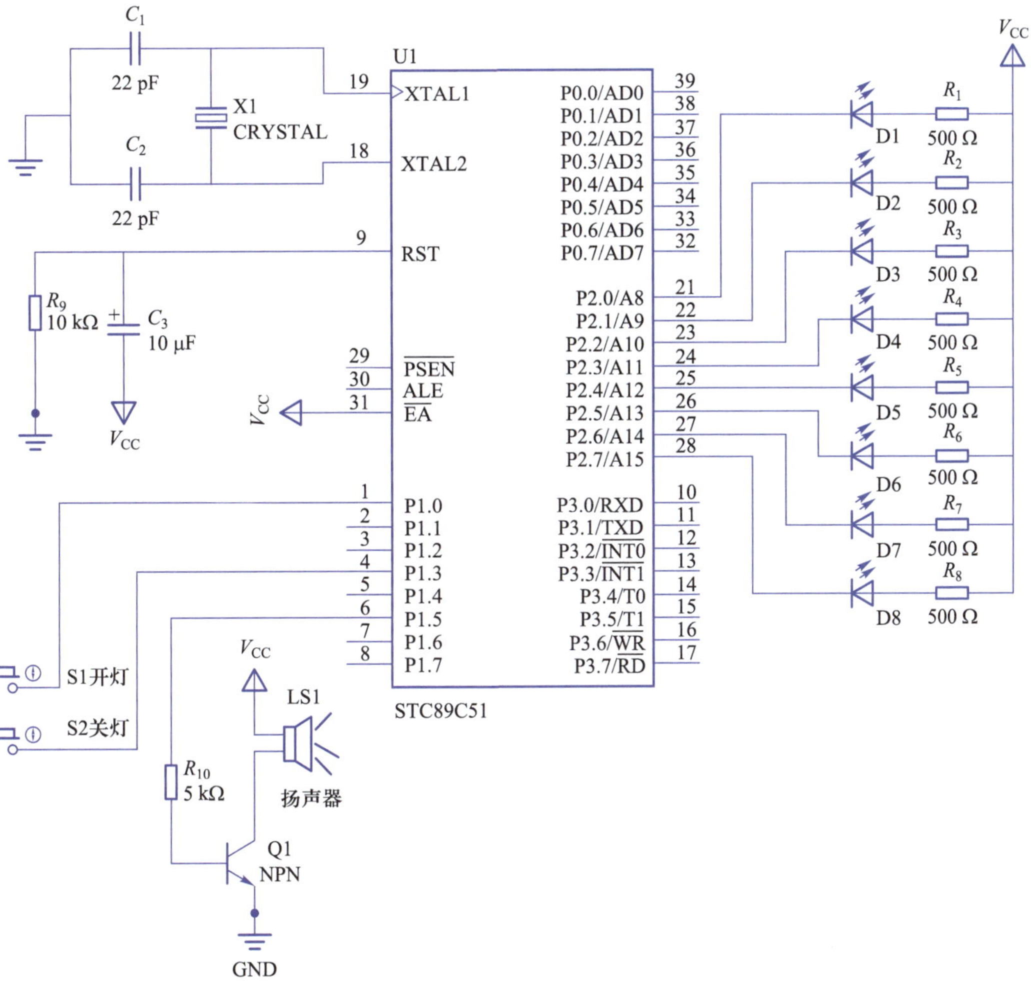

图 5.32　PWM 音乐呼吸灯电路原理图

C 语言源程序如下：

```
/* 名称:PWM 音乐呼吸灯 */
//S1 按下　打开
//S2 按下　关闭
#include<reg52.h>
#define uchar unsigned char
#define uint unsigned int
uchar count=0;                                  //占空比
```

笔记栏

```
uchar num=0;                                      //调节占空比
uchar i=0;
uchar flag=0;
uchar k =0;
sbit k1=P1^0;
sbit k4=P1^3;
sbit X2=P1^4;
sbit speaker = P1^5;                              //定义扬声器
unsigned char timer0h, timer0l;                   //音调高低
unsigned char time;                               //一个音符的时间

//单片机晶振采用 12MHz
//频率 - 半周期数据表 高 8 位 本软件共保存了 4 个 8 度的 28 个频率数据
code unsigned char FREQH[] = {
0xF2, 0xF3, 0xF5, 0xF5, 0xF6, 0xF7, 0xF8,   //低音 1234567
0xF9, 0xF9, 0xFA, 0xFA, 0xFB, 0xFB, 0xFC,   //中音 1234567
0xFC, 0xFC, 0xFD, 0xFD, 0xFD, 0xFD, 0xFE,   //高音 1234567
0xFE, 0xFE, 0xFE, 0xFE, 0xFE, 0xFE, 0xFF};  //超高音 1234567
//频率 - 半周期数据表 低 8 位
code unsigned char FREQL[] = {
0x42, 0xC1, 0x17, 0xB6, 0xD0, 0xD1, 0xB6,   //低音 1234567
0x21, 0xE1, 0x8C, 0xD8, 0x68, 0xE9, 0x5B,   //中音 1234567
0x8F, 0xEE, 0x44, 0x6B, 0xB4, 0xF4, 0x2D,   //高音 1234567
0x47, 0x77, 0xA2, 0xB6, 0xDA, 0xFA, 0x16};  //超高音 1234567

//国歌音乐
code unsigned char song_music[] = {
5,1,1, 1,2,3, 1,2,1, 1,2,1, 1,2,1, 5,1,1, 6,1,1, 7,1,1,
1,2,2, 1,2,2, 3,2,1, 1,2,1, 2,2,1, 3,2,1, 5,2,3,
5,2,1, 5,2,2, 3,2,3, 3,2,1, 1,2,3, 3,2,3, 5,2,3, 3,2,1,
2,2,2, 2,2,4,0, 0, 0
//一个音符有 3 个数字,第 1 个数字代表第几个音,第 2 个数字代表第几个 8 度,
第 3 个数字代表时长(以半拍为单位)
//6, 2, 3 分别代表:6, 中音, 3 个半拍
//5, 2, 1 分别代表:5, 中音, 1 个半拍
//3, 2, 2 分别代表:3, 中音, 2 个半拍
//5, 2, 2 分别代表:5, 中音, 2 个半拍
//1, 3, 2 分别代表:1, 高音, 2 个半拍
```

```
};

void delay_m(unsigned char t)     //延时程序,控制发音的时间长度
{
unsigned char t1;
unsigned long t2;
for(t1 = 0; t1 < t; t1++)         //双重循环， 共延时 t 个半拍
for(t2 = 0; t2 < 8000; t2++);     //延时期间， 可进入 T1 中断去发音
TR1 = 0;                          //关闭 T1， 停止发音
speaker = 0;
}

void song()                       //演奏一个音符
{
TH1 = timer0h;                    //控制音调
TL1 = timer0l;
TR1 = 1;                          //启动 T1， 由 T1 输出方波去发音
delay_m(time);                    //控制时间长度
ET0=0; TR0=0;
}

void delay(uint z)                //延时函数
{
uint x,y;
for(x=0;x<z;x++)
 for(y=0;y<112;y++);
}
float ff =0.0;
int sdf =100 ;

void main()                       //主函数
{
TMOD=0X01|0X10;    //使用定时 / 计数器 0、定时 / 计数器 1 的工作方式 1
TH0=(65536-200)/256;
TL0=(65536-200)%256;
EA=1;                             //打开总中断
ET0=0;                            //允许定时 / 计数器 0 中断
TR0=0;                            //打开定时 / 计数器 0
```

笔记栏

笔记栏

```
X2 =0 ;
while(1)                                            //程序挂起,等待中断
{
    i = 0;
    time=0;
    if(k1==0)
    {
        delay(5);
        if(k1==0)
        {
        ET1=1; TR1=1;
            flag=100;
            i = 0;
            time=1;
        }
        while(!k1);
    }
        P2=0xFF;
        speaker = 0;
    while(time)
    {
        k = song_music[i] + 7 * (song_music[i + 1] - 1)-1;
        //第 i 个元素是音符， 第 i+1 个元素是第几个 8 度
        timer0h = FREQH[k];                         //从数据表中读出频率数值
        timer0l = FREQL[k];                         //定时的时间长度
        time = song_music[i + 2];                   //读出时间长度数值
        i += 3;
        //计算 LED 灯的占空比
        ET0=1;                                      //允许定时 / 计数器 0 中断
        TR0=1;                                      //打开定时 / 计数器 0
        song();                                     //发出一个音符
        if(k4==0)
        {
            delay(5);
            if(k4==0)
            {
                ET0=0; TR0=0;
                ET1=0; TR1=0;
```

```
                    time =0;
                    flag=0;

                }
                while(!k4);
            }
        }

}
}

void timer0() interrupt 1
{
    TH0=timer0h;                  //重装初值
    TL0=timer0l;
    P2 =~P2 ;
}

void timer1() interrupt 3 //定时/计数器1中断服务程序,控制发音的音调
{
TR1 = 0;                      //先关闭定时/计数器1
speaker = !speaker;           //输出方波, 发音
TH1 = timer0h;                //下次的中断时间,用于控制音调高低
TL1 = timer0l;
TR1 = 1;                      //启动定时/计数器1
}
```

笔记栏

课后训练

利用一个定时/计数器通道控制任意数量的端口输出相同的PWM波。

"芯"高端

我国科研团队成功研制出"量子芯片温度计"

量子芯片运行对温度环境要求极为苛刻,那么,应该如何实时监测温度变化,了解制冷机运行状态呢? 2023 年 5 月,安徽省量子计算工程研究中心表示,国产量子计算超低温温度传感器研制成功,并已在国产量子计算机中使用。科研人员形象地称这种超低温温度传感器为"量子芯片温度计"。

安徽省量子计算工程研究中心相关研发团队负责人张俊峰介绍说:"随着稀释制冷机技术的发展,国内外稀释制冷机技术越来越成熟,与之相配套的温度测量需求也不断加大。为保证量子芯片在合适的温区运行,需要实时监测量子芯片运行的温度环境,这款传感器就像是'量子芯片温度计',可实时监测温度变化。"

据了解,该超低温温度传感器由本源量子计算科技(合肥)股份有限公司完全自主研发,支持实时温度监测,具备较高测量精度。该产品的测温范围为 10 mK ~ 40 K,通用性很广,可以非常方便地安装到稀释制冷机上。

张俊峰表示,量子芯片是量子计算机的核心器件,实时监测量子芯片运行的温度环境能够对整个量子计算机系统起到关键性作用。本源量子团队成功研制出的国产超低温温度传感器,使我国在极低温领域的温度测量精度达到国际先进水平,为量子计算机实现完全自主可控迈出了重要一步。

(资料来源:中央广播电视总台)

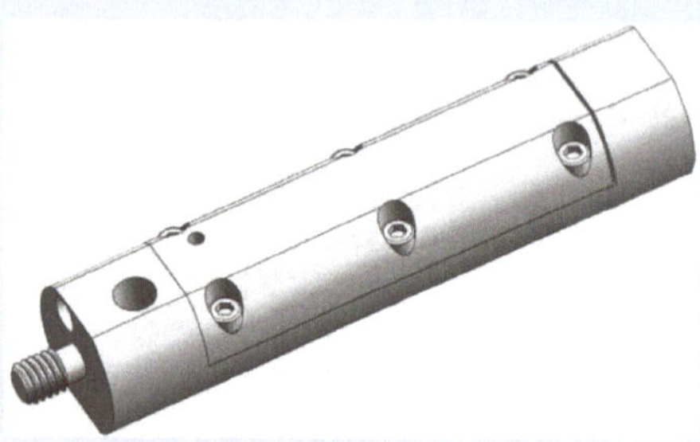

项目六

单片机串行通信系统的工程应用

项目导读

本项目包括单片机多机通信的设计与仿真、基于串行通信的文字信息收发器的设计与仿真两个任务，先后介绍数据通信基本概念、单片机的串行口结构和工作原理，讲解多机串行口通信电路和控制程序的相关设计方法及常见的串行通信协议，包括TTL电平通信、RS-232C、RS-422A和RS-485以及单片机与PC（个人计算机）通信的方法。在设计电路并在Proteus中进行电路仿真、电路元器件选取、电路参数测试与调整的过程中，进一步锻炼学生软、硬件联调等技能，加深对单片机系统开发流程的认识。

知识目标	1. 了解数据通信基本概念 2. 掌握单片机串行口控制方法 3. 掌握单片机串行口通信的C语言编程方法 4. 掌握单片机与PC串行通信的工作原理 5. 掌握MAX232、CH340芯片的功能和使用方法
能力目标	1. 能够完成任务要求的硬件电路元器件识别与选取 2. 能够用C语言编写程序实现项目功能 3. 能够完成软、硬件联调
素养目标	1. 具有举一反三的能力，在专业领域内具有一定的创造力，善于深思熟虑 2. 具有较强的意志力和迎难而上的求学态度 3. 具有团队意识，善于团队协作，有效完成任务
教学重点	1. 单片机串行口操作方法，单片机与PC串行通信的工作原理 2. 双机通信控制程序 3. CH340芯片的使用方法
教学难点	1. 单片机串行口工作原理 2. 波特率设置方法
建议学时	16学时
推荐教学方法	从任务入手，通过逐步完成设计，让学生了解单片机的串行口、单片机与PC串行通信工作原理，进而通过基于Proteus仿真的多机通信设计，熟悉串行口工作方式和操作方法，通过USB转串行口的设计，熟悉CH340等芯片的使用方法
推荐学习方法	勤学勤练、动手操作是学好单片机串行口通信应用的关键，动手完成设计与仿真，通过边做边学获得更好的学习效果

任务 6.1　单片机多机通信的设计与仿真

笔记栏

课前准备

教师活动：利用线上教学平台提前布置任务，通过课前测验了解学生学情，及时调整教学策略。

学生活动：通过线上教学平台对单片机多机通信的设计与仿真任务进行初步了解，并在平台中积极互动交流，进行头脑风暴，激发探究热情，为课堂的深入学习打好基础。

知识回顾

回顾项目五的内容，单片机定时 / 计数器系统为单片机内部实现定时、计数功能提供了可行性，在单片机串行口通信过程中，定时 / 计数器在设置波特率方面起到了重要作用。本任务就是利用单片机内部资源来实现多机通信的设计。

任务描述

要将单片机接收到的信息发送给其他单片机，实现双方通信，关键在于控制单片机串行口（RXD、TXD 引脚及相关寄存器）的输入 / 输出，这是迈向单片机拓展应用的重要一步。

本任务在单片机最小系统的基础上，外接 4 × 4 矩阵键盘、共阳极数码管、控制按键 SW1，只要控制 SW1 的动作状态，就可以实现单片机的多机通信。从结果上看，两台单片机的键盘输入信息会显示在对方的数码管屏幕上。本任务用 Keil C51、Proteus 开发工具进行仿真实现。

知识链接

一、数据通信的概念

1. 通信的分类

(1) 并行通信

并行通信是指将待传送的二进制代码的各位同时传送的方式，如图 6.1 所示。其特点是速度快，但由于需要的通信线多，成本较高，所以只适合近距离通信，如计算机并口、打印机并口都是并行通信接口。

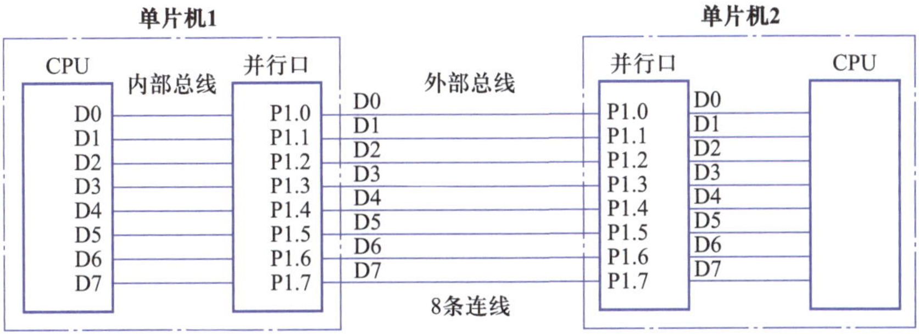

图 6.1 并行通信示意图

(2) 串行通信

串行通信是指将待传的二进制代码的各位在一条线上以位为单位按顺序依次进行传送的方式，如图 6.2 所示。其特点是成本低（只需一根数据线），适合长距离通信。一般情况下，串行通信的速率用波特率来表示，所谓波特率就是每秒传输的二进制位数，单位为 bit/s。

微课
什么是串行通信

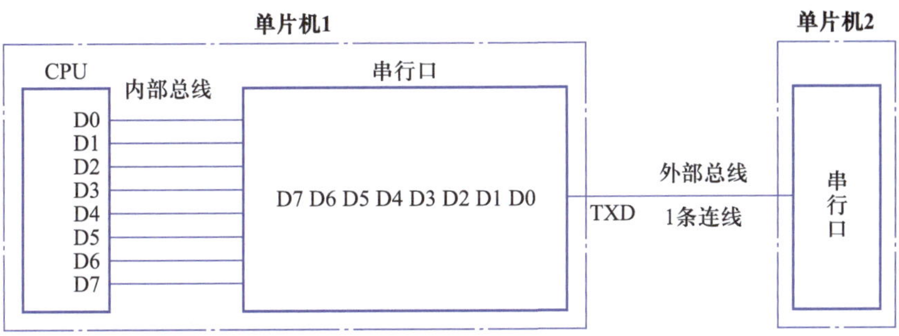

图 6.2 串行通信示意图

(3) 串行、并行通信比较

并行通信方式传输速度快、效率高，但由于各数据位是同时传送的，所需要的传输线数量多，会增加运行成本，一般应用在通信距离小于 30 m 的场合。串行通信方式数据按位传输，通信电缆线数量一般较少，成本低，但传输速度比并行传输慢，在通信距离为几米甚至几千千米时应用较广。

2. 串行通信的两种基本方式

(1) 同步串行传送方式

同步串行传送方式下，发送方和接收方采用同一个时钟信号，使得每一位的发送和接收绝对同步。同步串行传送方式下，数据和数据之间不用增加任何附加位。但在大批数据传输中，数据要分成组（或帧），在每组的开始和结束处需加上规定的码元序列作为标志序列，标志序列的码型因传输规程不同而不同。同步串行通信数据格式如图 6.3 所示。

微课
串行通信的基本方式

同步串行传送方式下，双方除了要传送数据外还必须增加一条线用来传送时钟信号，硬件电路较为复杂。但是由于在数据之间不需要增加很多附加位，所以其传送效率比较高。

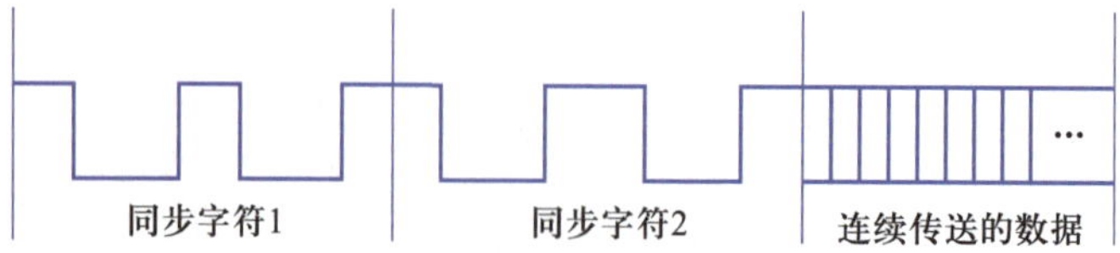

图 6.3　同步串行通信数据格式

(2) 异步串行传送方式

异步串行传送方式下,发送方和接收方各自采用各自的时钟信号,因此不再需要时钟线。为了使发送每一位和接收同一位能同时进行,发送方的时钟信号和接收方的时钟信号要尽量一致,但是由于它们来自不同的电路,绝对一致是不可能的,并且随着传送位数的增加,误差会不断积累,当误差积累到一定程度就会发生“错位”(发送和接收的不是同一位)的问题。为了避免这种情况,在异步串行传送方式下,每传送一定的位数后双方就需要进行“对表”,以消除积累起来的误差。异步串行通信数据格式如图 6.4 所示。

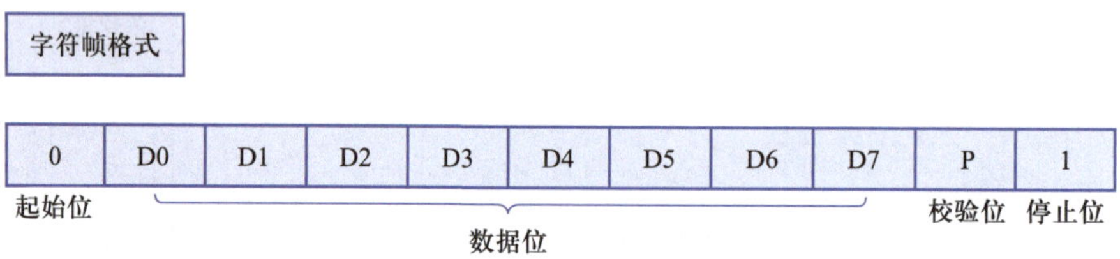

图 6.4　异步串行通信数据格式

由于不需要传送时钟信号,所以异步串行通信的硬件较为简单,但为了“对表”增加了很多附加位而使其传送效率降低。

需要注意的是,所谓异步是指发送方和接收方各自采用各自的时钟信号,而不是说发送时钟和接收时钟可以不一致,事实上它们必须尽量一致(做不到绝对一致)。

微课
串行数据传送方向

3. 串行通信中数据的传送方向

(1) 单工

单工是指数据只能单向传送。通信双方中一方固定作为发送端,而另一方则固定作为接收端。单工通信时仅需一根数据线连接。单工通信示意图如图 6.5 所示。

图 6.5　单工通信示意图

(2) 双工

双工是指数据可以双向传送。双工分为全双工和半双工两种。

全双工是指通信双方均可同时发送和接收数据,需要两根数据线。全双工通信示意图如图 6.6 所示。

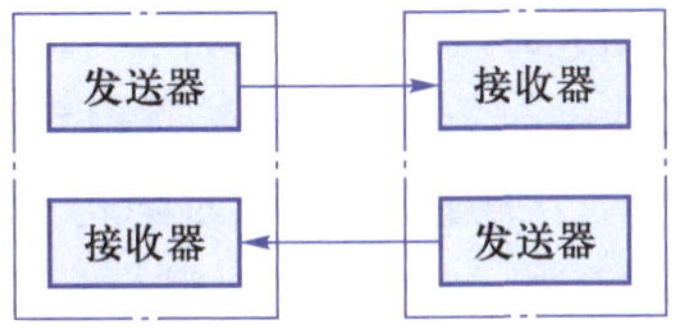

图 6.6　全双工通信示意图

半双工也是指数据可以双向传送，但必须分时进行，即任何时刻只能由其中的一方作为发送端，而另一方作为接收端。半双工通信可以使用一条数据线。半双工通信示意图如图 6.7 所示。

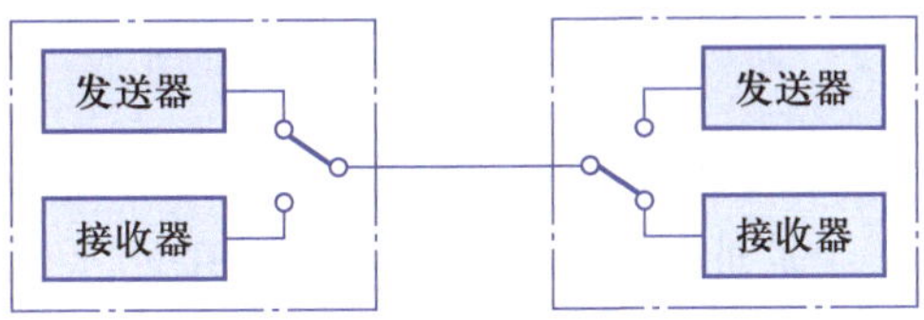

图 6.7　半双工通信示意图

实际的数据通信大多是串行通信。由于数据在单片机内部是并行处理的，要想进行串行传送就必须先进行“并 - 串”或“串 - 并”转换。转换一般由专门的接口模块完成，这个接口模块就是串行口（可简称串口）。现在的单片机一般都在片内集成了串行口。

二、AT89C51 单片机的串行口结构与工作原理

微课
单片机串行口结构与工作原理

AT89C51 单片机中有一个全双工的串行口，既可作为串行异步通信（UART）接口，也可作为同步移位寄存器方式下的串行扩展接口。同定时器一样，串行口也是一个功能部件，它帮助 CPU 进行串 - 并数据的转换和异步收发。

串行口结构框图如图 6.8 所示。图中，SBUF 是串行口缓冲寄存器，SCON 是串行控制寄存器。

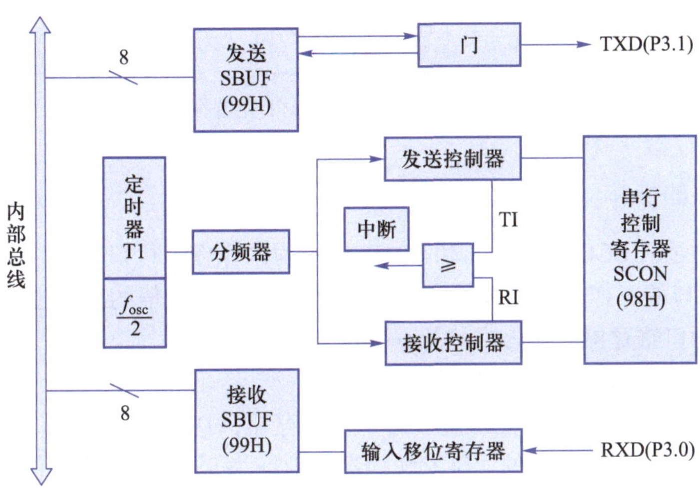

图 6.8　串行口结构框图

串行口面向 CPU 的一侧除了特殊功能寄存器(SCON、SBUF)外还有 PCON(电源控制寄存器),CPU 通过读写它们来对串行口进行操作。串行口的另一侧为两条线,用来与通信的另一方连接。一条为串行接收线 RXD,另一条为串行发送线 TXD,分别借用了 P3.0 和 P3.1 引脚。串行口的功能框图简化图如图 6.9 所示。

笔记栏

图 6.9　串行口的功能框图简化图

SBUF 用来存放待发送的数和接收到的数。SBUF 不能按位操作,发送和接收两个物理寄存器共用一个地址(99H)和一个符号(SBUF)。

发送缓冲寄存器 SBUF 只写入不读出,CPU 写 SBUF 是指 CPU 将要发送的数送到发送缓冲寄存器,同时启动发送过程;接收缓冲寄存器 SBUF 只读出不写入,CPU 读 SBUF 是指 CPU 读串行口接收到的数据。在硬件上只要是对串行口的写信号,就将发送缓冲寄存器与数据总线连通;读信号,就将接收缓冲寄存器与数据总线连通。这样,即使两个寄存器的地址相同,在逻辑上也不会发生错误。

另外,发送缓冲寄存器是单缓冲结构,因此,在前一个数没有发送完毕前不能写入下一个数,否则前一个数会被覆盖而发生错误。接收缓冲寄存器是双缓冲结构,收到的数会自动进入二级缓冲器等待 CPU 读取,一级缓冲器可以继续接收数据而不会覆盖前一个数。串行口的收发工作过程如图 6.10 所示。

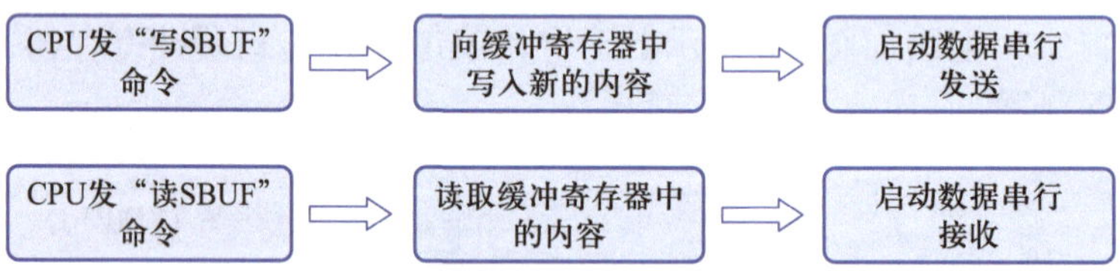

图 6.10　串行口的收发工作过程

三、串行口的操作

CPU 通过对 SCON、PCON 和 SBUF 的读写来操作串行口,同时寄存器的配置可决定串行口的工作方式和波特率,从而最终确定串行通信的工作过程。

1. 串行口寄存器

(1) 串行控制寄存器 SCON

就串行口而言,SCON 是最重要的一个寄存器,对串行口的大部分操作都是通过对 SCON 的读写来完成的。SCON 的字节地址为 98H,可按位操作(位寻址),见表 6.1。

表 6.1　SCON

位序	D7	D6	D5	D4	D3	D2	D1	D0
符号	SM0	SM1	SM2	REN	TB8	RB8	TI	RI
位地址	9FH	9EH	9DH	9CH	9BH	9AH	99H	98H

各位的作用如下。

① SM0、SM1：控制位，用来选择串行口的工作方式，见表 6.2。

表 6.2　串行口的工作方式

SM0	SM1	工作方式	功能简述	波特率
0	0	工作方式 0	8 位同步移位寄存器	$f_{osc}/12$
0	1	工作方式 1	10 位 UART	可变
1	0	工作方式 2	11 位 UART	$f_{osc}/32$ 或 $f_{osc}/64$
1	1	工作方式 3	11 位 UART	可变

注：UART 为通用异步接收 / 发送器，f_{osc} 为晶振频率。

② SM2：多机通信控制位。

③ REN：允许串行接收控制位。当 REN 写为“1”时，串行口既能发送也能接收数据；当 REN 写为“0”时，串行口只能发送数据不能接收数据。

④ TB8：工作方式 2、3 是 11 位的工作方式，发送方发送的一帧数据除了 1 个起始位、8 个数据位和 1 个停止位外，允许在停止位前附加 1 位即第 9 位数，这 1 位数就是 TB8。TB8 可由指令置“1”或清“0”。不管 TB8 是“1”还是“0”，都将和数据一起发送给接收方。这个附加的第 9 位有多种用途。例如，可用作数据的奇偶校验位，或是在多机通信中，用作表示地址帧 / 数据帧的标志位。

⑤ RB8：在工作方式 2、3 中是接收到的附加位。显然，用指令将 RB8 置“1”或清“0”是没有意义的。在工作方式 1 中，若 SM2=0，RB8 是接收到的停止位。在工作方式 0 中不用 RB8。

⑥ TI：发送结束标志。在工作方式 0 中，串行发送第 8 位结束时，或在其他工作方式中，串行发送停止位的开始时，由内部硬件使 TI 置“1”，表示发送缓冲寄存器 SBUF 中的数据已发送完毕，CPU 可以写入下一个要发送的数。TI 同时也是串行口向 CPU 发出的中断请求信号。在中断请求被响应后，TI 不会被自动清“0”，必须在中断服务程序中用指令将其清“0”，取消这一次中断请求。

⑦ RI：接收结束标志。在工作方式 0 中，串行接收第 8 位结束时，或在其他工作方式中，串行接收到停止位的中间时，由内部硬件使 RI 置“1”，表示串行口已经接收到一个数并已放到接收缓冲寄存器 SBUF 中，CPU 可以将其读走。RI 同时也是串行口向 CPU 发出的中断请求信号。在中断请求被响应后，RI 不会被自动清“0”，必须在中断服务程序中用指令将其清“0”，取消这一次中断请求。

当单片机复位时，SCON 的各位全为“0”，所以在通信开始前，必须由软件来设定 SCON 的内容。设定的 SCON 内容在下一条指令的 S1P1 状态期间锁存到 SCON 寄存器中，并开始有效。

笔记栏

在串行通信中，无论是TI置“1”，还是RI置“1”，都说明串行口向CPU发出了请求中断，若CPU允许中断，则都要进入同一个中断服务程序入口地址0023H。由于CPU事先并没有区分是TI还是RI请求中断，所以在进入中断服务程序后，应通过查询来区分，然后进行相应的中断处理。因此，TI和RI均不允许自动清“0”，而必须在中断服务程序中，经查询判断是哪一种中断后，才能用指令使其清“0”。将中断请求标志清“0”以撤销中断请求是必须要做的操作，否则会引起再次的中断请求，产生误中断。

笔记栏

(2) 电源控制寄存器PCON

特殊功能寄存器PCON是电源控制寄存器，字节地址为87H，不可位寻址，见表6.3。

表6.3　PCON

位序	D7	D6	D5	D4	D3	D2	D1	D0
符号	SMOD	—	—	—	GF1	GF0	PD	IDL

SMOD：波特率控制位，可由指令清“0”或置“1”。在工作方式1～工作方式3中，若SMOD=1，则串行口波特率增加一倍；若SMOD=0，则波特率不加倍。系统复位时，SMOD=0。

PCON的其他位为CHMOS器件的断电方式控制位，对于HMOS型单片机而言，该4位无定义，此处不做介绍。

2. 工作方式及波特率计算

AT89C51单片机的串行通信共有4种工作方式，分别是工作方式0、工作方式1、工作方式2和工作方式3，具体由串行控制寄存器SCON中的SM0、SM1决定。

(1) 工作方式0

在工作方式0下，串行口作为同步移位寄存器使用，用于实现单片机I/O端口的扩展。此时SM2、RB8、TB8均应设置为“0”。应当指出如下几点：

① 此时引脚RXD(P3.0)固定作为数据移位的输入端(接收时)和输出端(发送时)，而引脚TXD(P3.1)则固定作为提供移位时钟脉冲的输出端。

② 移位数据的发送和接收格式以一个字节为一组，其发送顺序为低位先发、高位后发，其接收顺序为低位先收、高位后收。

③ 工作方式0并非同步通信方式，它的主要用途是外接“串入并出”移位寄存器来扩展输入端口。

工作方式0下的波特率设定：当串行口工作在工作方式0时，移位操作(串入或串出)的波特率是固定的，其值为单片机晶振频率的1/12，表明单片机是利用一个机器周期完成1位二进制信息的传送，若采用f_{osc}表示单片机的晶振频率，则波特率=$f_{osc}/12$，当f_{osc}=12 MHz时，其串行口的传送波特率为1 Mbit/s，即每1 μs移位一次。

【例6.1】AT89C51单片机的串行口1与一片8位串入并出的芯片74HC164(74HC164是串行输入、并行输出的移位寄存器)连接，驱动一组LED，使LED从下至上延时轮流点亮，电路如图6.11所示。

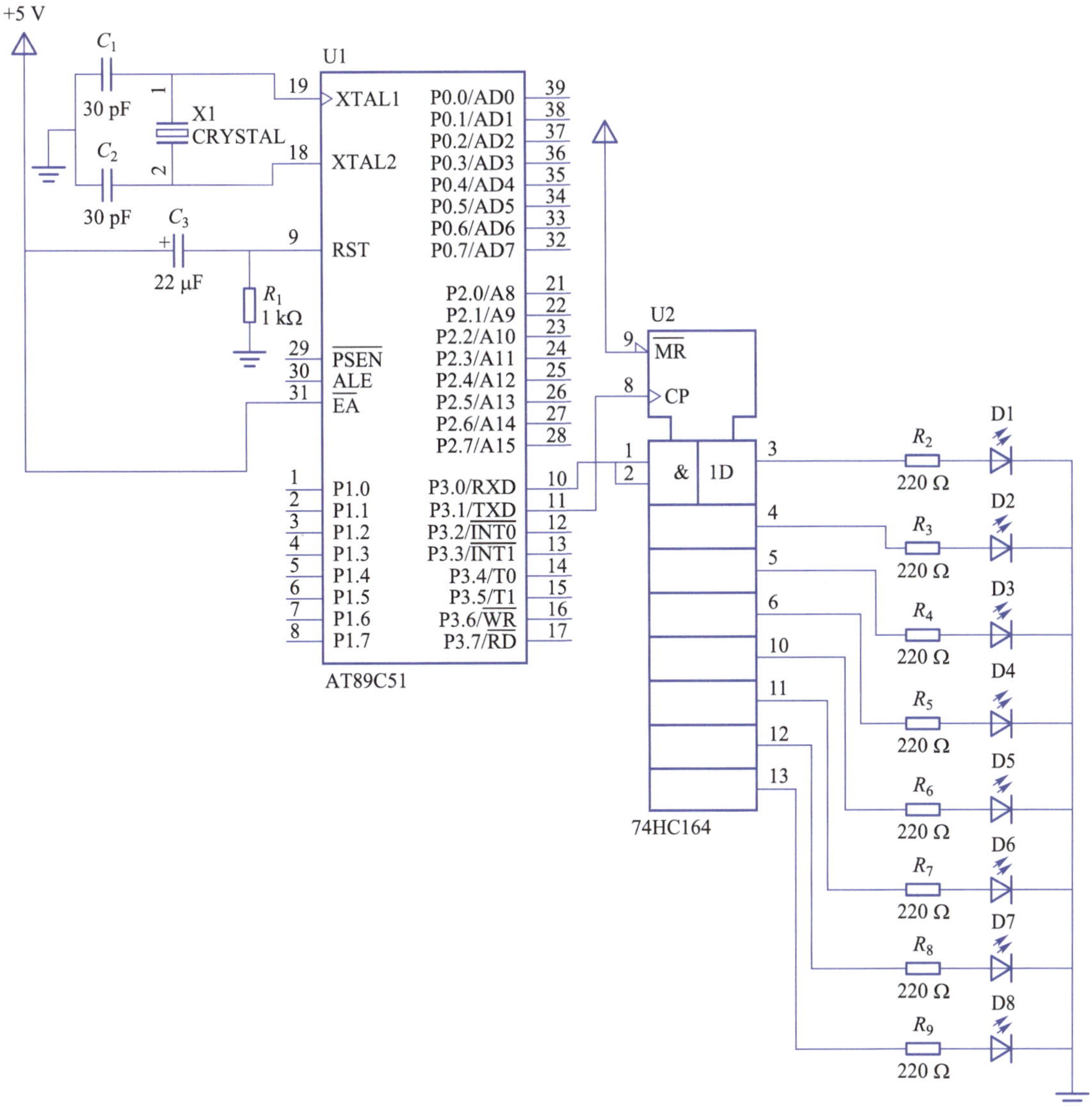

图 6.11　串行通信工作方式 0 电路

C51 程序如下：

```
#include <reg51.h>
#include<intrins.h>                    //声明本征函数库
void DELAY();                          //延时函数
void main()
{
    unsigned  char  j;
    SCON=0x00;                         //串行口 1 工作在工作方式 0
    j=0xFE;                            //LED 显示码
    for (; ;)
```

```
        {
          SBUF=j;                  //启动发送过程
          while (!TI);             //等待发送完毕
          TI=0;
          DELAY();                 //延时 500ms
          j=_crol_(j,1);           //循环左移 1 位
        }
}
void DELAY()                       //延时 500ms 函数
{
    unsigned char a,b,c;
    for(c=189;c>0;c--)
        for(b=230;b>0;b--)
            for(a=33;a>0;a--);
}
```

笔记栏

(2) 工作方式 1

当串行口设定为工作方式 1 时，其内部结构定义为一个 10 位的异步串行通信接口，包括 1 个起始位(0)、8 个数据位和 1 个停止位(1)，其帧格式见表 6.4。其使用 RXD(P3.0)引脚作为串行数据输入线，使用 TXD(P3.1)引脚作为串行数据输出线。

表 6.4　工作方式 1 数据帧格式

起始位(0)	D0	D1	D2	D3	D4	D5	D6	D7	停止位(1)

工作方式 1 下的波特率设定：串行口借用定时 / 计数器 1(T1)来控制其波特率，并用 PCON 中的 SMOD 位对波特率进行倍增控制，公式为

$$\text{波特率}=\frac{1}{32}\times 2^{\text{SMOD}}\times(\text{T1 的溢出率})$$

式中，T1 的溢出率就是 T1 每秒钟溢出的次数，它和 T1 的溢出(定时)时间有如下关系：

$$\text{T1 的溢出率}=1/\text{T1 的定时时间}=\frac{1}{(M-a)\times T_{\text{m}}}=\frac{f_{\text{osc}}}{12(M-a)}$$

式中，f_{osc} 为晶振频率；a 为 T1 的初值；M 为 T1 的最大计数值，如果 T1 工作在 8 位方式(通常如此)，则 $M=2^8=256$；T_{m} 为机器周期，$T_{\text{m}}=\frac{12}{f_{\text{osc}}}$。于是有

$$\text{波特率}=\frac{2^{\text{SMOD}}\times f_{\text{osc}}}{32\times 12\times(M-a)}$$

在实际应用中，波特率往往是由对方决定的。比如，一台 PC 的 COM1(串行口)的波特率为 9 600 bit/s，如果单片机要通过串行口和 PC 通信，那么单片机串行口的波特率就必须设置为 9 600 bit/s。

常用波特率和初值及与 SMOD 的对应关系见表 6.5。

表 6.5　常用波特率和初值及与 SMOD 的对应关系

波特率 /(bit/s)	晶振频率 / MHz	SMOD	定时器		
			C/$\overline{T}$	方式	重新装入值
工作方式 0 最大:1 M	12.00	×	×	×	×
工作方式 2 最大:375 k	12.00	1	×	×	×
工作方式 1、3 :62.5 k	12.00	1	0	2	FFH
19.2 k	11.059 2	1	0	2	FDH
9.6 k	11.059 2	0	0	2	FDH
4.8 k	11.059 2	0	0	2	FAH
2.4 k	11.059 2	0	0	2	F4H
1.2 k	11.059 2	0	0	2	E8H
137.6	11.986	0	0	2	1DH
110	6	0	0	2	72H
110	12	0	0	1	FEEBH

笔记栏

从表中可以看出,波特率的调整参数有两个,即 T1 的定时 / 计数初值和波特率的倍增系数 SMOD。当采用工作方式 1 进行异步串行通信时,应根据系统对波特率的要求合理地选择 T1 的工作方式(一般采用工作方式 2,即 M=256)和初值,以及 PCON 中的 SMOD。

(3) 工作方式 2 或 3

当串行口设定为工作方式 2 或 3 时,其内部结构定义为一个 11 位的异步串行通信接口,包括 1 个起始位(0)、8 个数据位、1 个附加位和 1 个停止位(1),其帧格式见表 6.6。与工作方式 1 相比,其数据位后增加 1 个可编程的附加位,这个附加位有多种用途。其使用 RXD(P3.0)引脚作为串行数据输入线,使用 TXD(P3.1)引脚作为串行数据输出线。

表 6.6　工作方式 2 或 3 数据帧格式

起始位(0)	D0	D1	D2	D3	D4	D5	D6	D7	附加位	停止位(1)

工作方式 2 或 3 下波特率的设定:

工作方式 2 :波特率 =$2^{SMOD} \times f_{osc}/64$(SMOD=0 或 1)。

工作方式 3 :波特率的控制方法与工作方式 1 相同。

工作方式 2 下的波特率只有 $f_{osc}/32$ 或 $f_{osc}/64$ 两种,工作方式 3 下的波特率是可变的,这是工作方式 2 和 3 的唯一区别。

任务设计与实施

人类社会因为交流、信息传递而得以发展,设备之间也是如此。仅仅依靠一台设备、一个单片机能完成的任务是有限的，多台设备之间相互联动，可以创造出更大的价值。正如2023年在我国上海举办的世界移动通信大会上所倡导的那样："连接释放无限可能"。

一、总体方案设计

两台单片机进行多机异步通信，接口电路如图6.12所示。两台单片机的发送端TXD与接收端RXD交错相连，地线相连。

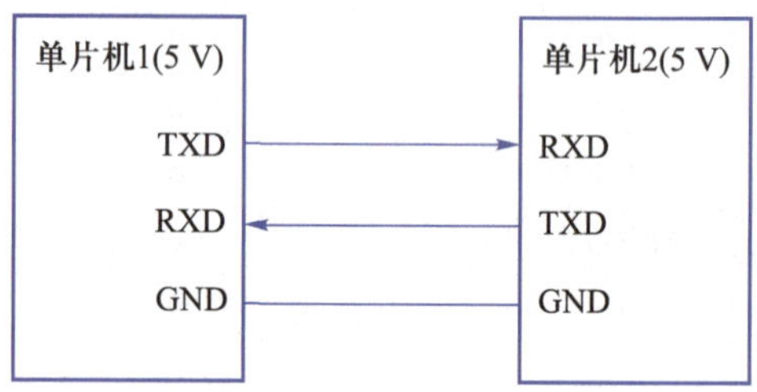

图6.12　多机异步通信接口电路

二、硬件电路设计

由两台单片机、矩阵键盘、共阳极数码管、独立按键输入和串行口组成多机通信的基本单元，实现多机的数据交互。在矩阵键盘上按下0～9按键时相应的数码管上会显示对应的数字。按下SW1时，两台单片机交换数码管上的数字，并用另外的数码管显示出来。

如图6.13所示，由复位电路和晶振电路构成单片机最小系统硬件电路。

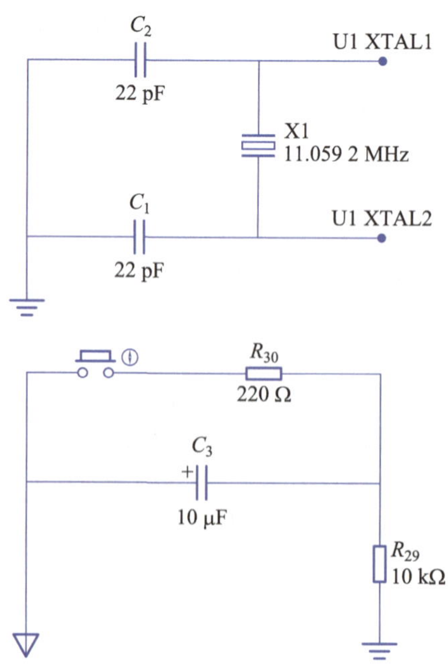

图6.13　单片机最小系统硬件电路

如图 6.14 所示，由 MK1～MK16 共 16 个按键构成 4×4 矩阵键盘硬件电路，由 R_{P4} 的 10 kΩ 电阻阻排构成各按键的限流电阻，通过 74LS21 “与非”门电路实现矩阵按键与单片机之间的连接。

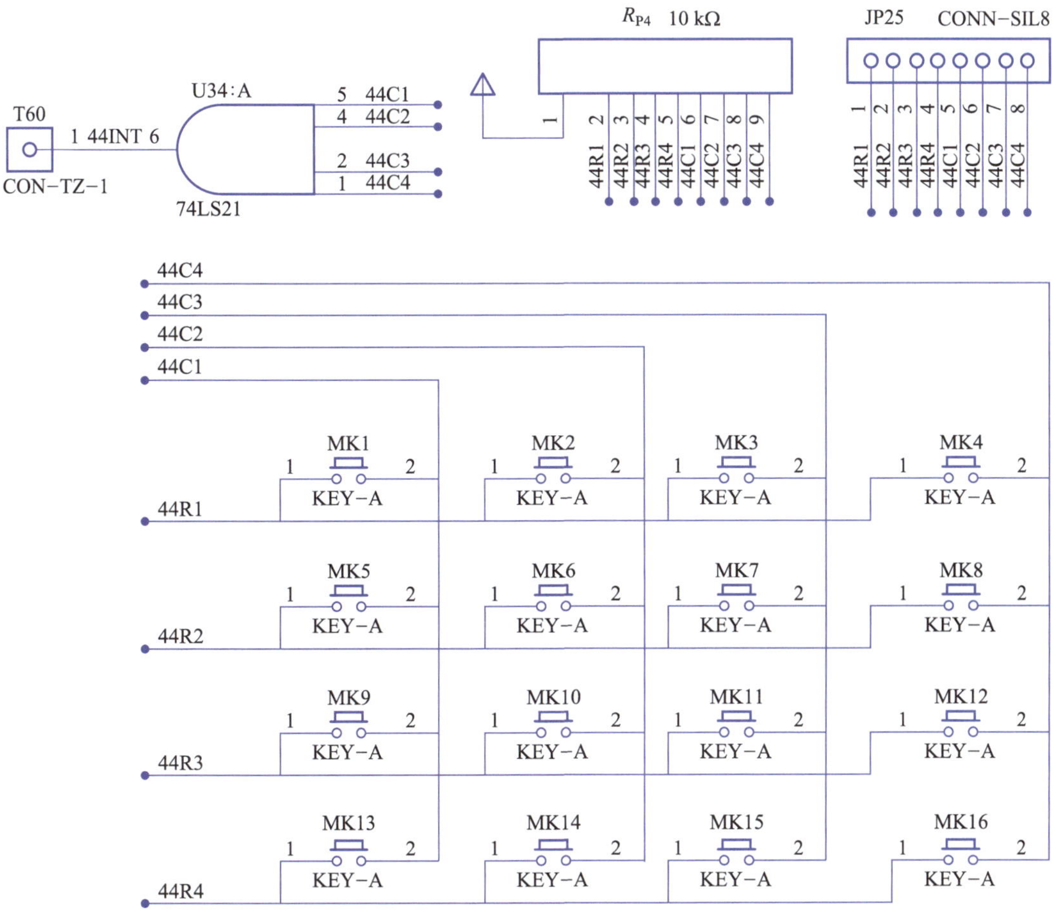

图 6.14　4×4 矩阵键盘硬件电路

如图 6.15 所示，通过 8050 晶体管进行放大驱动，将单片机 I/O 端口信号传输至 8 位共阳极数码管，当需要点亮数码管某一位时，将连接该位的 I/O 端口置为低电平即可。

单片机 1 的 RXD 引脚与单片机 2 的 TXD 引脚连接，单片机 1 的 TXD 引脚与单片机 2 的 RXD 引脚连接，建立两机信息相互收发的通路。

矩阵键盘作为输入模块，数码管作为输出模块，两机的 $\overline{\text{INT1}}$ 引脚通过按键 SW1 接 GND（低电平），当 SW1 按下时，两机响应外部中断程序，完成信息交互。

三、软件设计

1. 设置波特率、串行口工作方式

本任务中设置单片机串行口为工作方式 1，波特率为 2 400 bit/s。

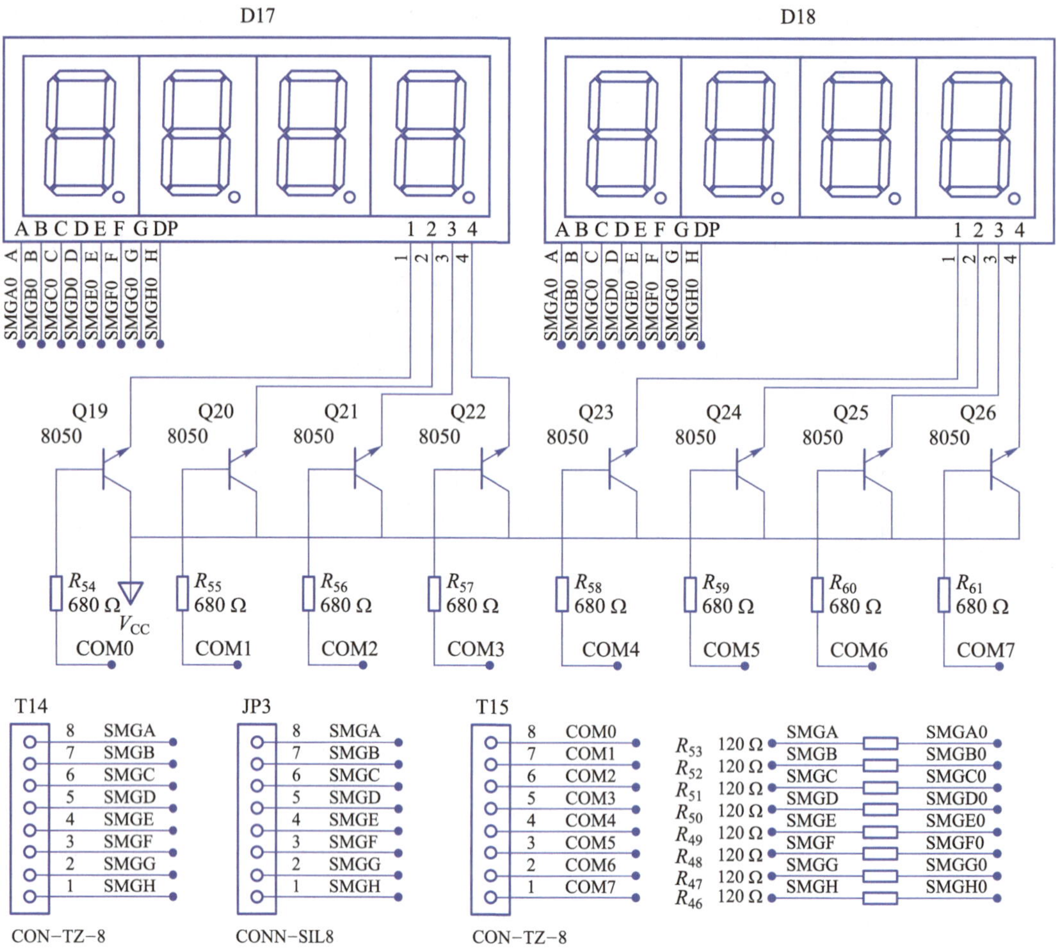

图 6.15　8 位共阳极数码管硬件电路

首先设置 T1 为定时模式，工作方式 2（8 位自动装载），则对寄存器 TMOD 应赋值 0x20，见表 6.7。

表 6.7　寄存器 TMOD 设置值

位序	D7	D6	D5	D4	D3	D2	D1	D0
符号	GATE	C/$\overline{T}$	M1	M0	GATE	C/$\overline{T}$	M1	M0
设置值	0	0	1	0	0	0	0	0
含义	—	定时功能	T1 工作方式 2		—			

在此基础上，根据波特率计算公式：

$$波特率 = \frac{2^{SMOD} \times f_{osc}}{32 \times 12 \times (M - a)}$$

代入 SMOD=0（寄存器 PCON 赋值 0x00），晶振频率为 11.059 2 MHz，波特率设置

为 2 400 bit/s，计算出 T1 的初值应为 0xF4，给 TH1 和 TL1 赋值 0xF4，或直接根据常用波特率初值表查表得到。

设置单片机串行口为工作方式 1，则对寄存器 SCON 赋值 0x50，见表 6.8。

表 6.8 寄存器 SCON 设置值

位序	D7	D6	D5	D4	D3	D2	D1	D0
符号	SM0	SM1	SM2	REN	TB8	RB8	TI	RI
设置值	0	1	0	1	0	0	0	0
含义	工作方式 1		双机	允许接收数据	—			

2. 启动串行口通信

串行口设置完毕之后，就可以逐步开启中断允许位。

① 开总中断：EA=1。

② 开串行口中断：ES=1。

③ 开外中断 1：EX1=1。

④ 开外中断 0：EX0=1。

从以上分析可以看出，串行口通信的控制方法是：先设置串行口工作方式、波特率，然后逐步启动串行口开始工作（开中断）。

3. 中断服务程序

本任务的软件代码中有三段中断服务函数，分别实现读按键键值、开启通信、数码管获取显示值的功能。

① ext0( )interrupt 0 函数的中断源是外中断 0，即 P3.2，P3.2 连接到 74LS21 上。当矩阵键盘有按键按下时，进入该中断服务函数，读取按键值并传给数码管显示。

② ext1( )interrupt 2 函数的中断源是外中断 1，即 P3.3。当按下 SW1 时，进入该中断服务函数，进行数据交换。

③ com( )interrupt 4 函数的中断源是串行口，功能是获取数码管要显示的数字。

4. 单片机多机串行口通信设计与实现

单片机多机串行口通信的代码如下：

```
#include "reg51.h"
#define uchar unsigned char
#define uint unsigned int
#define outk P1
#define out1 P0
#define out2 P2
uchar code seg[]={0xC0,0xF9,0xA4,0xB0,0x99,0x92,0x82,0xF8,
```

笔记栏

```
0x80,0x90,0xFF};
uchar key,send,rec;
uchar scan(void);
void  delayms(uint);
void main(void)
{
TH1=0xF4;
TL1=0xF4;                 //设置波特率为 2400bit/s
TMOD=0x20;                //设置 T1 工作在工作方式 2
TR1=1;
SCON=0x50;                //设置串行口工作在工作方式 1,REN=1 允许接收数据
PCON=0x00;                //波特率不加倍
EA=1;
ES=1;
EX1=1;
EX0=1;
while(1)
    {
    outk=0x07;
    out1=seg[send];
    out2=seg[rec];
    }
}
uchar scan(void)
{
uchar k=10,m,n,in;
delayms(10);
outk=0x07;
if((outk&0x07)!=0x07)
    {
    for(m=0;m<3;m++)
        {
        outk=~(0x01<<(m+3));
        for(n=0;n<3;n++)
            {
            in=outk;
            in=in>>n;
```

```
            if((in&0x01)==0)
                {
                if((in&0x01)==0){k=n+m*3;break;}
            }
        }
    if(k!=10)break;
    }
}
return(k);
}
void delayms(uint j)
{
uchar i;
for(;j>0;j--)
    {i=250;
     while(--i);
     i=249;
     while(--i);
    }
}
void ext0()interrupt 0
{
EX0=0;
key=scan();
if(key!=10)send=key+1;
EX0=1;
}
void ext1()interrupt 2
{
ES=0;
SBUF=send;
while(!TI);
TI=0;ES=1;
}
void com()interrupt 4
{
RI=0;
```

笔记栏

```
rec=SBUF;
}
```

5. 电路仿真

利用 Protues 仿真软件对系统进行电路仿真，仿真结果如图 6.16 所示。

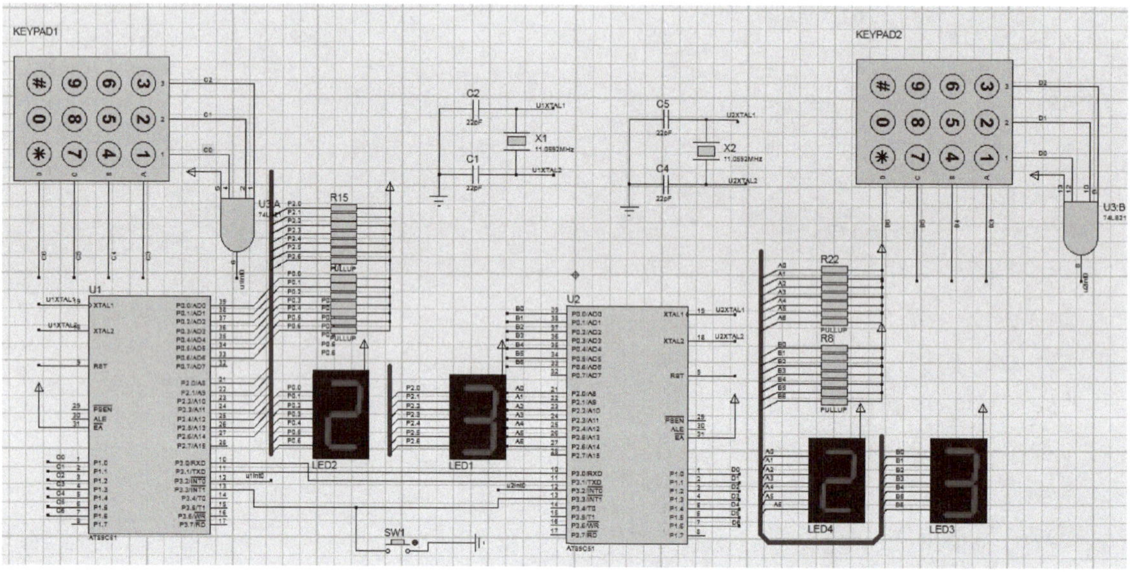

图 6.16　仿真结果

四、系统调试

具体的硬件调试，软件调试及软、硬件联调方法可参考任务 2.2，在此不赘述。

任务评价

一、任务总结

本任务在单片机最小系统的基础上，利用矩阵键盘、独立按键、数码管等常用外设完成了单片机多机通信的任务，单片机通过这样的通信方式实现信息传递。本任务好理解、易上手、有一定的综合性，修改和扩展性强。

二、任务评价表

本任务的评价指标及评价内容见表 6.9 ~ 表 6.14。

表 6.9　总 评 成 绩

总评成绩								
项目名称					任务名称			
班级					日期			
姓名	学号	组号	自我评价 10%	小组互评 10%	教师评价			总评成绩
					仿真操作 30%	作品制作与调试排故 30%	设计报告 20%	

笔记栏

表 6.10　自 我 评 价

自我评价					
项目名称			任务名称		
班级			日期		
姓名		学号	组号	组长	
序号	评价项目		分值	得分	
1	参与查阅单片机串行通信相关资料		5 分		
2	参与同组成员间的交流沟通		5 分		
3	参与设计串行口通信程序		10 分		
4	参与设计仿真电路		15 分		
5	参与单片机多机通信实物制作		15 分		
6	参与单片机多机通信作品调试		15 分		
7	参与作品汇报		10 分		
8	撰写作品设计报告		10 分		
9	课程结束操作台干净		5 分		
10	课程结束计算机关闭		5 分		
11	参与交流区讨论、答疑		5 分		
总分					

表 6.11　小 组 互 评

小组互评					
项目名称			任务名称		
班级			日期		
被评人姓名		被评人学号	被评人组号	评价人姓名	
序号	评价项目		分值	得分	
1	前期资料准备完备		10 分		
2	程序设计正确		20 分		
3	仿真电路设计正确		20 分		
4	实物制作实现功能正确		20 分		
5	心得体会汇总丰富翔实		10 分		
6	积极参与平台上的讨论、答疑		10 分		
7	积极对遇到困难的小组给予帮助与技术支持		10 分		
总分					

笔记栏

表 6.12　仿真操作（教师评价）

<table>
<tr><th colspan="7">仿真操作</th></tr>
<tr><td>项目名称</td><td colspan="3"></td><td>任务名称</td><td colspan="2"></td></tr>
<tr><td>班级</td><td colspan="3"></td><td>日期</td><td colspan="2"></td></tr>
<tr><td>姓名</td><td></td><td>学号</td><td></td><td>组号</td><td colspan="2"></td></tr>
<tr><td>序号</td><td colspan="3">评价项目</td><td colspan="2">每处错误扣分值</td><td>得分</td></tr>
<tr><td rowspan="2">1</td><td rowspan="2">Keil C51 程序编写</td><td colspan="2">语法</td><td colspan="2">3 分</td><td></td></tr>
<tr><td colspan="2">逻辑</td><td colspan="2">5 分</td><td></td></tr>
<tr><td rowspan="3">2</td><td rowspan="3">Proteus 仿真电路</td><td colspan="2">元器件使用</td><td colspan="2">5 分</td><td></td></tr>
<tr><td colspan="2">元器件参数</td><td colspan="2">3 分</td><td></td></tr>
<tr><td colspan="2">接线</td><td colspan="2">4 分</td><td></td></tr>
<tr><td>总分</td><td colspan="6"></td></tr>
</table>

表 6.13　作品制作与调试排故（教师评价）

<table>
<tr><th colspan="7">作品制作与调试排故</th></tr>
<tr><td>项目名称</td><td colspan="3"></td><td>任务名称</td><td colspan="2"></td></tr>
<tr><td>班级</td><td colspan="3"></td><td>日期</td><td colspan="2"></td></tr>
<tr><td>姓名</td><td></td><td>学号</td><td></td><td>组号</td><td colspan="2"></td></tr>
<tr><td>序号</td><td colspan="4">评价项目</td><td>分值</td><td>得分</td></tr>
<tr><td>1</td><td colspan="4">调试流程合理可行</td><td>10 分</td><td></td></tr>
<tr><td rowspan="5">2</td><td rowspan="3">实物调试</td><td colspan="3">能选择合适调试设备</td><td>5 分</td><td></td></tr>
<tr><td colspan="3">完成故障排查</td><td>10 分</td><td></td></tr>
<tr><td colspan="3">实现效果与设计方案一致</td><td>20 分</td><td></td></tr>
<tr><td rowspan="2">故障排除</td><td colspan="3">故障原因排查得当</td><td>15 分</td><td></td></tr>
<tr><td colspan="3">故障解决方法得当</td><td>15 分</td><td></td></tr>
<tr><td>3</td><td colspan="4">仪器使用完毕后归放整齐有序</td><td>5 分</td><td></td></tr>
<tr><td>4</td><td colspan="4">完成调试记录单</td><td>10 分</td><td></td></tr>
<tr><td>5</td><td colspan="4">课程结束操作台干净</td><td>5 分</td><td></td></tr>
<tr><td>6</td><td colspan="4">课程结束计算机关闭</td><td>5 分</td><td></td></tr>
<tr><td>总分</td><td colspan="6"></td></tr>
</table>

表 6.14　设计报告（教师评价）

<table>
<tr><th colspan="7">设计报告</th></tr>
<tr><td>项目名称</td><td colspan="3"></td><td>任务名称</td><td colspan="2"></td></tr>
<tr><td>班级</td><td colspan="3"></td><td>日期</td><td colspan="2"></td></tr>
<tr><td>姓名</td><td></td><td>学号</td><td></td><td>组号</td><td colspan="2"></td></tr>
<tr><td>序号</td><td colspan="4">评价项目</td><td>分值</td><td>得分</td></tr>
<tr><td>1</td><td colspan="4">单片机多机通信设计方案描述准确</td><td>20 分</td><td></td></tr>
<tr><td>2</td><td colspan="4">元器件选用正确合理</td><td>20 分</td><td></td></tr>
<tr><td>3</td><td colspan="4">仿真效果正确可行</td><td>20 分</td><td></td></tr>
<tr><td>4</td><td colspan="4">调试方法得当有效</td><td>20 分</td><td></td></tr>
<tr><td>5</td><td colspan="4">报告排版设计美观大方</td><td>20 分</td><td></td></tr>
<tr><td>总分</td><td colspan="6"></td></tr>
</table>

知识拓展

如图 6.17 所示，单片机 1 和单片机 2 之间实现串行通信，晶振频率为 11.059 2 MHz，校验方式采用偶校验。单片机 1 从 20H 单元向单片机 2 的 30H 单元传送 ASCII 码表中从 A 开始的 32 个字符，波特率为 1 200 bit/s。

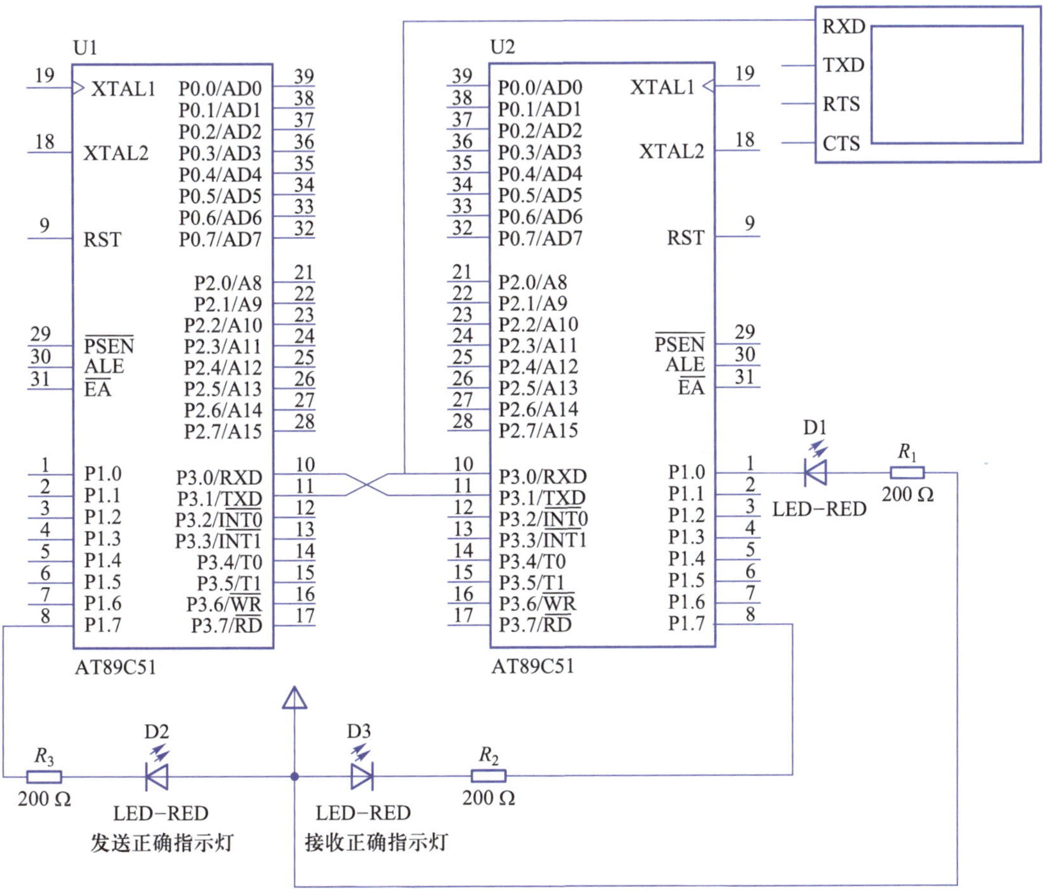

图 6.17　串行口工作方式 3 硬件电路原理图

下面给出 C 语言源程序。

1. 单片机 1 程序

代码如下：

```
#include <reg51.h>
#include <stdio.h>

unsigned char data v_data[32]_at_ 0x20;
sbit FINISH=P1^7;
void main(void)
```

笔记栏

```
{
    unsigned char i;
     TMOD=0x20;
     TL1=0xE8;
     TH1=0xE8;
     TR1=1;
     SCON=0xC0;
     PCON=0x00;
   for(i=0;i<32;i++)
   {
     v_data[i]=0x41+i;
     ACC=v_data[i];
     TB8=P;
     SBUF=v_data[i];
     while(!TI);
      TI=0;
      FINISH=0;
   }
   while(1);
}
```

2. 单片机 2 程序

代码如下：

```
#include <reg51.h>
#include <stdio.h>
sbit FINISH=P1^7;
sbit ERROR=P1^0;
unsigned char data v_data[32]_at_ 0x30;
unsigned char i;
void main(void)
 {
   unsigned char temp;
    TMOD=0x20;
    TL1=0xE8;
    TH1=0xE8;
    TR1=1;
    SCON=0xD0;
    PCON=0x00;
```

```
    for(i=0;i<32;i++)
    {
       while(!RI);
       RI=0;
       ACC=SBUF;
       temp=ACC;

      if(P==RB8)
      {
         v_data[i]=temp;
         FINISH=0;
      }
      else
      {
         ERROR=0;
       }
    }
while(1);
 }
```

笔记栏

课后训练

如果取消本任务中的 SW1 按键，改为由单片机 2 定时查询单片机 1 的显示信息是否更新并同步更新显示，该如何修改电路？程序又该如何编写？画出程序流程图。

“芯”相联

工业和信息化部发文推进 5G 轻量化技术演进

2023 年 10 月，工业和信息化部印发《关于推进 5G 轻量化（RedCap）技术演进和应用创新发展的通知》（以下简称“《通知》”），推进 5G RedCap 技术演进、产品研发及产业化，促进 5G 应用规模化发展。

《通知》提出，到 2025 年，5G RedCap 产业综合能力显著提升，新产品、新模式不断涌现，融合应用规模上量，安全能力同步增强。

技术产业方面，推动 5G RedCap 芯片、模组、终端等产业关键环节成本持续下降，终端产品超过 100 款。应用规模方面，全国县级以上城市实现 5G RedCap 规模覆盖，5G RedCap 连接数实现千万级增长。5G RedCap 在工业、能源、物流、车联网、公共安全、智慧城市等领域的应用场景更加丰富，应用规模持续提升。值得一提的是，这次华为又一次领先了。在 2023 全球移动宽带论坛上，华为联合产业伙伴集中发布了 RedCap 商用阶段性成果，开启 RedCap 全球商用启航之路。

本次发布是 RedCap 产业的关键里程碑，标志着 RedCap 在全球已具备规模商用条件，预计到 2023 年年底将有超过 50 款行业终端上市。

（资料来源：华为公司官网）

任务 6.2　基于串行通信的文字信息收发器的设计与仿真

课前准备

教师活动：利用线上教学平台提前布置任务，通过课前测验了解学生学情，及时调整教学策略。

学生活动：通过线上教学平台对基于串行通信的文字信息收发器的设计与仿真任务进行初步了解，并在平台中积极互动交流，提出问题，激发探究热情，为课堂的深入学习打好基础。

知识回顾

回顾任务 6.1 的内容，其实现了单片机与单片机之间的通信，而同样重要的是单片机与外设之间的通信。本任务就是使用串行通信方式实现单片机与 PC 之间文字信息的收发。

任务描述

实现 PC 对单片机控制的方法之一是控制单片机与 PC 的串行通信，这是完成基于串行通信的文字信息收发器设计的重要之处。

微课
文字信息收发器：任务分析

本任务要求用 STC90C52 单片机及 CH340 芯片，采用 USB 转串行口的方式，用 C 语言程序实现 PC 与单片机间的文字信息收发，使得 PC 能够通过单片机控制和监控外围设备，从而扩展单片机的应用。

单片机向 PC 发送信息通路：通过按下单片机外接按键 1 或按键 2，将按键状态通过单片机发送给 PC，PC 用文字形式显示按键状态。

PC 向单片机发送信息通路：PC 将“点亮 LED1”“点亮 LED2”“关闭 LED1”“关闭 LED2”4 条指令通过串行方式发送给单片机，单片机收到指令后，通过控制相应 LED 灯的亮、灭验证指令是否发送成功。

文字信息收发器任务涉及独立按键、串行口使用以及 LED 灯显示等知识点，如图 6.18 所示，是一个相对综合的实验任务，能够解决单片机与 PC 间的通信问题。

本任务用 Keil C51、串口调试助手等开发工具，实现基于串行通信的文字信息收发器的设计、运行及调试。

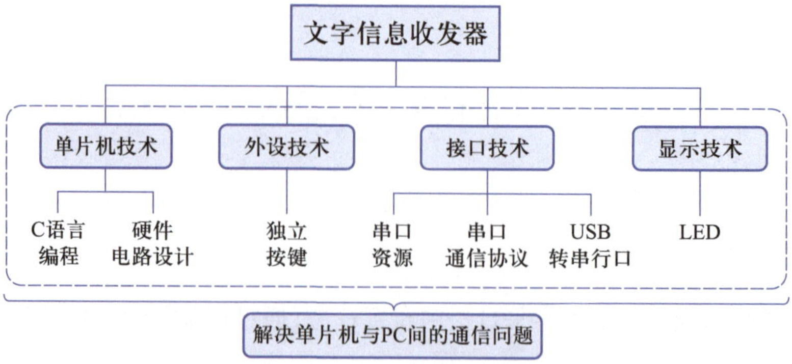

图 6.18　文字信息收发器架构

知识链接

微课
常见的串行通信接口

1. 常见的串行通信接口

(1) TTL 电平通信接口

如果两个单片机相距 1.5 m 之内，它们的串行口可直接相连。甲机的 RXD 引脚与乙机的 TXD 引脚相连，乙机的 RXD 引脚与甲机的 TXD 引脚相连，从而可直接用 TTL 电平传输方法来实现双机通信。

一般单片机串行口的输入、输出均为 TTL 电平，这种以 TTL 电平串行传输数据的方式抗干扰性差、传输距离短、传输速率低。为提高串行通信的可靠性、增大串行通信的距离、提高传输速率以及抗干扰性的要求，可选择 RS-232C、RS-422A 或 RS-485 标准串行接口等来实现串行通信。

(2) RS-232C 双机通信接口

RS-232C 标准规定电缆长度小于或等于 15 m，如果双机通信距离在 1.5 ~ 15 m 之间，可利用 RS-232C 标准接口实现点对点的双机通信，接口电路如图 6.19 所示。

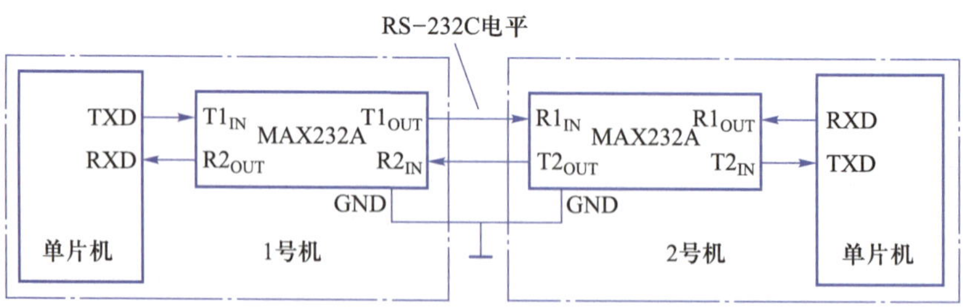

图 6.19　RS-232C 双机通信接口电路

RS-232C 的最高传输速率为 20 kbit/s，足以覆盖计算机使用的 50 ~ 9 600 bit/s 范围。传送的数字量采用负逻辑，且与地对称。其中，逻辑“1”：-3 ~ -15 V；逻辑“0”：+3 ~ +15 V。

由于单片机的引脚为 TTL 电平，与 RS-232C 标准的电平互不兼容，所以单片机使用 RS-232C 标准进行串行通信时，必须进行 TTL 电平与 RS-232C 标准电平之间的转换。

(3) RS-422A 双机通信接口

RS-232C 虽然应用很广泛,但其推出较早,有明显的缺点,如传输速率低、通信距离短、接口处信号容易产生串扰等。为克服 RS-232C 的不足,国际上又推出 RS-422A 标准。

RS-422A 与 RS-232C 的主要区别是,收发双方的信号地不再共地,采用双线平衡式驱动和差分接收的方法。每个方向用于数据传输的是两条平衡导线,这相当于两个单端驱动器。输入同一个信号时,其中一个驱动器的输出永远是另一个驱动器的反相信号。于是两条线上传输的信号电平总是相反,当一条线表示逻辑"1"时,另一条线一定为逻辑"0"。若传输过程中,信号中混入干扰和噪声(以共模形式出现),由于差分接收器的作用,其能识别有用信号并正确接收传输的信息,并使干扰和噪声相互抵消。

由于 RS-422A 标准的特性,其能在长距离、高速率下传输数据。它的最大传输速率为 10 Mbit/s,在此速率下,电缆允许长度为 12 m;采用较低传输速率时,最大传输距离可达 1 219 m。为了增加通信距离,可以在通信线路上采用光电隔离方法。利用 RS-422A 标准进行双机通信的接口电路如图 6.20 所示。

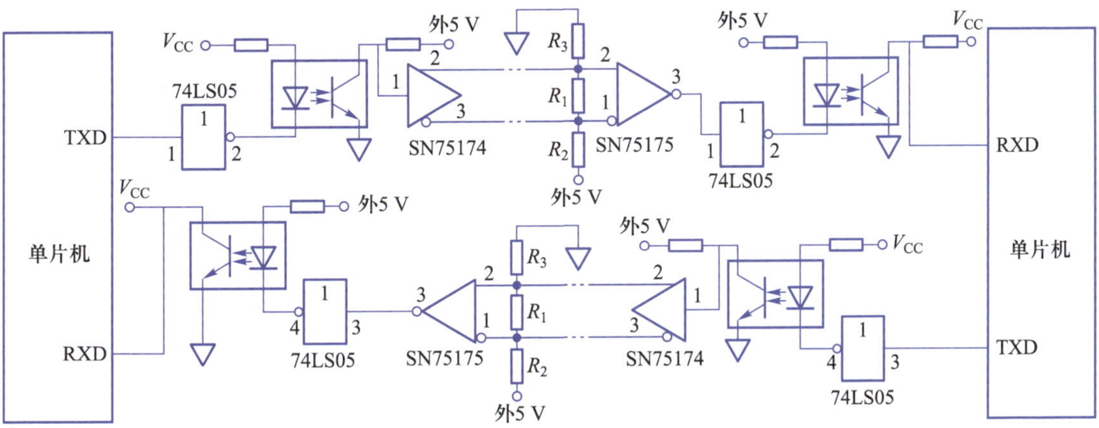

图 6.20　RS-422A 双机通信接口电路

图中的 SN75174、SN75175 是 TTL 电平到 RS-422A 电平、RS-422A 电平到 TTL 电平的电平转换芯片。此外,用于 TTL 电平与 RS-422A 电平转换的收发器还有 MAX422。

(4) RS-485 双机通信接口

RS-422A 双机通信需 4 芯传输、不经济,故在工业现场,通常采用双绞线传输的 RS-485 串行通信接口,可以很容易地实现多机通信。RS-485 是 RS-422A 的变形,它与 RS-422A 的区别在于:RS-422A 为全双工,采用两对平衡差分信号线;而 RS-485 为半双工,采用一对平衡差分信号线。RS-485 对于多站互连是十分方便的,很容易实现多机通信。RS-485 标准允许最多并联 32 台驱动器和 32 台接收器。

图 6.21 所示为 RS-485 双机通信接口电路。与 RS-422A 一样,其最大传输距离约为 1 219 m,最大传输速率为 10 Mbit/s。通信线路要采用平衡双绞线,其长度与传输速率成反比,在 100 kbit/s 速率以下,才可能使用规定的最长电缆。只有在很短的距离下才能获得最大传输速率,一般 100 m 长双绞线的最大传输速率仅为 1 Mbit/s。

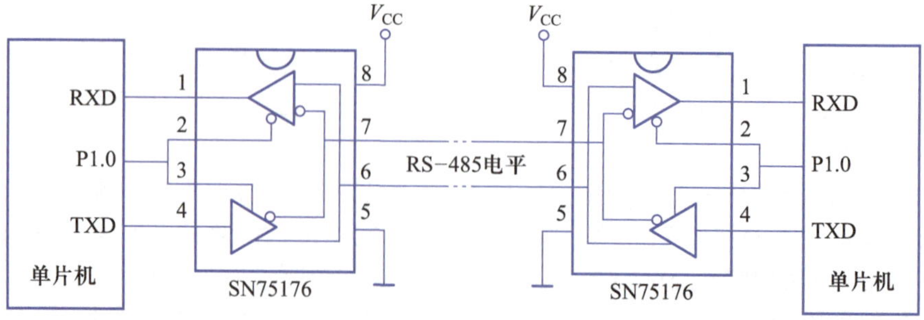

图 6.21　RS-485 双机通信接口电路

图 6.21 中的 SN75176 芯片内集成了一个差分驱动器和一个差分接收器，且兼有 TTL 电平到 RS-485 电平、RS-485 电平到 TTL 电平的转换功能。此外，常用的 RS-485 电平与 TTL 电平转换芯片还有 MAX485 等。

2. 单片机与 PC 通信概述

近年来，在智能仪器仪表、数据采集、嵌入式自动控制等场合，越来越普遍地应用单片机作为核心控制部件。但当需要处理较复杂数据或要对多个采集的数据进行综合处理以及需要进行集散控制时，单片机的算术运算和逻辑运算能力都显得不足，这时往往需要借助计算机系统：将单片机采集的数据通过串行口传送给 PC，由 PC 高级语言或数据库语言对数据进行处理，或者实现 PC 对远端单片机的控制。因此，实现单片机与 PC 之间的远程通信更具有实际意义。

(1) 使用电平转换芯片 MAX232

单片机中的数据信号电平都是 TTL 电平，这种电平采用正逻辑标准，即约定大于或等于 2.4 V 表示逻辑“1”，而小于或等于 0.5 V 表示逻辑“0”，这种信号只适用于箱内通信，若用于远距离传输必然会使信号衰减和畸变。因此，在实现 PC 与单片机之间通信时，通常采用 PC 串行通信接口标准如 RS-232C。

单片机串行口的输出电平和 PC 串行口的电平不匹配，因此需要一个转换芯片 MAX232。MAX232 是 MAXIM 公司生产的具有两路接收器和驱动器的芯片，其内部有一个电源电压转换器，可以将输入 +5 V 的电压转换成 RS-232C 输出电平所需的 ±12 V 电压。采用这种芯片来实现接口电路特别方便，只需单一的 +5 V 电源即可，其片内有 2 个发送器、2 个接收器，有 TTL 输入 /RS-232C 输出，以及 RS-232C 输入 /TTL 输出的功能。

MAX232 引脚排列如图 6.22 所示。其中引脚 1 ~ 6（C1+、VS+、C1−、C2+、C2−、VS−）用于电源电压转换，只要在外部接入相应的电解电容即可；引脚 7 ~ 10 和引脚 11 ~ 14 构成两组 TTL 信号电平与 RS-232C 信号电平的转换电路，对应引脚可直接与单片机串行口的 TTL 电平引脚和 PC 的 RS-232C 电平引脚相连。

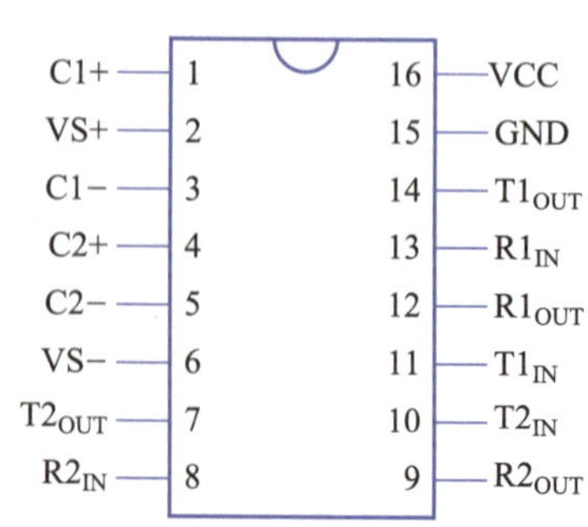

图 6.22　MAX232 引脚排列

用 MAX232 芯片实现 PC 与单片机串行通信的典型电路如图 6.23 所示。图中外接电解电容用于电源电压转换，可提高抗干扰能力，可选取相同容量的电容。另外，VCC 与 GND 之间电容的作用是对电源的噪声干扰进行滤波,一般取 0.1 μF。

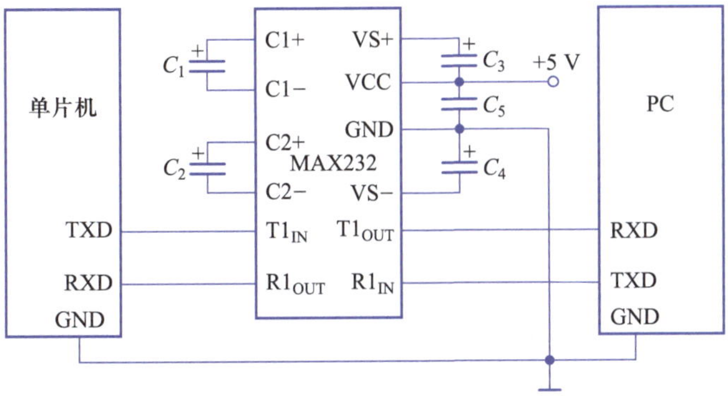

图 6.23 MAX232 的具体应用

【例 6.2】 单片机的串行口是 TTL 电平,经电平转换芯片 MAX232 进行电平转换后,与 PC 的串行口相连,实现单片机和 PC 的串行通信。单片机从 20H 单元开始,向 PC 传送 ASCII 码表中从 A 开始的 32 个字符,波特率为 1 200 bit/s,偶校验,8 位数据传送,1 个停止位。图 6.24 所示为此例的电路图。

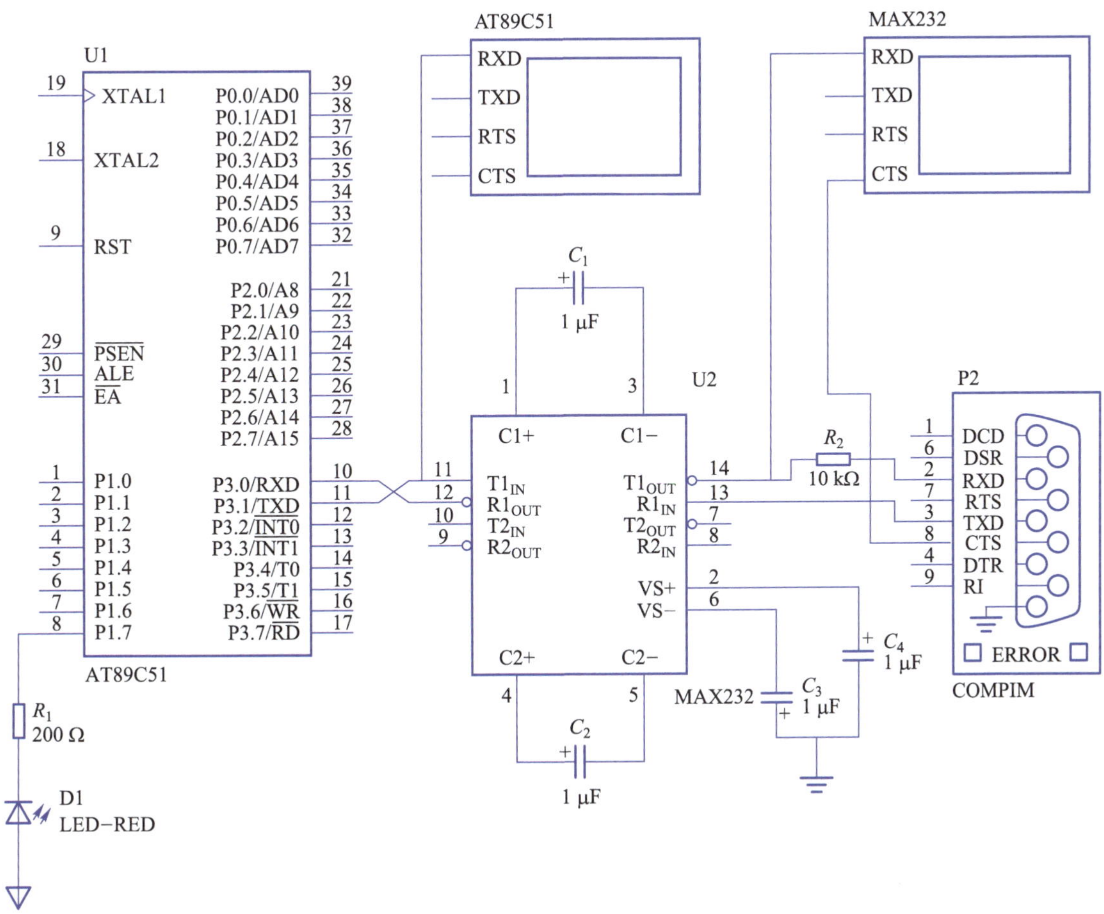

图 6.24 单片机与 PC 之间的通信电路图

由于Proteus软件中暂无STC90C52单片机，故仿真时可使用功能相近的AT89C51单片机替代。按照任务要求，电路可由AT89C51单片机、MAX232模块、COMPIM模块等构成。

C语言程序如下：

笔记栏

```
#include <reg51.h>
#include <stdio.h>

unsigned char data v_data[33]_at_ 0x20;
sbit FINISH=P1^7;

void main(void)
{
    unsigned char i = 0,j = 0;

    TMOD=0x20;
     TL1=0xE8;
     TH1=0xE8;
     TR1=1;
     EA=1;
     ES=1;
     SCON=0xC0;
     PCON=0x00;

  for(j=0;j<32;j++)
    {
     v_data[i] = 0x41 + i;
     ACC = v_data[i];
     TB8=P;
     SBUF=ACC;
     while(!TI);
     i++;
   }
   while(1);
 }
 void  seri_port()interrupt 4
 {
    unsigned char i;
   if(TI)
    {
        TI = 0;
```

```
        }
        FINISH=0;
    }
```

Proteus 仿真注意事项如下：

① 添加元件中增加了 MAX232 元件和串口元件 COMPIM。

COMPIM 元件图和各引脚含义如图 6.25 和图 6.26 所示。

笔记栏

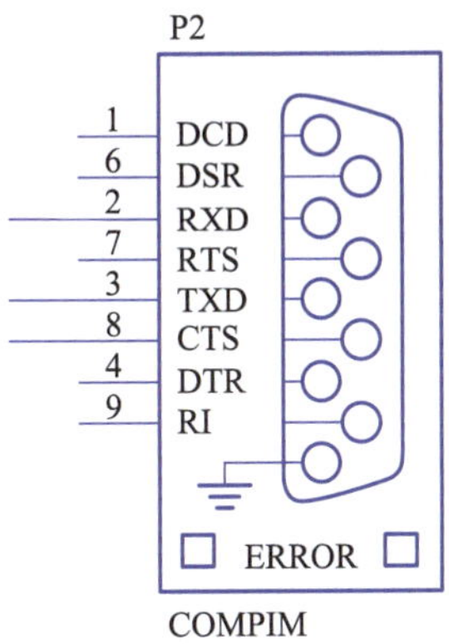

图 6.25　COMPIM 元件图

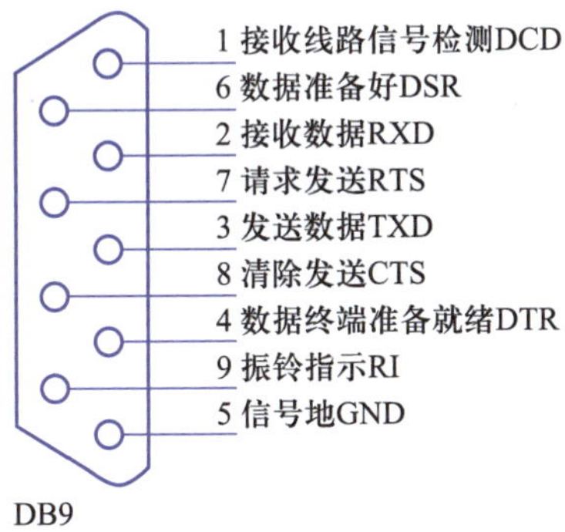

图 6.26　COMPIM 各引脚含义

② 虚拟终端属性设置。

图 6.24 中使用了两个虚拟终端，分别是 AT89C51 和 MAX232。

AT89C51 虚拟终端是单片机的数据发送终端，用来监视单片机发送的数据，其波特率、数据位、停止位和检验位要与数据传输的完全一致，其设置如图 6.27 所示。

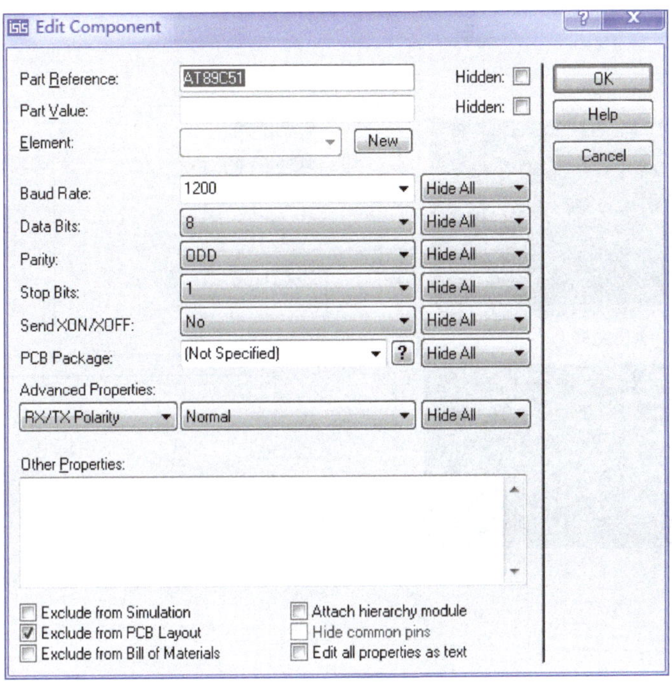

图 6.27　AT89C51 虚拟终端设置

要注意到MAX232虚拟终端与AT89C51虚拟终端在RX/TX Polarity属性上的设置是相反的，因为信号在经过器件MAX232时要反相，如图6.28所示。

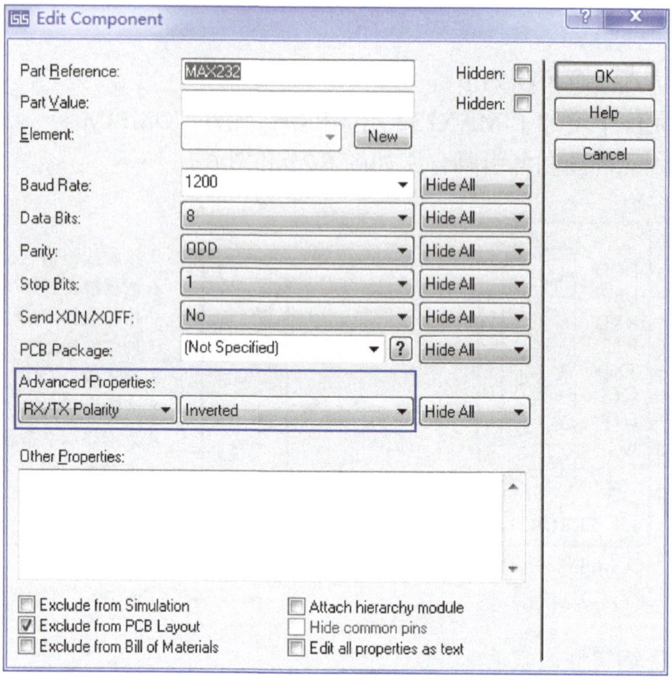

图6.28　MAX232虚拟终端设置

本例运行仿真结果如图6.29所示。图中，MAX232虚拟终端收到了单片机发送的数据，说明单片机与PC的通信正常。

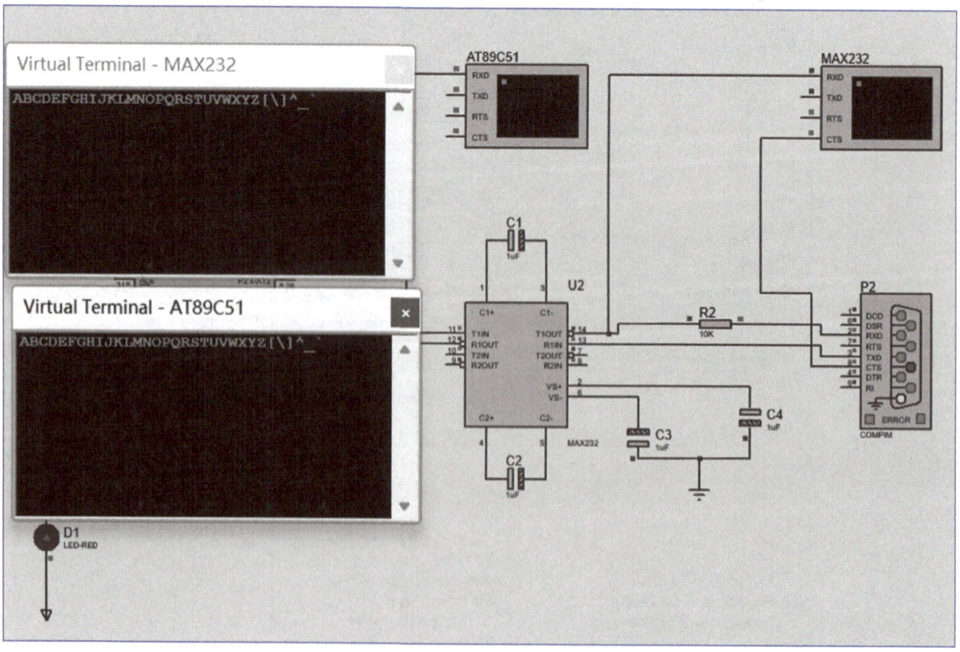

图6.29　运行仿真结果

(2) 使用 USB 转串行口芯片 CH340

由于部分 PC 上不存在串行口，如要使用 PC 上的串行口，可以把 PC 上的 USB 口转换为串行口使用。常用的 USB 转串行口芯片有 CH340、CP2102 等。

CH340 是 USB 总线的转接芯片，可实现 USB 转串行口或者 USB 转打印口，如图 6.30 所示。在串行口方式下，CH340 提供常用的 MODEM 联络信号，用于为计算机扩展异步串行口，或者将普通的串行口设备直接升级到 USB 总线。

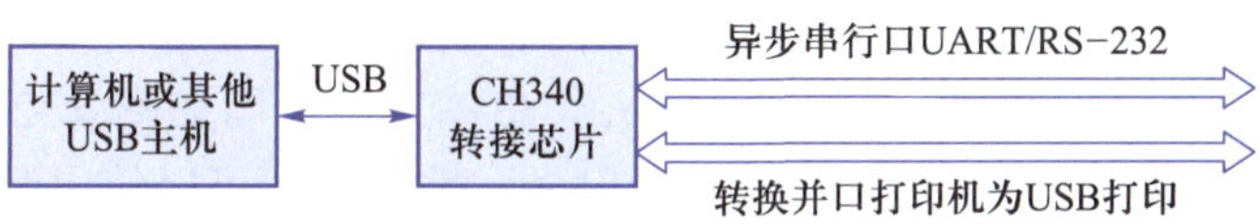

图 6.30　CH340 外部连接示意图

CH340 能够兼容 USB 2.0，属于仿真标准串行口，用于升级原串行口外围设备，或者通过 USB 增加额外串行口，与计算机端 Windows 操作系统下的串行口应用程序完全兼容，内置收发缓冲区，支持通信波特率 50 bit/s ~ 2 Mbit/s，通过外加电平转换器件提供 RS-232、RS-485、RS-422 等接口，同时能够支持 5 V 或 3.3 V 电源电压。CH340 具有 SOP-16、SOP-8、SSOP-20 等多种封装形式，见表 6.15。

表 6.15　CH340 封装形式

封装形式	塑体宽度 /mm	引脚间距 /mm	封装说明	订货型号
SOP-16	3.9	1.27	标准 16 脚贴片	CH340G
SOP-16	3.9	1.27	标准 16 脚贴片	CH340C
SOP-8	3.9	1.27	标准 8 脚贴片	CH340N
ESSOP-10	3.9	1.00	带底板的窄距 10 脚贴片	CH340K
SOP-16	3.9	1.27	标准 16 脚贴片	CH340B
MSOP-10	3.0	0.50	微小型 10 脚贴片	CH340E
SSOP-20	5.30	0.65	缩小型 20 脚贴片	CH340T
SSOP-20	5.30	0.65	缩小型 20 脚贴片	CH340R

CH340G 作为 CH340 系列中的一款经典芯片，被广泛使用。CH340G 引脚排列如图 6.31 所示。当 CH340 芯片使用 5 V 工作电压时，VCC 引脚输入外部 5 V 电源，且 V3 引脚应外接退耦电容。当 CH340 芯片使用 3.3 V 工作电压时，V3 引脚应该与 VCC 引脚相连接，同时输入外部的 3.3 V 电源，其他电路与 CH340 芯片相连接的工作电压不能超过 3.3 V。

CH340 内置了独立的收、发缓冲区，支持单工、半双工或者全双工异步串行通信。串行数据包括 1 个低电平起始位，5、6、7 或 8 个数据位，1 个或 2 个高电平停止位，支持奇校验 / 偶校验 / 标志校验 / 空白校验。串行口发送信号的波特率误差小于 0.3%，串行口接收信号的允许波特率误差不小于 2%。

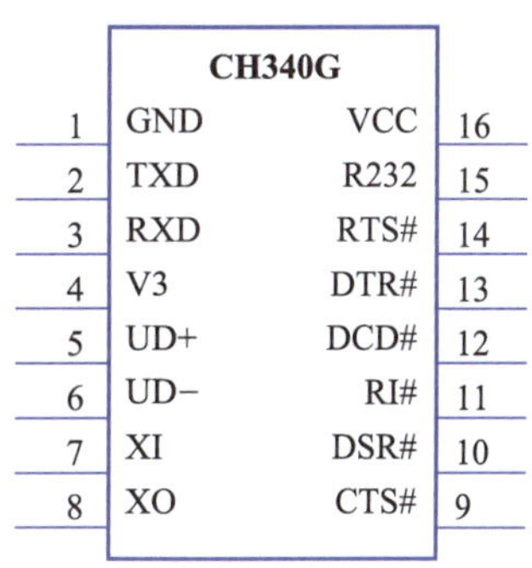

图 6.31　CH340G 引脚排列

要实现 USB 转 TTL 串行口，那么信号线可以只连接 RXD、TXD 以及公共地线，其他信号线根据需要选用，不需要时都可以悬空。

任务设计与实施

一、总体方案设计

基于串行通信的文字信息收发器需要单片机控制按键电路、LED 灯显示电路和单片机最小系统以及串行口通信模块，其总体方案框图如图 6.32 所示。本任务使用国产 STC90C52 单片机。PC 串行口显示输入界面可以使用调试助手软件 STC-ISP 进行调试验证，该软件可在 STC 官网自行下载使用。

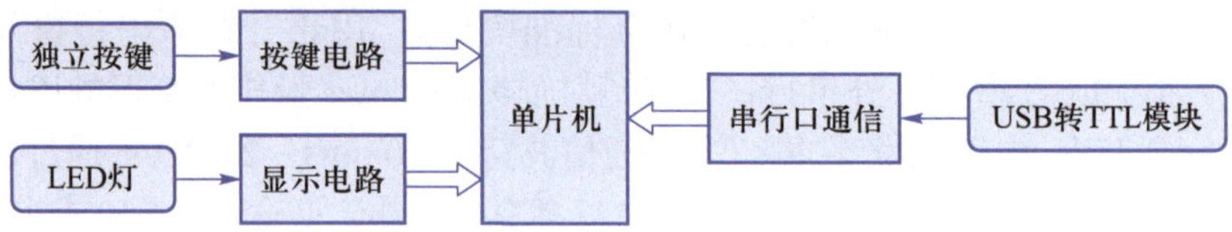

图 6.32　基于串行通信的文字信息收发器总体方案框图

二、硬件电路设计

微课
文字信息收发器：硬件电路设计

1. 按键电路设计

根据任务描述可知，按键的按压状态是单片机向 PC 发送的串行通信数据，由于文字信息收发器所使用的按键个数不多，故采用独立按键来实现。在 STC90C52 单片机的外部 I/O 引脚上连接两个独立按键，就构成了按键电路，如图 6.33 所示，按键一端连接单片机的 I/O 端口，另一端接 GND。当对应的按键按下时，将低电平信号传递给单片机 P3.2 或者 P3.3 引脚，单片机进行相应控制。

2. LED 灯显示电路设计

根据任务描述，PC 通过串行通信方式向单片机发送 LED 灯亮、灭的指令，故使用两个 LED 灯来验证文字信息收发器的收、发是否成功，其电路如图 6.34 所示，LED 一端连接单片机的 I/O 端口，当然需要接入限流电阻 R_3 和 R_4，另一端接 V_{CC}。当 PC 向单片机发送点亮 LED 灯的信号时，若对应的 LED 灯执行正确指令，则 PC 向单片机发送串行通信信息成功，否则视为失败。

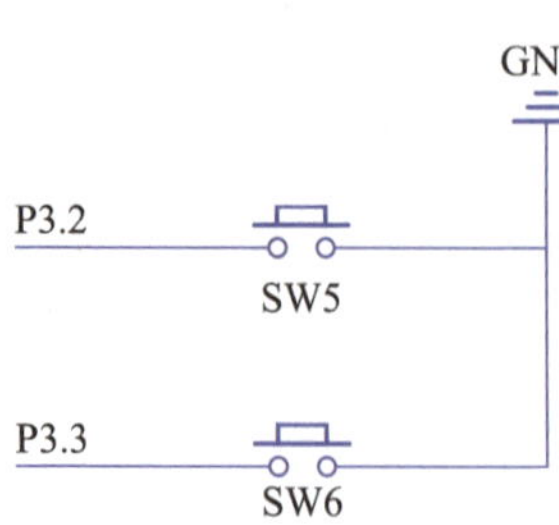

图 6.33　按键电路

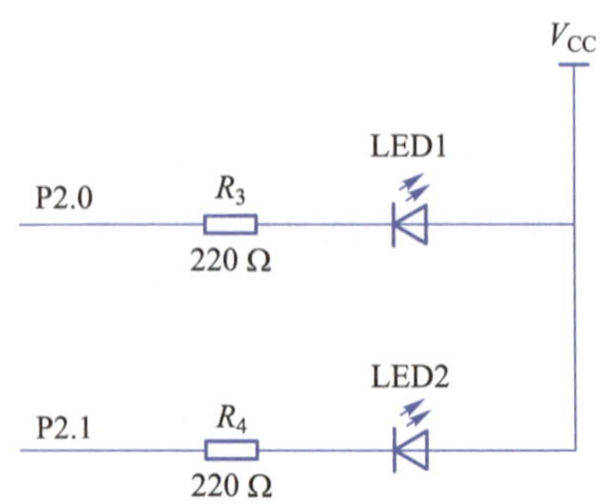

图 6.34　LED 显示电路

3. 单片机电路设计

单片机选用 STC90C52，其电路如图 6.35 所示。RST 接复位电路，10 脚和 11 脚作为串行口数据输入口和输出口，18 脚和 19 脚外接外部晶振电路，20 脚接 GND，40 脚接电源 V_{CC}，32 脚和 33 脚外接按键电路，21 脚和 22 脚外接 LED 灯。

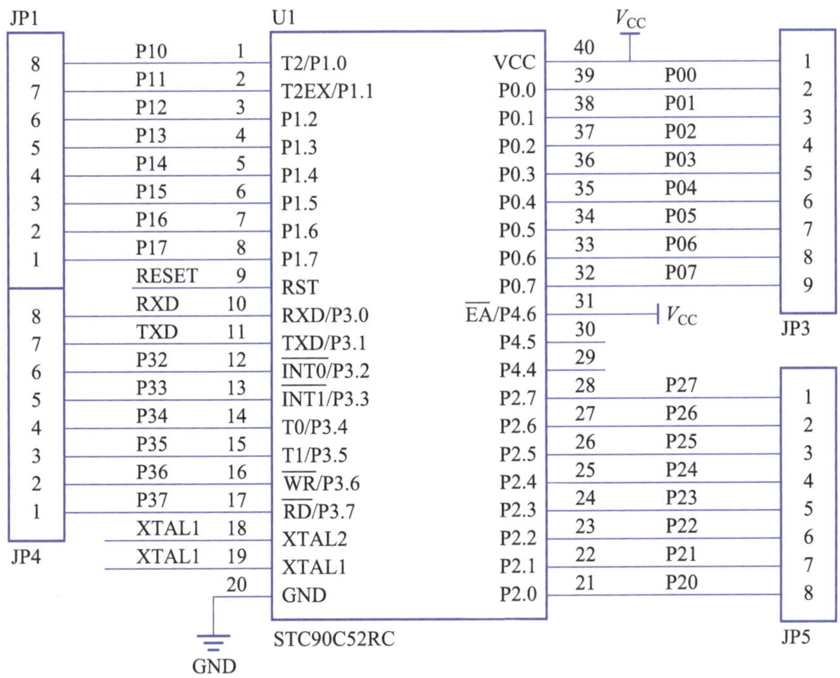

图 6.35　单片机电路

4. 串行口通信电路设计

CH340G 是 USB 总线的转接芯片，可实现 USB 转串行口。单片机与 PC 串行口通信连接示意图如图 6.36 所示，使用 USB 转 TTL 芯片，将单片机的 TTL 串行口信号发送到 PC 上，同时 PC 的信号通过串行口方式发送给单片机。单片机与 PC 串行口通信电路原理图如图 6.37 所示，CH340G 的 TXD 与单片机的 RXD 连接，CH340G 的 RXD 与单片机的 TXD 连接。CH340G 用的是 5 V 供电，如果用 3.3 V 供电，其 4 脚要连接到 3.3 V。CH340G 的 VCC 引脚输入外部 5 V 电源时，V3 引脚外接 0.01 μF 的退耦电容，VCC 引脚外接 0.1 μF 电容用于外部电源退耦。CH340G 内置了 USB 上拉电阻，UD+ 和 UD- 引脚可直接连接到 USB 总线上。数据传输引脚包括 TXD 引脚和 RXD 引脚。

图 6.36　单片机与 PC 串行口通信连接示意图

将 STC 公司提供的工具软件 STC-ISP 安装在 PC 端作为 PC 显示界面，以键盘输入文字的方式作为串行口发送信息，也可通过该软件直接观察按键状态。

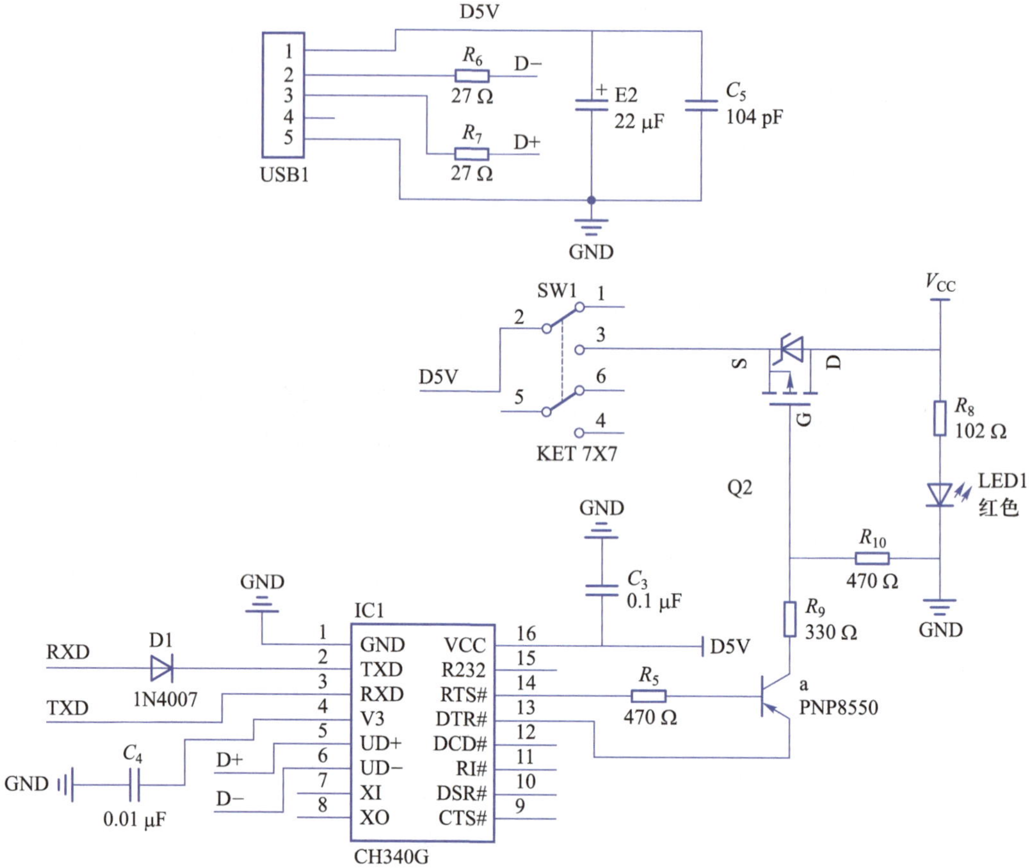

图 6.37　单片机与 PC 串行口通信电路原理图

三、软件设计

微课
文字信息收发器：软件设计

1. 按键电路软件设计

前面已经介绍了如何在硬件上实现按键电路，因为使用 STC90C52 单片机，而该单片机基于 C51 内核，所以在程序中需要加入对应的头文件。接着定义程序的全局变量。根据文字信息收发器的任务描述，按下按键 1 时，上位机界面显示“按键 1 按下”的文字；同样，按下按键 2 时，上位机界面显示“按键 2 按下”的文字。当在上位机界面中输入“点亮 LED1”的指令时，对应开发板上的 LED 灯点亮。一共需要实现 4 条指令，分别是“点亮 LED1”“关闭 LED1”“点亮 LED2”“关闭 LED2”。在程序中首先定义 4 个位变量，分别对应按键 1、按键 2、LED 灯 1、LED 灯 2，根据电路原理图可以知道按键和 LED 灯对应的端口，对其进行赋值。然后定义无符号的整型指针全局变量，分别指向文字“点”和“关”，并定义一个数组用来存放串行数据，定义串行口通信数据的索引位，最后定义串行口数据是否接收完成的数据位。

软件设计代码如下：

```
#include <reg52.h>
#include <stdio.h>
```

```
#include <intrins.h>
sbit key1 = P3^2;
sbit key2 = P3^3;
sbit LED1 = P2^0;
sbit LED2 = P2^1;
unsigned int *dian = " 点 ";
unsigned int *guan = " 关 ";
unsigned char receive_data[50];
unsigned char receive_num=0;
bit receive_ok=0;
```

笔记栏

进行按键电路软件设计时需要注意,必须要消除按键抖动带来的误操作,可以用延时函数来实现按键消抖。这里直接使用工具软件 STC-ISP,该软件中的延时计算器可以自动生成延时函数代码部分。打开 STC-ISP,选择“软件延时计算器”,在“芯片型号”中设置所用的单片机型号,根据单片机电路设计可知,“系统频率”为 11.059 2 MHz,“定时长度”为 300 ms,单击“生成 C 代码”按钮,可直接生成延时函数代码,如图 6.38 所示。

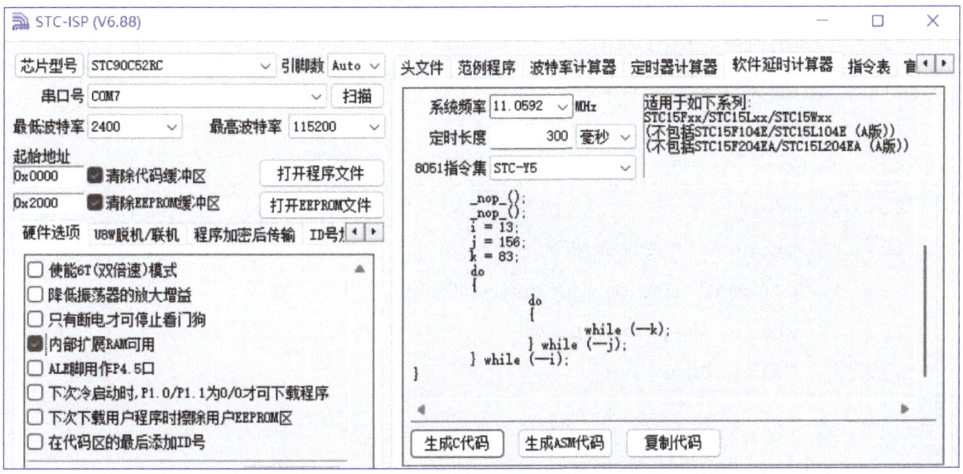

图 6.38　STC-ISP 软件自动生成延时函数代码

具体延时函数代码如下:

```
void Delay300ms()          //按键消抖延时函数
{
unsigned char i, j, k;
_nop_();
_nop_();
i = 13;
j = 156;
```

```
k = 83;
do
{
     do
     {
          while (--k);
     } while (--j);
} while (--i);
}
```

主程序中需要判断按键 1 和按键 2 是否按下,如果按键按下,那么对应键值等于“0”。在 STC-ISP 界面打印对应的按键按下文字,用 putchar(0x0d) 和 putchar(0x0a) 进行换行,以免多次操作按键后,PC 上文字信息输出太多次而不易被人眼识别。代码如下:

```
if (key1 == 0)
{
     printf (("按键 1 按下      "));
     putchar (0x0d);putchar (0x0a);
     while (key1==0);
     Delay300ms ();
}
if (key2 == 0)
{
     printf ("按键 2 按下      ");
     putchar (0x0d);putchar (0x0a);
     while (key2==0);
     Delay300ms ();
}
```

2. LED 灯显示电路软件设计

根据 PC 发送给单片机串行口数据的解析,配置 LED 灯端口驱动高电平或者低电平,控制灯亮或灯灭。若要点亮 LED 灯,将 LED 灯端口配置为低电平,否则为高电平。代码如下:

```
LED1 = 0;//点亮 LED 灯 1
LED1 = 1;//关闭 LED 灯 1
LED2 = 0;//点亮 LED 灯 2
LED2 = 1;//关闭 LED 灯 2
```

3. 单片机串行口通信软件设计

单片机与 PC 约定的串行口通信协议帧格式为 8 位,如“点亮 LED1”的帧内容见表 6.16。设置 REN=1 时，串行口既能发送也能接收数据。串行控制寄存器和波特率选择特殊功能寄存器的具体配置可以参考前面所介绍的知识。

表 6.16　"点亮 LED1"帧内容

数据位	7	6	5	4	3	2	1	0
内容	1	D	E	L	亮	—	点	—

笔记栏

串行口通信函数设计代码如下：

```
void UsartConfiguration()
{
PCON &= 0x7F;                    //波特率不加倍
SCON = 0x50;                     //8 位数据
TMOD &= 0x0F;                    //设置定时 / 计数器模式
TMOD |= 0x20;                    //设置定时 / 计数器模式
TL1 = 0xFD;                      //设置定时 / 计数器初值
TH1 = 0xFD;                      //设置定时 / 计数器
ET1 = 0;                         //禁止定时 / 计数器中断
TR1 = 1;                         //定时 / 计数器 1 开始计时
REN = 1;
ES=1;
EA = 1;
}
char putchar (char c)
{
SBUF=c;
while(!TI);
TI=0;
return c;
}
void Com_Int(void) interrupt 4
{
unsigned int mid=0;
if(RI == 1)
{
    a: mid=0;
    receive_data[receive_num] = SBUF;
    receive_num++;
    RI=0;
    while (mid<220)
```

```
    {
     mid++;
     _nop_ ();_nop_ ();
     if (RI==1){goto a;}
    }
    receive_ok=1;
}
}
```

笔记栏

在主函数中解析串行口数据并执行相应操作，相关软件代码如下：

```
void main()
{
unsigned char num=0;
UsartConfiguration();
while(1)
{
if (key1 == 0)
{
     printf ((" 按键 1 按下      "));
     putchar (0x0d);putchar (0x0a);
     while (key1==0);
     Delay300ms ();
}
     if (key2 == 0)
{
     printf (" 按键 2 按下      ");
     putchar (0x0d);putchar (0x0a);
     while (key2==0);
     Delay300ms ();
}

if (receive_ok==1)
{
if(receive_data[7]=='1'&&((unsigned int)((unsigned int)
(receive_data[0]<<8)
|receive_data[1])==*dian))
    {
        LED1 = 0;
    }
```

```
else if (receive_data[7]=='2'&&((unsigned int)((unsigned int)
 (receive_data[0]<<8)
 |receive_data[1])==*dian))
    {
     LED2 = 0;
    }
else if (receive_data[7]=='1'&&((unsigned int)((unsigned int)
 (receive_data[0]<<8)
 |receive_data[1])==*guan))
    {
     LED1 = 1;
    }
    else if (receive_data[7]=='2'&&((unsigned int)((unsigned
int)(receive_data[0]<<8)
 |receive_data[1])==*guan))
    {
     LED2 = 1;
    }
    receive_num=0;receive_ok=0;
}
}
}
```

四、系统调试

微课
文字信息收发器：系统调试

1. 硬件设计

选择合适的元器件并设置正确的参数，完成硬件电路设计。

2. 软件调试

使用 Keil C51 软件编写程序并生成单片机能够运行的可执行程序文件，加载至单片机中。

3. 软、硬件联调

在 PC 上安装工具软件 STC-ISP，其软件图标如图 6.39 所示。打开该软件后，选择“串口助手”标签，在“发送缓冲区”中输入指令，如“关闭 LED1”，观察相应的 LED 灯是否熄灭，如图 6.40 所示。若相应的 LED 灯能正常熄灭，表示能够正确完成 PC 通过串行方式向单片机发送文字信息的任务，否则任务失败。按下按键，单片机向 PC 发出关于按键按下的文字信息，也可以通过串口调试助手显示。图 6.41 所示为收发文字信息操作的结果，当按键 1 和按键 2 按下后，在“接收缓冲区”中显示汉字“按键 1 按下”“按键 2 按下”。若运行结果与任务要求不一致，则要对电路和程序进行分析检查，直到运行正确。

图 6.39 STC-ISP 软件图标

笔记栏

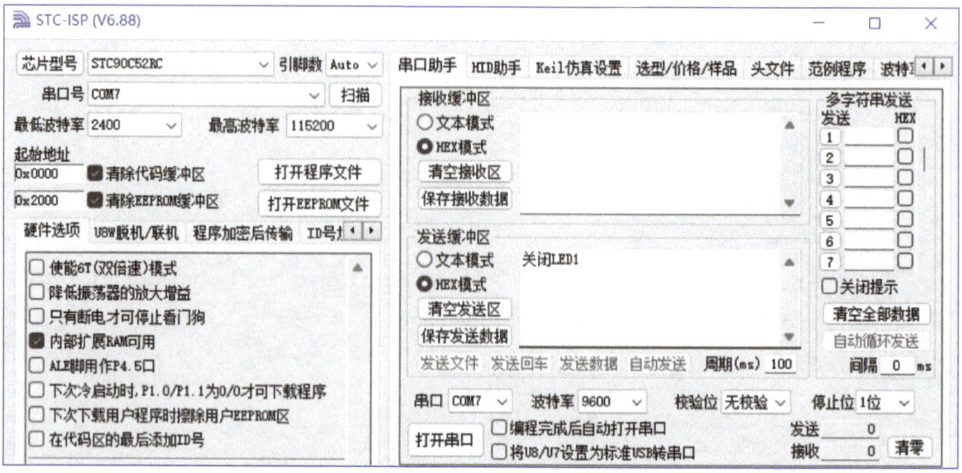

图 6.40　STC-ISP 软件“串口助手”发送文字信息

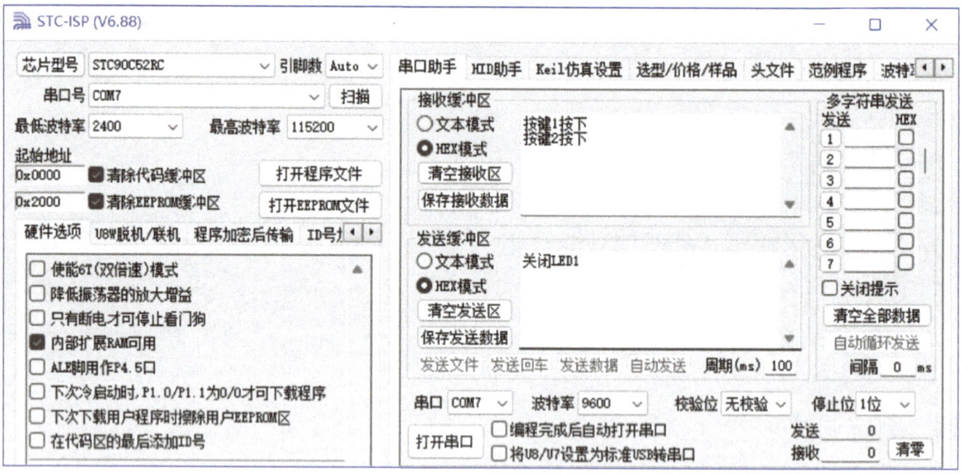

图 6.41　STC-ISP 软件“串口助手”收发文字信息操作结果

任务评价

一、任务总结

单片机与 PC 的通信，也是单片机对外开放后实现的扩展功能。本任务在单片机最小系统的基础上，外接独立按键和 LED 灯，与 PC 进行文字通信，采用串行口通信电路以及串行口调试助手，实现 PC 与单片机双向文字通信的任务。通过本任务，学习者能够掌握串行口调试助手的使用、单片机与 PC 的串行通信方法。本任务综合性较强，能够激发学习者对单片机实用性的探索精神。任务完成后需撰写设计报告。

二、任务评价表

本任务的评价指标及评价内容见表 6.17 ~ 表 6.22。

表 6.17　总 评 成 绩

<table>
<tr><th colspan="10">总评成绩</th></tr>
<tr><td>项目名称</td><td colspan="4"></td><td>任务名称</td><td colspan="4"></td></tr>
<tr><td>班级</td><td colspan="4"></td><td>日期</td><td colspan="4"></td></tr>
<tr><td rowspan="2">姓名</td><td rowspan="2">学号</td><td rowspan="2">组号</td><td rowspan="2">自我评价
10%</td><td rowspan="2">小组互评
10%</td><td colspan="3">教师评价</td><td rowspan="2">总评成绩</td></tr>
<tr><td>仿真操作
30%</td><td>作品制作与调试排故
30%</td><td>设计报告
20%</td></tr>
<tr><td></td><td></td><td></td><td></td><td></td><td></td><td></td><td></td><td></td></tr>
</table>

表 6.18　自 我 评 价

自我评价					
项目名称			任务名称		
班级			日期		
姓名		学号	组号	组长	
序号	评价项目		分值	得分	
1	参与查阅资料		5 分		
2	参与同组成员间的交流沟通		5 分		
3	参与设计程序		10 分		
4	参与软件调试		15 分		
5	参与硬件调试		15 分		
6	参与作品调试		15 分		
7	参与作品汇报		10 分		
8	撰写作品设计报告		10 分		
9	课程结束操作台干净		5 分		
10	课程结束计算机关闭		5 分		
11	参与交流区讨论、答疑		5 分		
总分					

表 6.19　小 组 互 评

小组互评							
项目名称				任务名称			
班级				日期			
被评人姓名		被评人学号		被评人组号		评价人姓名	
序号	评价项目				分值	得分	
1	前期资料准备完备				10 分		
2	程序设计正确				20 分		
3	单片机发送给 PC 功能正确				20 分		
4	PC 发送给单片机功能正确				20 分		
5	心得体会汇总丰富翔实				10 分		
6	积极参与平台上的讨论、答疑				10 分		
7	积极对遇到困难的小组给予帮助与技术支持				10 分		
总分							

笔记栏

表 6.20　仿真操作（教师评价）

仿真操作				
项目名称			任务名称	
班级			日期	
姓名		学号	组号	
序号	评价项目		每处错误扣分值	得分
1	Keil C51 程序编写	语法	3 分	
		逻辑	5 分	
2	Proteus 原理图电路	元器件使用	5 分	
		元器件参数	3 分	
		接线	4 分	
总分				

表 6.21　作品制作与调试排故（教师评价）

作品制作与调试排故				
项目名称			任务名称	
班级			日期	
姓名		学号	组号	
序号	评价项目		分值	得分
1	调试流程合理可行		10 分	
2	实物调试	能选择合适调试设备	5 分	
		完成故障排查	10 分	
		实现效果与设计方案一致	20 分	
	故障排除	故障原因排查得当	15 分	
		故障解决方法得当	15 分	
3	仪器使用完毕后归放整齐有序		5 分	
4	完成调试记录单		10 分	
5	课程结束操作台干净		5 分	
6	课程结束计算机关闭		5 分	
总分				

表 6.22　设计报告（教师评价）

设计报告				
项目名称			任务名称	
班级			日期	
姓名		学号	组号	
序号	评价项目		分值	得分
1	设计方案描述准确		20 分	
2	元器件选用正确合理		20 分	
3	设计原理正确可行		20 分	
4	调试方法得当有效		20 分	
5	报告排版设计美观大方		20 分	
总分				

知识拓展

如果单片机的通信方是已经成型的系统，如 PC，这时单片机串行口的帧格式和波特率必须和对方一致。

课后训练

在实践中，往往在完成任务描述所述功能后，还会存在一些异常情况，这时就需要丰富软件测试用例。根据本任务的软件设计，若增加测试用例，如在 PC 端输入“点灭 LED1”时，观察到 LED1 点亮，试分析原因并进行软件设计的修改及完善。

“芯”相联

中国 6G 通信技术研发取得重要突破

中国航天科工二院 25 所在北京完成国内首次太赫兹轨道角动量的实时无线传输通信实验，利用高精度螺旋相位板天线在 110 GHz 频段实现了 4 种不同波束模态，通过 4 模态合成在 10 GHz 的传输带宽上完成 100 Gbit/s 无线实时传输，最大限度提升了带宽利用率，为我国 6G 通信技术发展提供重要保障和支撑。无线回传技术是移动回传网络中连接基站与核心网设备的关键技术。随着通信速率需求的不断提升，移动通信频段被扩展至毫米波和更高的太赫兹频段，信号传输损耗大大增加，基站部署密度大幅提升。在基站“高度致密化”的 5G/6G 通信时代，传统基于光纤的承载网传输面临成本高、部署周期长、灵活性差等问题，无线回传技术将逐渐占据主导地位。据研究报告指出，2023 年全球基站使用无线回传的比例高达 62% 以上。

自 2021 年以来，中国航天瞄准 6G 通信的热点需求，紧跟国际通信技术前沿，选择太赫兹轨道角动量通信作为全新突破方向，在太赫兹频段上实现多路信号复用传输，完成超大容量的数据传输，频谱利用率提升两倍以上。未来，该技术还可服务于 10 m ~ 1 km 的近距离宽带传输领域，为探月、探火着陆器和巡航器之间的高速传输，航天飞行器内部的无缆总线传输等航天领域应用提供支撑，为我国深空探测、新型航天器研发提供信息保障能力。

（资料来源：新京报）

项目七

单片机综合应用

项目导读

本项目包括智能道闸控制系统的设计与实现、LED点阵显示器的设计与仿真两个任务，先后介绍温度测量、距离测量、8×8 LED点阵显示器的结构和显示方式、字模的知识，并以具体模块为例分析测温、测距传感器的应用方法，讲解使用C51系列单片机控制多个8×8 LED点阵显示器的方法、LED点阵显示器的驱动电路和相关程序设计方法，随后讲解步进电动机、12864液晶显示屏的相关知识，最后分析任务需求并实施，使学生掌握单片机应用系统综合项目开发流程。

知识目标	1. 了解单片机系统开发流程 2. 掌握STC89C51与AT89C52单片机外设连接方法 3. 掌握复杂任务的C语言编程结构和方法
能力目标	1. 能够实现任务要求的硬件电路元器件识别与选取 2. 能够用C语言编写系统程序 3. 能够完成软、硬件联调
素养目标	1. 具有自主意识，主动培养利用单片机进行综合项目开发的兴趣，主动学习 2. 具有批判性思维和创新能力，勇于开展个性化项目设计，并具备严谨的验证思维 3. 掌握正确的认识论和方法论，具有求真务实、开拓进取的精神
教学重点	1. 任务需求分析及项目整体硬件电路设计 2. 多种外设模块与单片机接口协议与通信方法 3. LED点阵显示程序的设计方法
教学难点	1. 多外设模块的控制方法与逻辑关系设计 2. 步进电动机的控制方法 3. 16×32 LED点阵的逐列扫描显示和逐行扫描显示电路和程序设计方法
建议学时	16学时
推荐教学方法	从任务入手，通过对任务描述进行分析和拆解，让学生了解复杂项目设计的基本思路，进而熟悉任务需求分析、原理图绘制、印制电路板布板等硬件电路设计方法以及软件代码调试流程
推荐学习方法	勤学勤练、善于思考是做好项目的关键，动手完成智能道闸控制系统及LED点阵显示器的设计，通过边做边学获得更好的学习效果

任务 7.1 智能道闸控制系统的设计与实现

笔记栏

课前准备

教师活动：利用线上教学平台提前布置任务，通过课前测验了解学生学情，及时调整教学策略。

学生活动：通过线上教学平台对智能道闸控制系统的设计与实现任务进行初步了解，并在平台中积极互动交流，进行头脑风暴，激发探究热情，为课堂的深入学习打好基础。

知识回顾

回顾本书前述各项目内容，包括单片机最小系统、输入/输出系统、中断控制系统、定时/计数器系统以及串行通信系统，它们组成了单片机的内部资源，利用它们各自的特性与控制特点，通过与外部设备的连接配合可以实现更多的检测、控制功能。本任务就是使用常见的单片机内、外部资源实现智能道闸控制系统的设计。

任务描述

校园、医院、车站等人流较大的公共场所存在人工测温不准确、人员分流控制耗时耗力的难题，亟须设计一种能够提高测温智能性与时效性的装置，这也是科技助力生活的具体体现。

本任务要求基于 STC89C51 单片机，设计制作一个智能道闸控制系统，通过 C 语言程序控制实现智能测量温度和距离、根据预设条件自动开关门、显示综合信息等功能。本任务用 Keil C51、嘉立创 EDA 等开发工具进行设计实现。

知识链接

一、传感检测模块

1. 温度测量

温度是物体冷热程度的表征参数，物体的热量不能以检测的方式取得真值，而表征物体冷热程度的物理参数温度虽然也不能以直接的方式测得，但是它可以通过冷热程度不同物体之间的热传导或以热辐射的方式，使感温元件的某一物理特性发生量的变化。

温度测量按测温方式分为接触式测温和非接触式测温。接触式测温按工作原理分为膨胀式测温、压力测温、热电阻式测温和热电动势式测温。非接触式测温按工作原理分为光辐射式测温和红外吸收式测温。

(1) 非接触式测温方法概述

热探测器在近几年流行病防疫方面应用广泛。利用红外辐射的热效应，热探测器的敏感元件吸收辐射能量后温度升高，进而使有关物理参数发生相应变化。通过测量物理参数的变化，便可确定热探测器所吸收的红外辐射。热探测器的探测率比光子探测器的峰值探测率低，响应时间长。热探测器的主要优点是响应波段宽，响应范围可扩展到整个红外区域，可以在室温下工作，使用方便。

笔记栏

如图 7.1 所示，常见的红外测温仪是一个光机电一体化的红外测温系统，图中的光学系统是一个固定焦距的投射系统，滤光片一般采用只允许 8 ~ 14 μm 的红外辐射能通过的材料。步进电动机带动调制盘转动，将被测的红外辐射调制成交变的红外辐射。红外探测器一般为(钽酸锂)热释电探测器，透镜的焦点落在其光敏面上。被测目标的红外辐射通过透镜聚焦在红外探测器上，红外探测器将红外辐射转换为电信号输出。目前已有带单片机的智能红外测温仪面市，利用单片机与软件的功能，大大简化了硬件电路，提高了仪表的稳定性、可靠性和准确性。

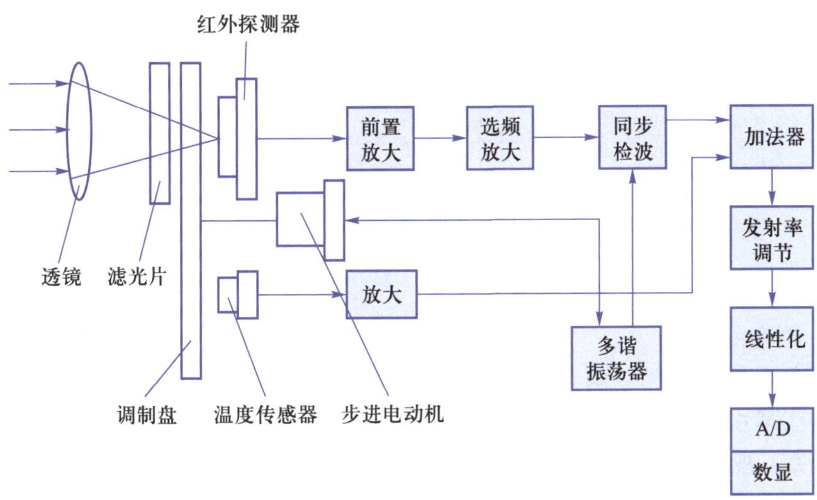

图 7.1　红外测温仪结构

(2) 红外辐射测温模块 GY-614V3DCC

红外辐射测温模块 GY-614V3DCC 如图 7.2 所示，该模块的测量系统简单，可以实现大面积测温，也可以用于被测物体某一点的温度测量。它可以是便携式的，也可以是固定式的，使用方便。GY-614V3DCC 的制造工艺简单、成本较低，测温时不接触被测物体，具有响应时间短、不干扰被测温场、使用寿命长、操作方便等一系列优点。

图 7.2　红外辐射测温模块 GY-614V3DCC

微课
红外辐射测温介绍

该模块测温范围为 0 ~ 60℃，测量精度为 ±0.2℃，采用 DC 3 ~ 5 V 供电，静态电流为 7 mA，在探头 10 cm 范围内可实现精准测量。模块连接单片机时，发送协议默认为串行口 UART 模式，建立通信后会自动输出数据，也可安装配套的串行口上位机测试软件，如图 7.3 所示。当印制电路板上标识“ps”的焊点焊上时，可更改为 I^2C 通信模式。

笔记栏

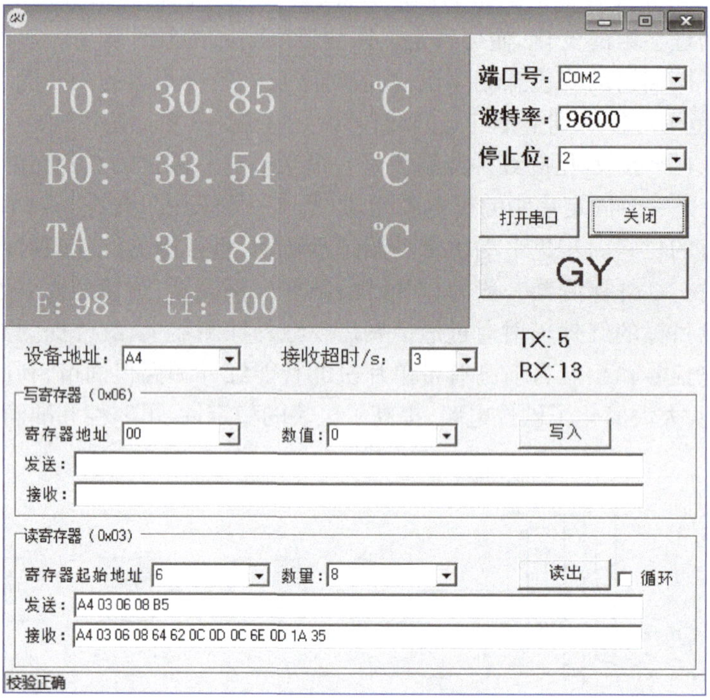

图 7.3　串行口上位机测试软件

2. 距离测量

距离测量是指测量两点连线的长度，通常需要测定的是水平距离，即两点连线投影在某水准面上的长度。距离测量方法有量尺量距（分为钢尺量距和因瓦基线尺量距）、视距测量（常用经纬仪、平板仪、水准仪和有刻划的标尺）、视差法测距（用经纬仪测量定长基线横尺所对的水平角，利用三角公式计算仪器至基线间的水平距离）、机械波测距和超声波测距（非接触式测距）。其中非接触式测距因测程较长、精度高、工作效率高，已成为理想的距离测量方法。

(1) 超声波概述

机械振动在弹性介质内的传播称为波动，简称波。频率在 16 ~ 20 000 Hz，能为人耳所闻的机械波，称为声波；低于 16 Hz 的机械波，称为次声波；高于 20 000 Hz 的机械波，称为超声波。超声波可以在气体、液体、固体中传播，传播速度取决于介质的弹性常数及介质的密度。在超声波检测技术中主要利用了超声波的反射、折射、衰减等物理性质。不管哪一种超声仪器，都必须把超声波发射出去，然后再把超声波接收回来，变换成电信号，完成这一部分工作的装置，就是超声波传感器。

超声波测距是借助于超声波脉冲回波渡越时间法来实现的。设超声波脉冲由传感器发出到接收所经历的时间为 t，超声波在空气中的传播速度为 c，则从传感器到目标物体的距离 D 为

$$D=ct/2$$

超声波测距原理如图 7.4 所示，超声波传感器经发射器发出长约 6 mm、频率为 40 kHz 的超声波信号，此信号被物体反射回来由接收头接收，接收头实质上是一种压电效应的换能器，它接收到信号后产生毫伏级的微弱电压信号。

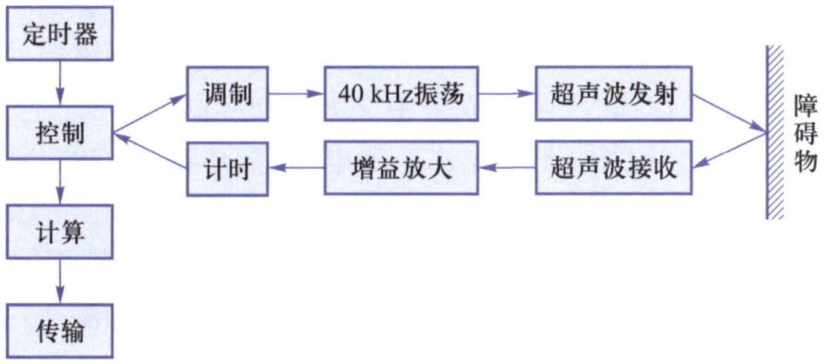

图 7.4　超声波测距原理

(2) 超声波测距模块 HC-SR04

超声波测距模块 HC-SR04 如图 7.5 所示，该模块可提供 2 ~ 400 cm 的非接触式测距功能，测距精度可达 3 mm，采用 DC 5 V 供电，静态电流小于 2 mA。该模块包括超声波发射器、接收器与控制电路，数据传输有 I^2C 和串行口 UART 两种方式，其中 UART 方式是以 7 个字节为一组，以 mm 为最小数据单位，双字节十六进制传输。

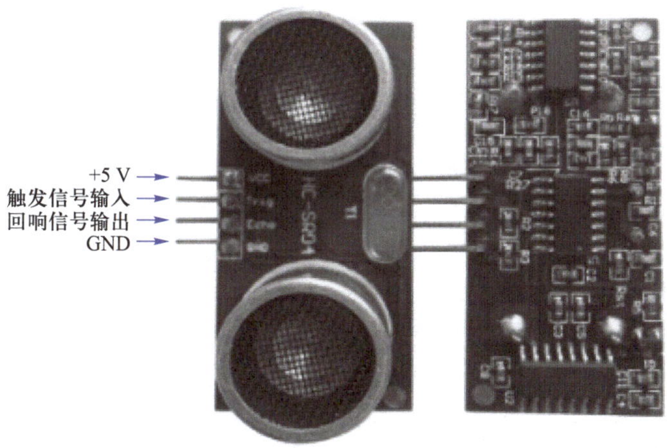

图 7.5　超声波测距模块 HC-SR04

HC-SR04 模块的基本工作原理如下。

① 采用 I/O 端口 TRIG 触发测距，给出最少 10 μs 的高电平。

② 模块自动发送 8 个 40 kHz 的方波，自动检测是否有信号返回。

③ 有信号返回，则通过 I/O 端口 ECHO 输出一个高电平，高电平持续的时间就是超声波从发射到返回的时间。检测距离 =(高电平时间 × 声速 340 m/s)/2。

④ 建议测量周期为 60 ms 以上，以防止发射信号对回响信号的影响。

HC-SR04 模块时序图如图 7.6 所示。

笔记栏

二、显示模块

12864 是 128×64 点阵液晶模块的点阵数简称。带中文字库的 12864 模块是具有 4 位 /8 位并行、2 线或 3 线串行多种接口方式，内部含有国标一级、二级简体中文字库的点阵图形液晶显示模块，其显示分辨率为 128 列 ×64 行，内置 8 192 个 16×16 点汉字，以及 128 个 16×8 点 ASCII 字符集。利用该模块灵活的接口方式和简单、方便的操作指令，可构成全中文人机交互图形界面，显示 8 列 ×4 行 16×16 点阵的汉字，还可完成图形显示。低电压、低功耗是 12864 液晶显示模块的又一显著特点。由该模块构成的液晶显示方案与同类型的图形点阵液晶显示模块相比，不管是硬件电路结构还是显示程序都要简洁得多，且该模块的价格也略低于相同点阵的图形点阵液晶显示模块。12864 液晶显示模块如图 7.7 所示。

笔记栏

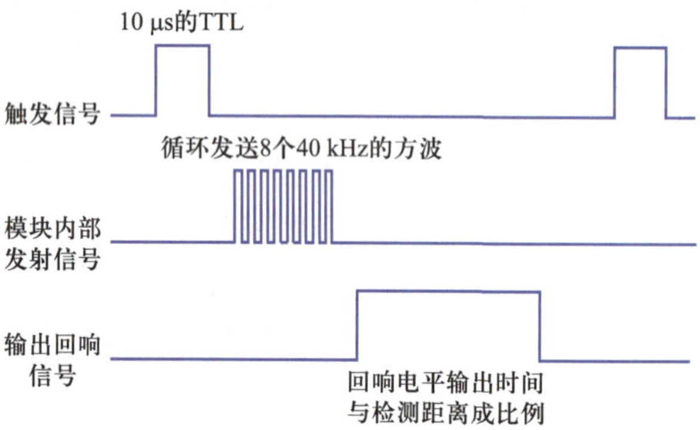

图 7.6　HC-SR04 模块时序图

图 7.7　12864 液晶显示模块

12864 液晶显示模块的主要技术参数见表 7.1。

表 7.1　12864 液晶显示模块的主要技术参数

项目	内容
电源	3.3～5 V（内置升压电路，无须负压）
显示内容	128 列 ×64 行
显示颜色	黄绿 / 蓝屏 / 灰屏
显示角度	6 点钟直视
LCD 类型	STN
与 MCU 接口	4 位 /8 位并行、3 线串行
背光	LED 背光
多种软件功能	光标显示、画面移位、自定义字符、睡眠模式等
工作电压	DC 4.5～5.5 V
工作温度	0～60 ℃（常温）/−20～75 ℃（宽温）

三、执行模块

1. 步进电动机概念及特点

步进电动机是将脉冲信号转变为角位移或线位移的开环控制电动机，是一种感应电动机。它的工作原理是利用电子电路，将直流电变成分时供电的多相时序控制电流，用这种电流为步进电动机供电，步进电动机才能正常工作。驱动器就是为步进电动机分时供电的多相时序控制器。

在非超载的情况下，电动机的转速、停止的位置只取决于脉冲信号的频率和脉冲数，而不受负载变化的影响。当步进驱动器接收到一个脉冲信号时，它就驱动步进电动机按设定的方向转动一个固定的角度，称为步距角，它的旋转是以固定的角度一步一步运行的，可以通过控制脉冲个数来控制角位移量，从而达到准确定位的目的；同时可以通过控制脉冲频率来控制电动机转动的速度和加速度，从而达到调速的目的。步进电动机作为现代数字程序控制系统中的主要执行元件，广泛应用在各种自动化控制系统中。随着微电子和计算机技术的发展，步进电动机的需求量与日俱增，在各个国民经济领域都有应用。

笔记栏

步进电动机具有以下特点：

① 一般步进电动机的精度误差为步距角的 3% ~ 5%，且不累积。

② 外表允许的最高温度应取决于不同电动机磁性材料的退磁点。一般来讲，磁性材料的退磁点都在 130 ℃以上，有的甚至高达 200 ℃以上，所以步进电动机外表温度在 80 ~ 90 ℃完全正常。

③ 力矩会随转速的升高而下降。

④ 低速时可以正常运转，但若高于一定速度就无法启动，并伴有啸叫声。

⑤ 要加驱动才可以运转，没有脉冲信号时步进电动机静止，加入适当的脉冲信号，电动机就会以角度（步角）转动，转动的速度和脉冲的频率成正比，改变脉冲顺序可以改变转动方向。

⑥ 具有瞬间启动和急速停止的特征。

2. 步进电动机基本参数

① 电动机固有步距角：它表示控制系统每发出一个步进脉冲信号，电动机所转动的角度。电动机出厂时给出了一个步距角的值，如某型号电动机给出的值为 0.9°/1.8°（表示半步工作时为 0.9°，整步工作时为 1.8°），这个步距角可以称为电动机固有步距角，它不一定是电动机实际工作时的真正步距角，真正的步距角和驱动器有关。

② 相数：指电动机内部的线圈组数，目前常用的有二相、三相、四相、五相步进电动机。电动机相数不同，其步距角也不同，一般二相电动机的步距角为 0.9°/1.8°、三相的为 0.75°/1.5°、五相的为 0.36°/0.72°。在没有细分驱动器时，用户主要靠选择不同相数的步进电动机来满足自己步距角的要求。如果使用细分驱动器，则相数将变得没有意义，用户只需在驱动器上改变细分数，就可以改变步距角。

3. 步进电动机 28BYJ-48 及驱动板 ULN2003

28BYJ-48 型四相八拍步进电动机的电压为 DC 5 ~ 12 V。当对步进电动机施加一系列连续不断的控制脉冲时，它可以连续不断地转动。每收到一个脉冲信号，对应步进电动机的某一相或两相绕组的通电状态改变一次，也就对应转子转过一定的角度（一个步距角）。当通电状态的改变完成一个循环时，转子转过一个齿距。四相步进电动机可以在不同的通电方式下运行，常见的通电方式有单（单相绕组通电）四拍（A-B-C-D-A…）、双（双相绕组通电）四拍（AB-BC-CD-DA-AB…）、八拍(A–AB–B–BC–C–CD–D–DA–A…)。

步进电动机 28BYJ–48 如图 7.8 所示,其接线示意图如图 7.9 所示。

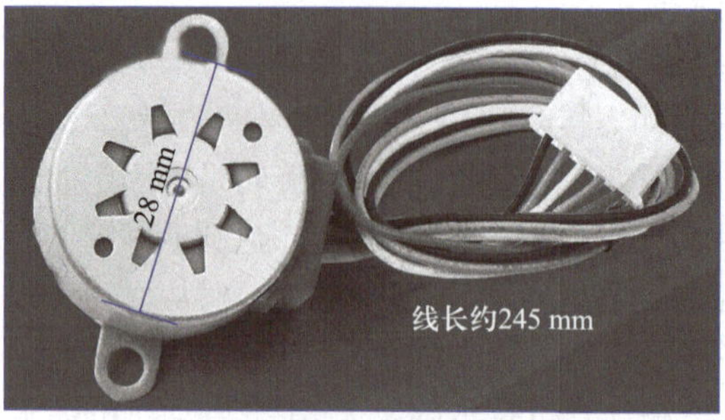

图 7.8 步进电动机 28BYJ–48

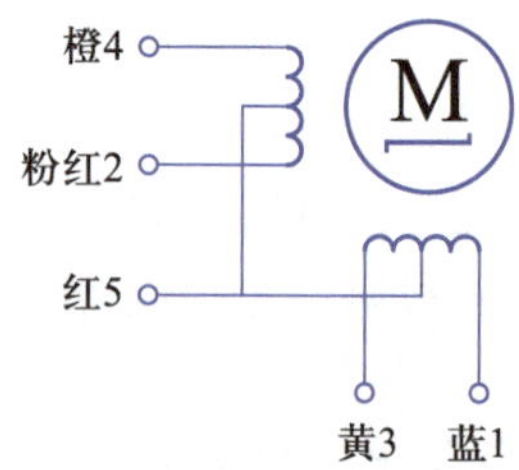

图 7.9 步进电动机 28BYJ–48 接线示意图

步进电动机 28BYJ–48 的技术参数见表 7.2。

表 7.2 步进电动机 28BYJ–48 的技术参数

参数	值	参数	值
直流电压 /V	12	空载牵入频率 /Hz	≥500
直流电阻 ⓐ25℃ /Ω	85 × (1 ± 7%)	空载牵出频率 /Hz	≥800
步距角	5.625°/64	绝缘耐压 ⓐ/s/V	600
减速比	1/64	温升 /K	≤55
牵入转矩(100 Hz 时)/(N·m)	55	噪声 /dB	≤40
自定位转矩 /(N·m)	30	驱动方式	四相八拍
连接线长:230 mm,采用 UL1061 26AWG 的电源线			

ULN2003 是高耐压、大电流复合晶体管阵列,由 7 个 NPN 硅复合晶体管组成,每一对达林顿管都串联一个 2.7 kΩ 的基极电阻,在 5 V 的工作电压下能与 TTL 和 CMOS 电路直接相连,可以直接处理原先需要标准逻辑缓冲器处理的数据。ULN2003 应用电路如图 7.10 所示。

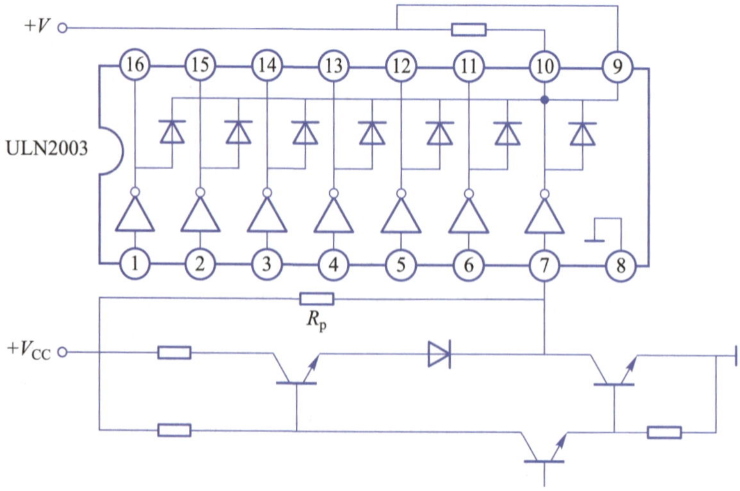

图 7.10 ULN2003 应用电路

现在已有封装好的基于 ULN2003 的步进电动机驱动板，如图 7.11 所示，芯片常用引脚已引出，方便连接使用。驱动板采用 DC 5 ~ 12 V 供电，板载 4 路信号指示灯，XH-5P 插座可以直接连接步进电动机 28BYJ-48。

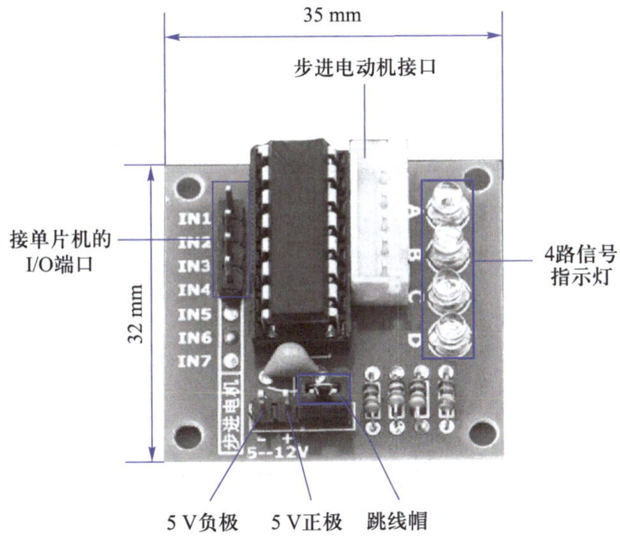

图 7.11　基于 ULN2003 的步进电动机驱动板

笔记栏

任务设计与实施

新冠疫情期间，通过快速检测人体体温可达到高效、准确将人员分流的目的，将疫情管控对人们正常生活、生产的影响尽量降低，充分体现科技抗疫的强大力量。

本任务基于 STC89C51 单片机，设计制作一个智能道闸控制系统。该装置可解决校园、医院、车站等人流较大公共场所的人工测温不准确、耗时耗力的难题，提高智能性与时效性。该系统能够实现智能测量温度和距离、根据预设条件自动开关门、显示综合信息等功能。

对该系统的具体需求分析如下：

① 能够准确测量人体接近门禁的距离，在一定距离范围内启动温度测量。

② 液晶屏实时显示测量值，如距离、温度。

③ E^2PROM 中存储预设值（如温度报警上下限值、启动检测距离值等），可被单片机读写，实现数据交换。

④ I/O 端口驱动电动机运转，实现智能道闸控制系统开关功能。

一、总体方案设计

智能道闸控制系统主要包括电源电路、单片机最小系统、烧录程序接口（采用串行口注入程序）、测温单元（红外辐射式测温）、测距单元（超声波测距）、电动机和 12864 液晶模块等部分，总体设计框图如图 7.12 所示。

笔记栏

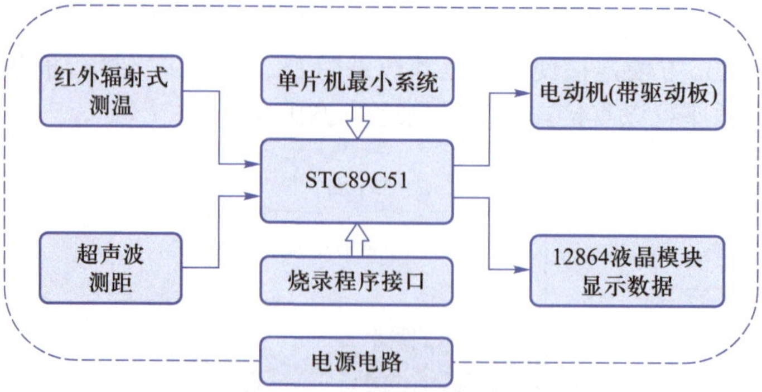

图 7.12　总体设计框图

二、硬件电路设计

如图 7.13(a)所示,该系统由 USB 接口取电(DC +5 V),经 DC-DC 电源转换芯片 AMS1117-3.3 处理后产生 DC +3.3 V,并采用合适的电容进行滤波,构成电源电路。如图 7.13(b)所示,系统选用 CH340G 实现 USB 转 TTL 模式的串行口设计烧录程序。如图 7.13(c)所示,由 STC89C51 单片机、晶振电路、复位电路构成单片机最小系统,再在外部引脚上分别连接红外辐射测温模块 GY-614V3DCC、超声波测距模块 HC-SR04 组成检测单元电路,连接电动机 28BYJ-48(带驱动板 ULN2003)、12864 液晶显示模块组成显示单元。

根据测温模块 GY-614V3DCC、测距模块 HC-SR04、12864 液晶显示模块、步进电动机驱动板 ULN2003 的引脚功能说明,将其与单片机 I/O 端口分别连接,各模块在供电端口进行电容滤波处理。

三、软件设计

1. 主程序设计

在主程序中需要声明各子程序的名称、返回值类型,对全局变量进行定义。

对于子程序的调用逻辑关系如下:

① 当超声波测距模块返回的检测距离值小于 10 cm 时,调用测温子程序,若测温模块返回的温度值介于 32.1 ~ 37.3 ℃之间,则调用显示子程序,显示当前距离值和温度值,同时调用电动机子程序驱动开门。

② 当超声波测距模块返回的检测距离值大于 50 cm 时,则维持现有状态,不调用其他检测模块子程序,但需调用延时子程序等待 10 s。

③ 延时结束后,调用电动机子程序驱动关门。

主程序代码如下:

```
float Distance;
float Temp;
void main()
{
   Distance=Distancesample();
```

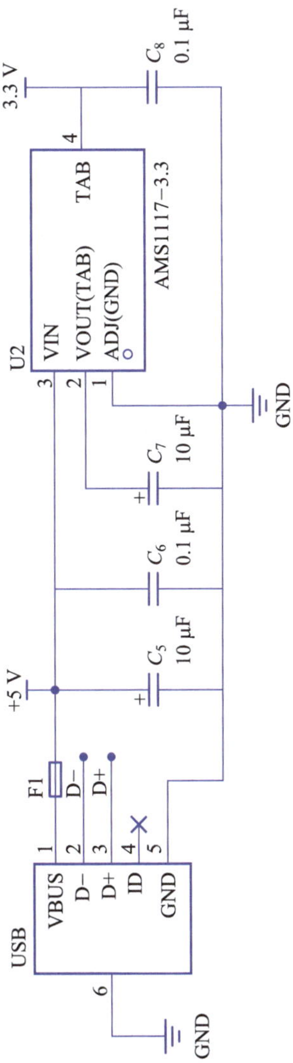

(a) 电源电路

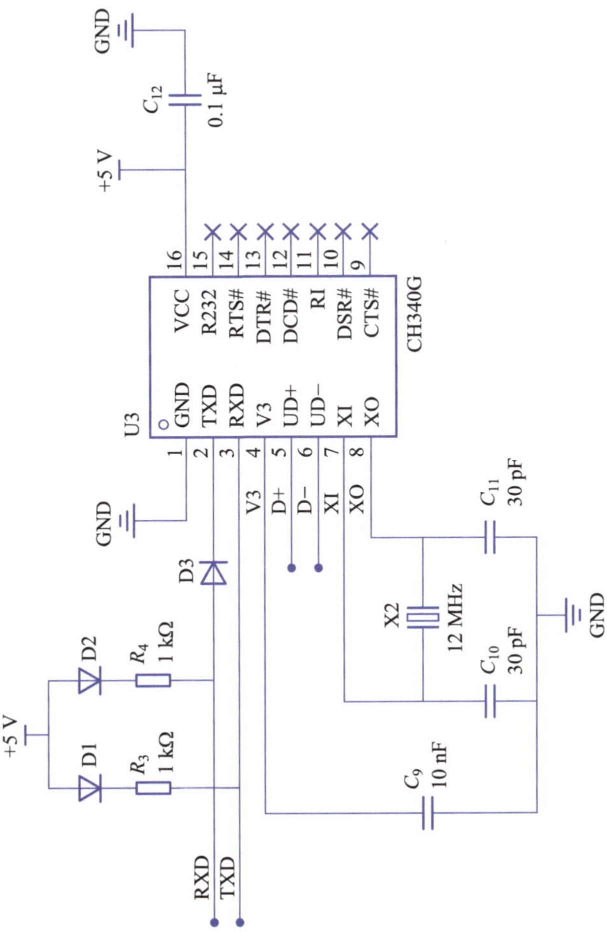

(b) USB转TTL程序下载电路

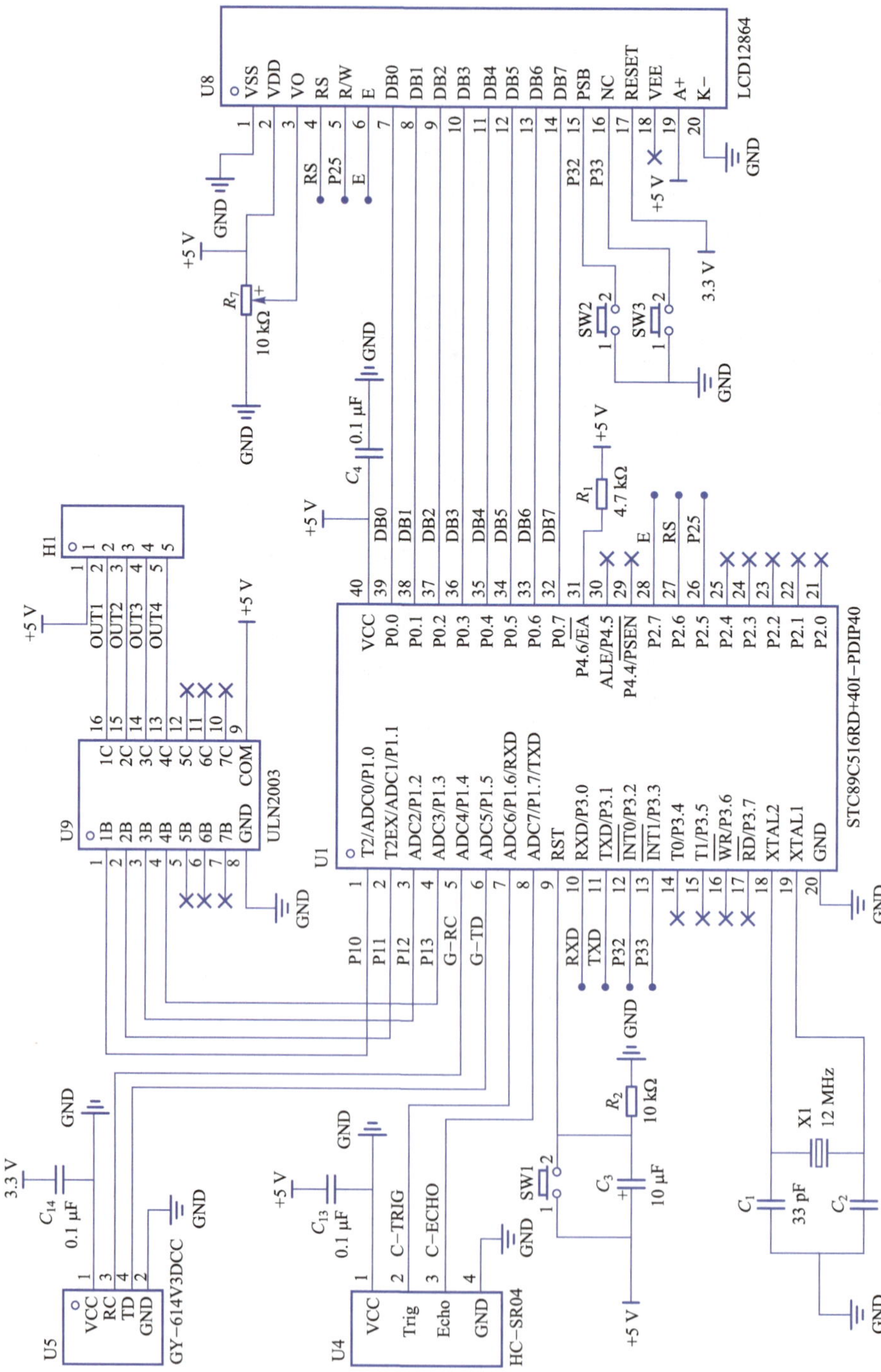

(c) 单片机最小系统、检测单元、显示单元电路

图 7.13　智能道闸控制系统硬件电路原理图

笔记栏

```
        If (Distance<10 )
        {
        Temp=Tempsample();
        If((Temp>32.1)&(Temp<37.3))
        {
            Display();       //显示当前距离及温度
            PWMCR |= 0x80;  //电动机驱动开门
            While(1)
            {
                Distance=Distancesample();
                if(Distance>50)
                break;
            }
            delay_ms(10000);//超声波测距模块返回的检测距离大于50cm时延时10s
            PWMCR |= 0x7f;  //电动机驱动关门
        }
        Else
        {
            PWMCR |= 0x7f;  //电动机驱动关门
        }
    }
}
        /************************
        功能描述:延时函数
        入口参数:uint16 x,该值为1时,延时1ms
        返回值:无
        *********************/
        void delay_ms(uint16 x)
        {
            uint16 j,i;
            for(j=0;j<x;j++)
            {
                for(i=0;i<1100;i++);
            }
        }
```

2. 测温子程序设计

红外辐射测温模块通过 I^2C 接口与单片机进行通信。测温子程序代码如下：

```
/******** 温度采集与计算函数 ***********/
float Tempsample(Void)
```

笔记栏

```
{
    float temp;
    uint8  rawdata[2];
    uint16 b;
    Single_ReadI2C(0xA4,0x0C,rawdata,2); //通过 I²C 总线读取一组温度数据
    delay_ms(1);                         //延时 1ms
    b  = (rawdata[0]<<8)|rawdata[1];     //两个字节组合为温度原始数据
    temp = b/100.0;                      //解算当前温度值
    delay_ms(10);
    return temp;
}
```

3. 测距子程序设计

测距子程序代码如下：

```
定义全局变量
uint8 h;
uint8 l;
/******** 距离采集与计算函数 ***********/
float Distancesample(Void)
{
    float distance;
    uint16 cm;
    P4^7 = 1;        //开启超声波测距模块
    delay_10us(1); //延时 10μs
    P4^7 = 0;        //关闭超声波测距模块,完成超声波测距模块单次开启 10μs
    /* 解算距离 */
    cm = h*256+l;   //h 和 l 为定时 / 计数器函数所得结果,计算出超声波从发出到
接收整个过程对应的机械时钟个数
    distance = cm/11.0592*17/1000;
    return distance;
}
/******** 定时 / 计数器初始化函数 ***********/
void Timer1Init(void)  //1 秒 @11.0592MHz
{
    AUXR |= 0x40;        //设置定时 / 计数器时钟为 1T 模式
    TMOD &= 0x90;        //设置定时 / 计数器模式
    TMOD |= 0x90;
    TL1 = 0x00;          //设置定时 / 计数器初值
```

```
    TH1 = 0x00;          //设置定时 / 计数器初值
    ET1 = 0;
    TR1 = 1;             //定时 / 计数器 1 开始计时
    EX1 = 1;             //外部中断
    PX1 = 1;             //外部中断优先级设置
    IT1 = 1;             //选择下降沿触发
}

/******* 定时 / 计数器中断函数 *************/
void timer1 (void) interrupt 2
{
    l = TL1; h = TH1; //获取定时 / 计数器当前值,l 为低 8 位数据,h 为高 8 位数据
    TL1 = 0; TH1 = 0; //设置定时 / 计数器清零
}
```

笔记栏

4. 电动机子程序设计

电动机驱动为 PWM 控制，电动机子程序代码如下：

```
void PWMinit(uint32 CYCpwm,uint32 Hpwm,uint8 Kpwm)// P2.2          {
{
    P2M0|=0x04;P2M1&=0xFB;             //端口配置
    PWMCFG &= ~0x04;                   //PWM4 初始电平设置为 0
    P_SW2 |= 0x80;                     //使能访问 XSFR,失能访问 XRAM
    PWMCKS =Kpwm;                      //选择 PWM 的时钟频率为 fosc
    PWMC = CYCpwm;                     //设置 PWM 周期的时钟数
    PWM4T1 =(CYCpwm-Hpwm)/2;           //设置 PWM4 第 1 次反转的时钟数
    PWM4T2 =(CYCpwm-Hpwm)/2+Hpwm;      //设置 PWM4 第 2 次反转的时钟数
    PWM4CR = 0x00;       //选择 PWM4 输出到 P2.2,不使能 PWM4 中断
    P_SW2 &= ~0x80;                    //失能访问 XSFR,使能访问 XRAM
    PWMCR |= 0x04;                     //使能 PWM4
}
```

5. 显示子程序设计

显示子程序代码如下：

```
void Display(Void)
{
    k = sprintf(juli,"%0.2f",Distence);  //打印距离信息
    LCD_ShowString(1,0,4,juli);          //在 LCD 第 1 行显示检测距离
    delay_ms(200);
```

```
    sprintf(BObyte,"%0.2f",Temp);     //打印温度信息
    LCD_ShowString(2,0,4,BObyte);     //在 LCD 第 2 行显示当前温度
    delay_ms(200);                    //延时 500ms
}
/*** 描述:指定位置显示单个字符
* 参数:row[in]:行,范围 1~4
*     :column[in]:列,范围 0~7
*     :chr[in]:字符编码
* 返回值:无
************************************/
void LCD_ShowChar(uint8 row,uint8 column,uint8 chr)
{
    uint8 Address;
    //row 判断显示的行数,column 表示显示的列数,0x80 为液晶行初始地址
        if(row == 1)Address=0x80+column;
        if(row == 2){Address=0x90+column;}
        if(row == 3){Address=0x88+column;}
        if(row == 4){Address=0x98+column;}
        Write_Cmd(Address);           //写入地址命令到 LCD
        Write_Data(chr);              //写入显示数据到 LCD
    }
```

笔记栏

四、系统调试

具体的硬件调试,软件调试及软、硬件联调方法可参考任务 2.2,在此不赘述。

任务评价

一、任务总结

本任务在单片机最小系统的基础上,外接传感检测模块、电动机、显示屏,只要按照各外扩模块的通信协议设置单片机接口电平格式,就可以控制传感检测数据的接收、电动机状态、显示屏的显示内容,从而实现智能道闸控制人员进出的功能。本任务综合性强、完整性高、修改和扩展性强,适合具有一定硬件设计、编程基础的学习者,有助于深入掌握单片机综合设计及应用方法,对于解决智能防疫等社会实际问题具有重要意义和作用。任务完成后需撰写设计报告。

二、任务评价表

本任务的评价指标及评价内容见表 7.3~表 7.8。

表 7.3 总 评 成 绩

总评成绩								
项目名称					任务名称			
班级					日期			
姓名	学号	组号	自我评价 10%	小组互评 10%	教师评价 仿真操作 30%	作品制作与调试排故 30%	设计报告 20%	总评成绩

笔记栏

表 7.4 自 我 评 价

自我评价					
项目名称			任务名称		
班级			日期		
姓名		学号	组号		组长
序号	评价项目		分值	得分	
1	参与查阅非接触式测温、测距等资料		5 分		
2	参与同组成员间的交流沟通		5 分		
3	参与设计各模块子程序		10 分		
4	参与设计仿真电路		15 分		
5	参与智能道闸控制系统实物制作		15 分		
6	参与智能道闸控制系统作品调试		15 分		
7	参与作品汇报		10 分		
8	撰写作品设计报告		10 分		
9	课程结束操作台干净		5 分		
10	课程结束计算机关闭		5 分		
11	参与交流区讨论、答疑		5 分		
总分					

表 7.5 小 组 互 评

小组互评							
项目名称				任务名称			
班级				日期			
被评人姓名		被评人学号		被评人组号		评价人姓名	
序号	评价项目				分值	得分	
1	前期资料准备完备				10 分		
2	程序设计正确				20 分		
3	仿真电路设计正确				20 分		
4	实物制作实现功能正确				20 分		
5	心得体会汇总丰富翔实				10 分		
6	积极参与平台上的讨论、答疑				10 分		
7	积极对遇到困难的小组给予帮助与技术支持				10 分		
总分							

笔记栏

表 7.6　仿真操作（教师评价）

仿真操作					
项目名称			任务名称		
班级			日期		
姓名		学号	组号		
序号	评价项目			每处错误扣分值	得分
1	Keil C51 程序编写	语法		3 分	
		逻辑		5 分	
2	Proteus 仿真电路	元器件使用		5 分	
		元器件参数		3 分	
		接线		4 分	
总分					

表 7.7　作品制作与调试排故（教师评价）

作品制作与调试排故					
项目名称			任务名称		
班级			日期		
姓名		学号	组号		
序号	评价项目			分值	得分
1	调试流程合理可行			10 分	
2	实物调试	能选择合适调试设备		5 分	
		完成故障排查		10 分	
		实现效果与设计方案一致		20 分	
	故障排除	故障原因排查得当		15 分	
		故障解决方法得当		15 分	
3	仪器使用完毕后归放整齐有序			5 分	
4	完成调试记录单			10 分	
5	课程结束操作台干净			5 分	
6	课程结束计算机关闭			5 分	
总分					

表 7.8　设计报告（教师评价）

设计报告					
项目名称			任务名称		
班级			日期		
姓名		学号	组号		
序号	评价项目			分值	得分
1	智能道闸控制系统设计方案描述准确			20 分	
2	元器件选用正确合理			20 分	
3	仿真效果正确可行			20 分	
4	调试方法得当有效			20 分	
5	报告排版设计美观大方			20 分	
总分					

知识拓展

红外对管是红外发射管与光电接收管或红外接收管、红外接收头配合在一起使用时的总称。在光谱中波长大于 0.76 μm 的一段光区称为红外线。

红外发射管由红外发光二极管组成发光体，用红外辐射效率高的材料（常用砷化镓）制成 PN 结，正向偏压向 PN 结注入电流激发红外光，其光谱功率分布为中心波长 830 ~ 950 nm。LED 表现为正温度系数，电流越大温度越高。LED 红外灯的功率和电流大小有关，但正向电流超过最大额定值时，红外灯发射功率反而下降。红外对管常用于实现遮挡类检测、计数、开关等功能。

红外对管模块内部电路如图 7.14 所示，其技术参数见表 7.9。

笔记栏

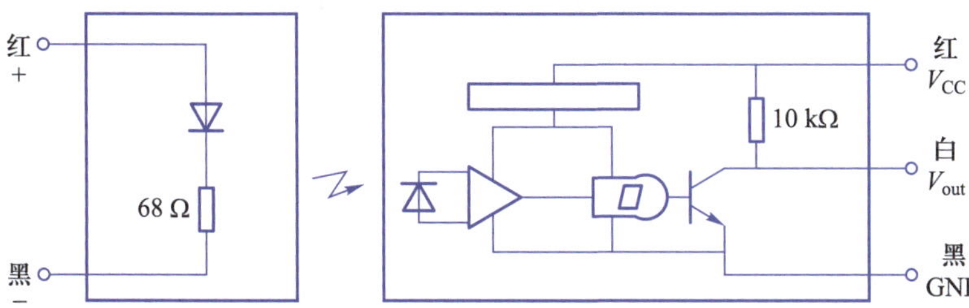

图 7.14　红外对管模块内部电路

表 7.9　红外对管模块技术参数

参数	值	参数	值
电压	DC 5 V	电流	20 mA
感应方式	对射式	有效距离	80 cm
建议上拉电阻	1 kΩ	尺寸	20 mm × 10 mm × 8 mm
输出方式	NPN 常开，开关量输出，没有遮挡时输出高电平，有遮挡时输出低电平		

课后训练

如果要实现对通过闸机的人员进行计数的功能，该如何改进设计？请绘制电路原理图并编写程序。扩展功能设计框图如图 7.15 所示。

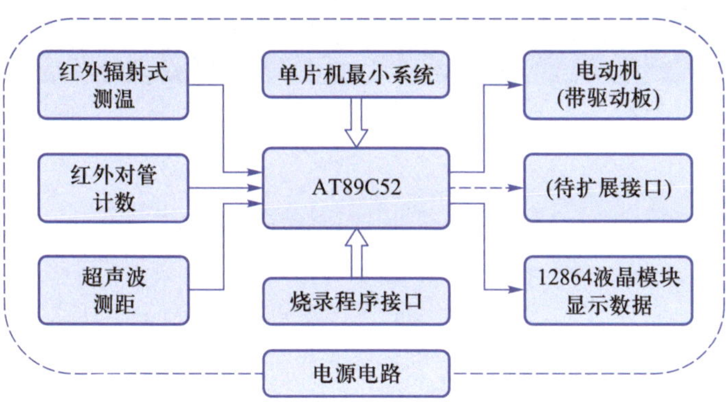

图 7.15　扩展功能设计框图

“芯”发展

中国科学院发布开源芯片最新研发成果

在2023中关村论坛“RISC-V开源处理器芯片生态发展论坛”上，中国科学院发布了“香山”开源高性能RISC-V处理器核、“傲来”RISC-V原生操作系统的最新成果。中国工程院院士、中国科学院计算技术研究所学术委员会主任孙凝晖评价道：“中国科学院已处于开源芯片领域的全球第一梯队。”

孙凝晖表示，研发开源芯片是应对芯片供应链安全和实现科技普惠世界的有效途径，也是构建开源处理器芯片全球共同体的实践行动。在中国科学院战略性先导科技专项的支持下，中国科学院历经科研攻关，多项技术已达到国际先进水平，开源芯片相关领域已形成了“香山”与“傲来”两项代表性成果。

2022年，中国科学院已支持软件所、计算所、空天信息创新研究院等单位，共同研发RISC-V通用工具软件、核心基础软件、跨层优化框架等，力图为低功耗到高性能的全应用场景提供软件环境支撑。未来，中国科学院还将进一步与行业企业紧密合作，持续推动RISC-V软件生态的开放繁荣。

（资料来源：中国科学报）

任务 7.2　LED 点阵显示器的设计与仿真

课前准备

笔记栏

教师活动：利用线上教学平台提前布置任务，通过课前测验了解学生学情，及时调整教学策略。

学生活动：通过线上教学平台对 LED 点阵显示器的设计与仿真任务进行初步了解，并在平台中积极互动交流，进行头脑风暴，激发学习兴趣，为课堂的深入学习打好基础。

知识回顾

回顾项目六的内容，通信结果除可以用 PC 进行显示外，还经常使用 LED 点阵显示器进行显示。本任务就是使用 LED 点阵显示器进行汉字字符显示。

任务描述

控制 LED 点阵显示器按照要求显示的关键在于控制 LED 点阵的扫描。

本任务要求用 AT89C52 单片机及 8×8 点阵显示器，采用逐列扫描方法，用 C 语言程序实现 16×32 点阵分屏显示和移动显示 4 个汉字。分屏显示的第一个屏显示“振兴”、第二个屏显示“中华”，移动显示是“振兴中华”4 个汉字从右进从左出，如图 7.16 所示。本任务用 Keil C51、Proteus 开发工具实现 16×32 LED 点阵显示器的设计、运行及调试。

图 7.16　显示格式

知识链接

一、LED 点阵显示器概述

微课
LED 点阵显示器介绍

LED 点阵显示器经历了从单色、双色图文显示器，到图像显示器的发展过程。LED 点阵显示器制作简单、安装方便，可以用来显示温度、日期和文字信息等，主要应用场合有排队叫号、公交车报站、广告屏等。

二、LED 点阵显示器结构

1. 常见的 LED 点阵显示器

LED 点阵显示器是由高亮 LED 点阵组成的矩阵模块，通过控制这个矩阵达到在显示器上显示符号、文字等信息的目的。目前，市场上常见的 LED 点阵显示器主要有 5×7、8×8、16×16 等规格。若要显示阿拉伯数字、英文字母、特殊符号等，采用 5×7、8×8 的点阵显示器即可；若要显示中文汉字，则需要由 4 片 8×8 的点阵显示器组成 16×16 的点阵显示器才能显示一个中文汉字。

2. 8×8 LED 点阵显示器规则图

8×8 LED 点阵显示器规则图如图 7.17 所示。

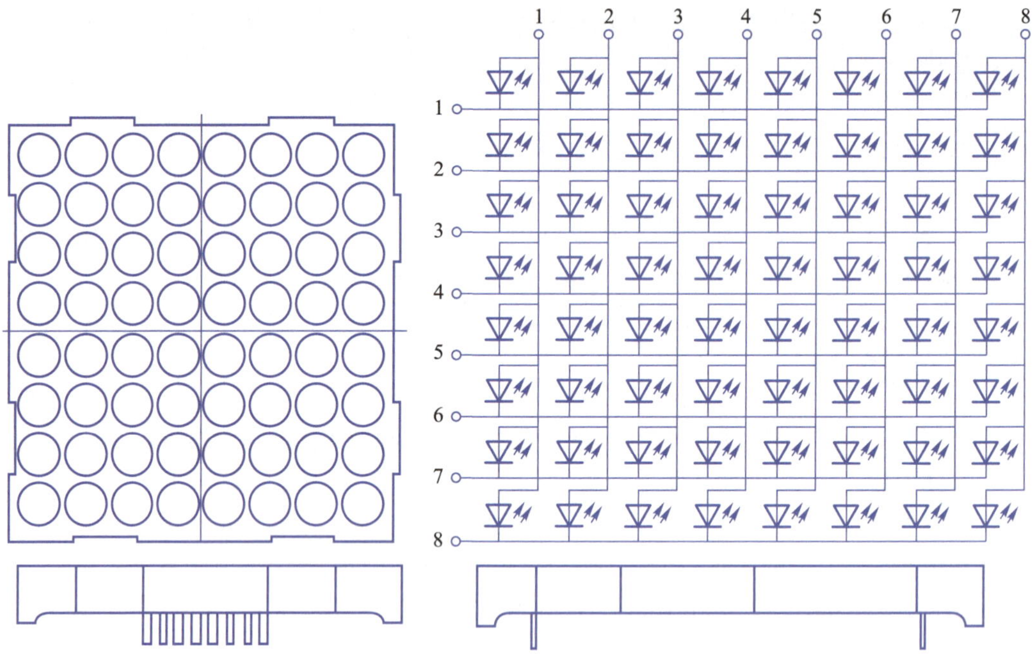

图 7.17　8×8 LED 点阵显示器规则图

由图 7.17 可以看出，8×8 LED 点阵显示器的内部，实际上是由 64 个 LED 按矩阵排列而成的 LED 组，每个 LED 都被放置在行线和列线的交叉点上。当 LED 阳极置“1”，阴极置“0”时，LED 点亮，即点亮了 LED 点阵显示器上相应的点。

3. 8×8 LED 点阵显示器结构

8×8 LED 点阵显示器的内部结构有列阴极、行阳极和列阳极、行阴极两种，如图 7.18 所示。

(1) 列阴极、行阳极结构

列阴极、行阳极结构是把所有同一行 LED 的阳极连在一起，把所有同一列 LED 的阴极连在一起，如图 7.18(a)所示。

(2) 列阳极、行阴极结构

列阳极、行阴极结构是把所有同一行 LED 的阴极连在一起，把所有同一列 LED 的阳极连在一起，如图 7.18(b)所示。

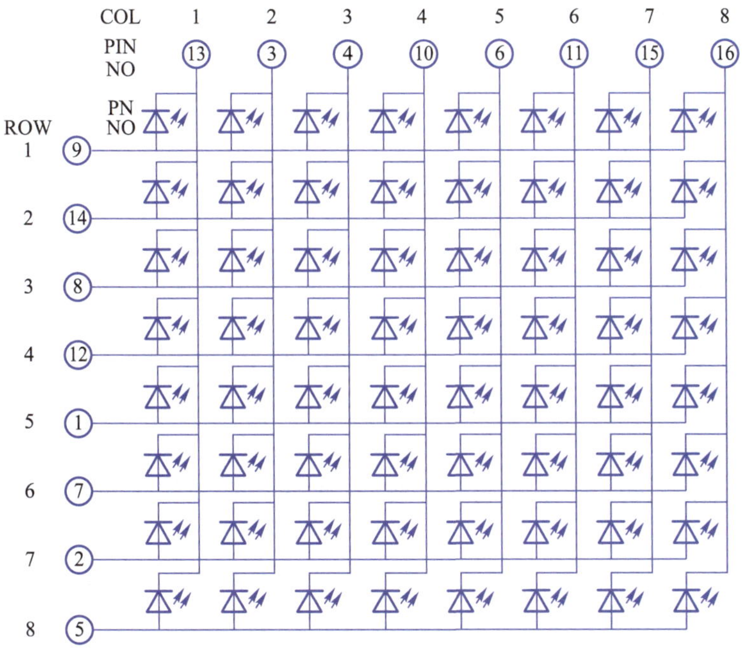

（a）列阴极、行阳极

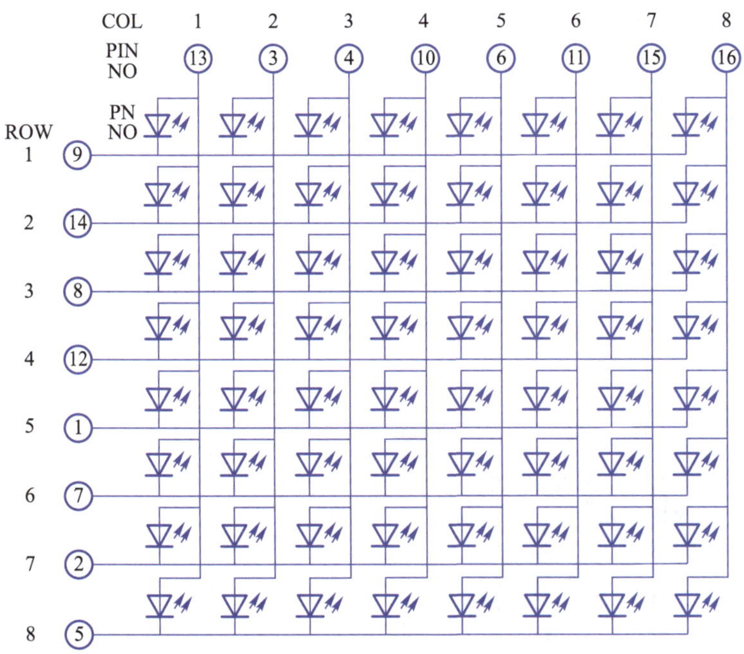

（b）列阳极、行阴极

图 7.18　8 × 8 LED 点阵显示器内部结构

笔记栏

三、LED 点阵显示器显示方式

LED 点阵显示器通过驱动行线和列线，来点亮 LED 点阵上相应的点，其显示方式可分为静态显示和动态显示两种。

1. 静态显示方式

同时控制各个 LED 亮、灭的方法称为静态显示方式。8×8 点阵共有 64 个 LED，显然单片机没有这么多端口。这还仅是 8×8 点阵，实际应用中的显示器往往要大得多，所需端口数将是一个很庞大的数字。在实际应用中，LED 点阵显示器几乎都不采用这种显示方式，而是采用动态显示方式。

2. 动态显示方式

笔记栏

动态显示方式采用动态扫描方法，分为逐列扫描和逐行扫描两种。逐列扫描就是逐列轮流点亮，逐行扫描就是逐行轮流点亮。

下面以 8×8 点阵逐列扫描为例，来说明逐列扫描方式的工作过程。

① 送出第 1 列的列数据（相当于段码，决定第 1 列上哪些 LED 亮），即第 1 列 LED 亮、灭的数据。

② 送出第 1 列的列码（相当于位码），选通第 1 列，使其点亮一定的时间，然后熄灭。

③ 送出第 2 列的列数据，然后选通第 2 列，使其点亮相同的时间，然后熄灭。

④ 依次点亮到第 8 列之后，又重新点亮第 1 列，反复循环。

当循环的速度足够快时（大于 24 次 /s），由于人眼视觉暂留现象，人就能看到显示器上呈现出稳定的图形。

四、LED 点阵显示字符和汉字字模

LED 点阵显示字符和汉字，是通过字符和汉字的字模来实现的，那么字符和汉字的字模是如何获取的呢？这里以本任务 16×32 LED 点阵显示器显示的“振兴中华”4 个汉字为例，介绍字模提取软件 PCtoLCD2002 的使用方法。

1. 认识汉字字模

汉字字模是一组数字，但与普通数字的意义有根本不同。它使用数字的各位信息来记载字符或汉字的形状，如“你”的 16×16 点阵汉字字模如图 7.19 所示。

中文字模

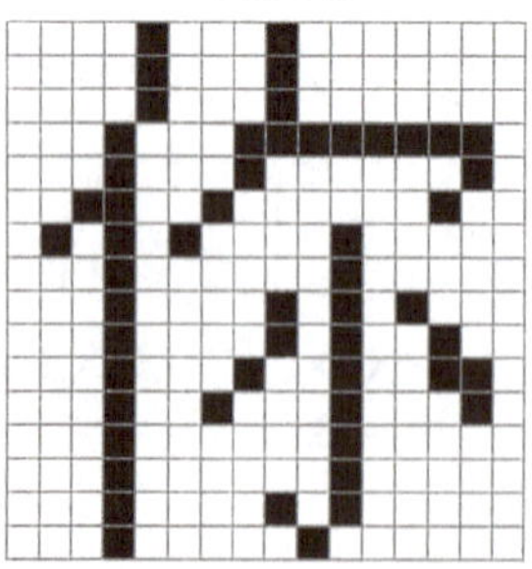

位代码	字模信息
0 0 0 0 1 0 0 0 1 0 0 0 0 0 0 0	0x08, 0x80
0 0 0 0 1 0 0 0 1 0 0 0 0 0 0 0	0x08, 0x80
0 0 0 0 1 0 0 0 1 0 0 0 0 0 0 0	0x08, 0x80
0 0 0 1 0 0 0 1 1 1 1 1 1 1 1 0	0x11, 0xFE
0 0 0 1 0 0 0 1 0 0 0 0 0 0 1 0	0x11, 0x02
0 0 1 1 0 0 1 0 0 0 0 0 0 1 0 0	0x32, 0x04
0 1 0 1 0 1 0 0 0 0 1 0 0 0 0 0	0x54, 0x20
0 0 0 1 0 0 0 0 0 0 1 0 0 0 0 0	0x10, 0x20
0 0 0 1 0 0 0 0 1 0 1 0 1 0 0 0	0x10, 0xA8
0 0 0 1 0 0 0 0 1 0 1 0 0 1 0 0	0x10, 0xA4
0 0 0 1 0 0 0 1 0 0 1 0 0 1 1 0	0x11, 0x26
0 0 0 1 0 0 1 0 0 0 1 0 0 0 1 0	0x12, 0x22
0 0 0 1 0 0 0 0 0 0 1 0 0 0 0 0	0x10, 0x20
0 0 0 1 0 0 0 0 0 0 1 0 0 0 0 0	0x10, 0x20
0 0 0 1 0 0 0 0 1 0 1 0 0 0 0 0	0x10, 0xA0
0 0 0 1 0 0 0 0 0 1 0 0 0 0 0 0	0x10, 0x40

图 7.19　“你”的 16×16 点阵汉字字模

从图中可以看出，一个 16×16 点阵的汉字字模需要占用 32 个字节。如果显示 4 个汉字，就需要占用 128 个字节，也就是需要声明一个 4 行 32 列的二维数组来存放 4 个汉字的字模。

2. PCtoLCD2002 字模选项设置

运行 PCtoLCD2002，单击菜单栏中的“选项”按钮，打开“字模选项”对话框，如图 7.20 所示。用户可以根据自己的实际需要进行设置，设置完成后，单击左下角的“确定”按钮保存。

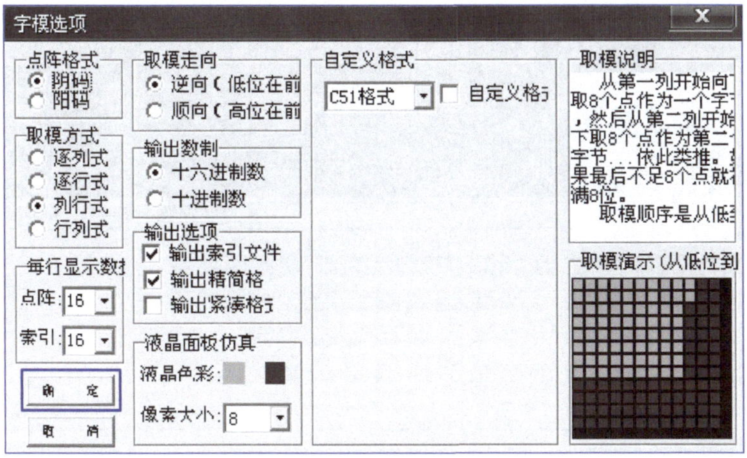

图 7.20　“字模选项”对话框

笔记栏

下面简单介绍主要字模选项。

① 取模方式有逐列式、逐行式、列行式和行列式 4 种。

逐列式是纵向逐列取点，逐行式是横向逐行取点。

列行式首先从第 1 列开始向下取前 8 个点作为第 1 个字节、第 2 列开始向下取前 8 个点作为第 2 个字节、……、第 16 列开始向下取前 8 个点作为第 16 个字节，然后再从第 1 列开始向下取后 8 个点作为第 17 个字节、第 2 列开始向下取后 8 个点作为第 18 个字节、……、第 16 列开始向下取后 8 个点作为第 32 个字节。由此可以看出，列行式的取模方式是先取上半字的 16 个字节，后取下半字的 16 个字节。

行列式首先从第 1 行开始向右取前 8 个点作为第 1 个字节、第 2 行开始向右取前 8 个点作为第 2 个字节、……、第 16 行开始向右取前 8 个点作为第 16 个字节，然后再从第 1 行开始向右取后 8 个点作为第 17 个字节、第 2 行开始向右取后 8 个点作为第 18 个字节、……、第 16 行开始向右取后 8 个点作为第 32 个字节。同样可以看出，行列式的取模方式是先取左半字的 16 个字节，后取右半字的 16 个字节。

② 取模走向有逆向和顺向，逆向是低位在前、高位在后，顺向是高位在前、低位在后。

③ 点阵格式有阴码和阳码，阴码是“1”为点亮，阳码是“0”为点亮。

3. 获取汉字字模

16 × 32 LED 点阵汉字显示采用 16 × 16 点阵、宋体、列行式、阴码、逆向、十六进制数等方式，来获取“振兴中华”4 个汉字的字模，如图 7.21 所示。

笔记栏

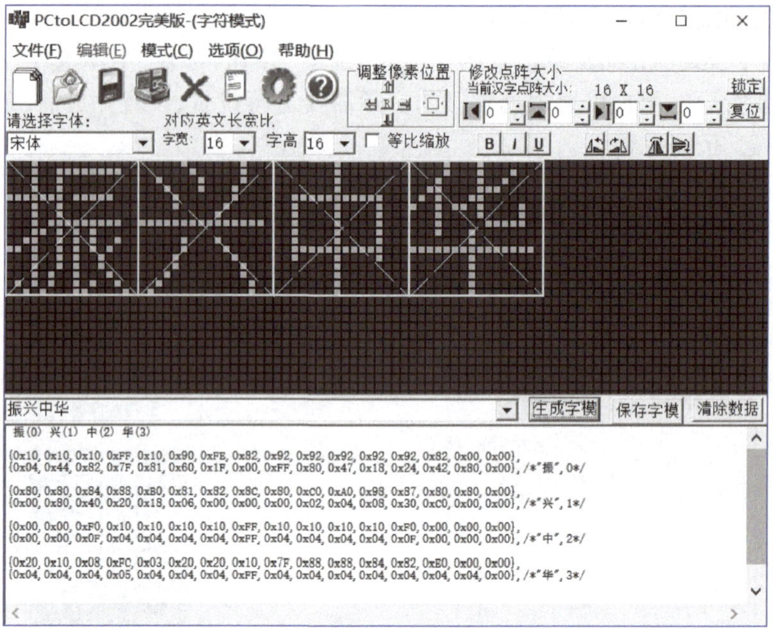

图 7.21 “振兴中华”字模获取

4 个汉字的字模具体如下：

```
"振"的字模:
{0x10,0x10,0x10,0xFF,0x10,0x90,0xFE,0x82,0x92,0x92,0x92,
0x92,0x92,0x82,0x00,0x00,
0x04,0x44,0x82,0x7F,0x81,0x60,0x1F,0x00,0xFF,0x80,0x47,
0x18,0x24,0x42,0x80,0x00},
"兴"的字模:
{0x80,0x80,0x84,0x88,0xB0,0x81,0x82,0x8C,0x80,0xC0,0xA0,
0x98,0x87,0x80,0x80,0x00,
0x00,0x80,0x40,0x20,0x18,0x06,0x00,0x00,0x00,0x02,0x04,
0x08,0x30,0xC0,0x00,0x00},
"中"的字模:
{0x00,0x00,0xF0,0x10,0x10,0x10,0x10,0xFF,0x10,0x10,0x10,
0x10,0xF0,0x00,0x00,0x00,
0x00,0x00,0x0F,0x04,0x04,0x04,0x04,0xFF,0x04,0x04,0x04,
0x04,0x0F,0x00,0x00,0x00},
"华"的字模:
{0x20,0x10,0x08,0xFC,0x03,0x20,0x20,0x10,0x7F,0x88,0x88,
0x84,0x82,0xE0,0x00,0x00,
0x04,0x04,0x04,0x05,0x04,0x04,0x04,0xFF,0x04,0x04,0x04,
0x04,0x04,0x04,0x04,0x00},
```

把字模中的十六进制数转化为二进制数，二进制数中的“1”表示点亮了

16×32 LED 点阵上相应的点，“0”表示相应的点不点亮。这样就可以在 16×32 LED 点阵上显示出需要显示的信息了。

【例 7.1】利用 AT89C52 单片机及 8×8 LED 点阵显示模块，完成 8×8 LED 点阵显示电路设计，采用逐列扫描方法，通过 C 语言程序实现用 8×8 LED 点阵循环显示 0～9。

首先设计 8×8 LED 点阵显示电路。按本例要求，8×8 LED 点阵显示电路由 AT89C52 单片机最小系统、8×8 LED 点阵显示模块、行驱动电路和列驱动电路等模块构成。

① 放入 8×8 LED 点阵显示模块。运行 Proteus 软件，新建“8×8LED”设计文件，将“MATRIX-8X8-RED”元器件放入 Proteus 文档编辑窗口中。“MATRIX-8X8-RED”是 8×8 LED 点阵显示模块，为列阴极、行阳极结构。若该元器件初始位置如图 7.22(a)所示，将其左转 90°，使其水平放置，那么此时其左边 8 个引脚是其行线，右边 8 个引脚是其列线，如图 7.22(b)所示。

② 设计行、列驱动电路。行驱动电路由 74LS245 芯片构成，74LS245 的输入端接 P2 口，输出端接 8×8 LED 点阵显示模块的 8 行。列驱动电路由 74LS138 译码器构成，74LS138 的 3 个输入端(A、B、C)接 P1 口的 P1.0、P1.1、P1.2 引脚，74LS138 的 8 个输出端(Y0～Y7)分别接 8×8 LED 点阵显示模块的 8 列。

8×8 LED 点阵显示电路如图 7.23 所示。

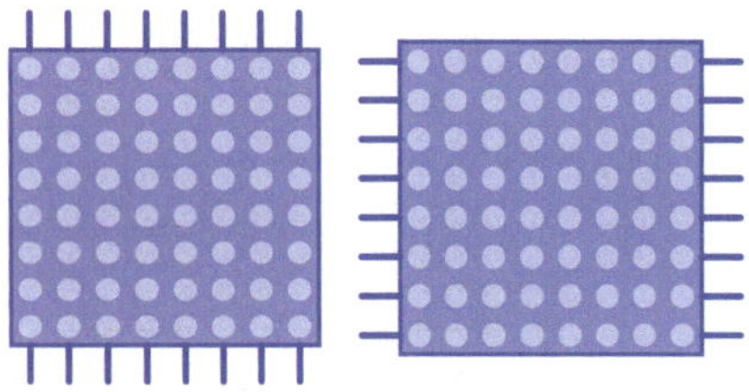

(a) 初始位置　　(b) 左转90°位置

图 7.22　8×8 LED 点阵显示模块

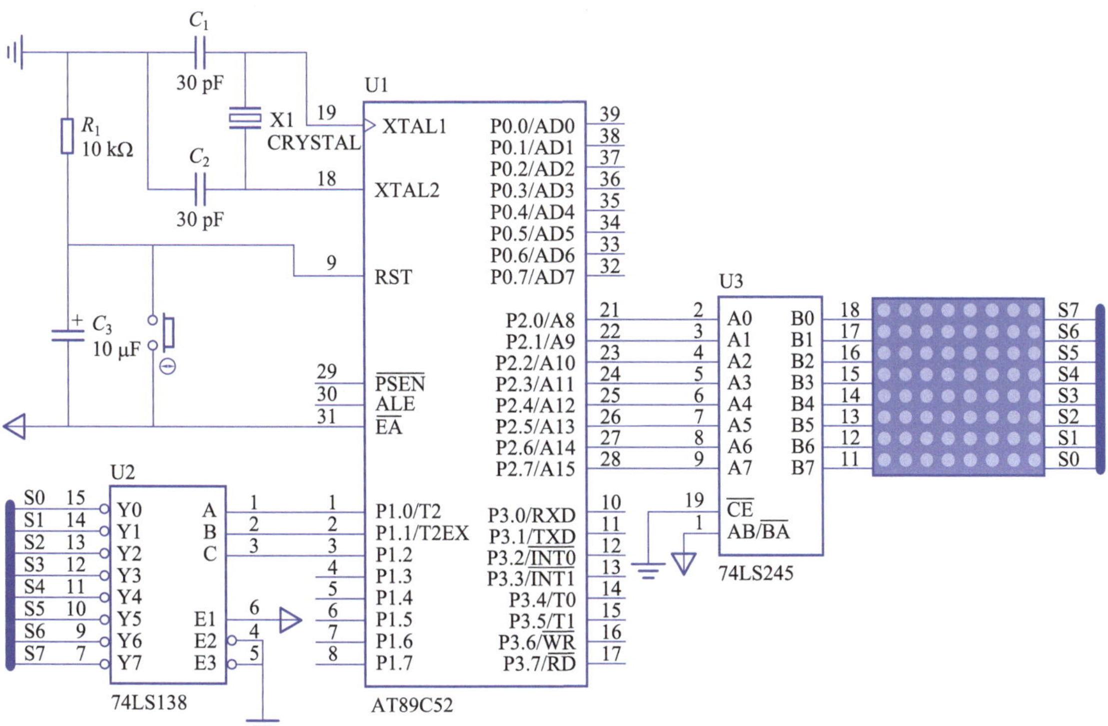

图 7.23　8×8 LED 点阵显示电路

74LS138 的 3 个输入端（A、B、C）是 3 位二进制代码，有 8 种状态，8 个输出端（Y0 ~ Y7）分别对应其中一种输入状态，输出端以低电平译出，因此又把 74LS138 称为 3 线 - 8 线译码器。另外，74LS138 的 E1、E2 和 E3 为 3 个控制输入端（又称使能端）。当 E1 为高电平，E2、E3 为低电平时，译码器处于工作状态；否则，译码器被禁止，所有输出端都被封锁在高电平上。

在这里为什么选择 74LS138 译码器呢？由于 8 × 8 LED 点阵显示模块为列阴极、行阳极结构，74LS138 译码器每次都能输出一个相应列的低电平，正好与 8 × 8 LED 点阵显示模块低电平选中列相对应，并且节省了 I/O 端口，大大方便了编程和以后的扩展。

源程序 8×8 LED 点阵循环显示 0 ~ 9

在"8 × 8LED"设计文件中，按图 7.23 所示放置并编辑各元器件，完成 8 × 8 LED 点阵显示电路的设计，并进行电气规则检查。

下面进行 8 × 8 LED 点阵显示电路的程序设计。

按本例要求，P1 口送列码，P2 口送列数据，通过逐列扫描实现用 8 × 8 LED 点阵循环显示 0 ~ 9，其程序代码如下：

```
#include <reg52.h>
#define uchar unsigned char
#define uint unsigned int
/* 声明一个二维数组，存放 0 ~ 9 这 10 个数字的字模显示数据，数字显示为 8×8*/
uint code tab[10][8]=
{
    {0x00,0x00,0x1C,0x22,0x22,0x22,0x1C,0x00},      //"0"
    {0x00,0x22,0x22,0x3E,0x20,0x20,0x00,0x00},      //"1"
    {0x00,0x22,0x32,0x32,0x2A,0x26,0x00,0x00},      //"2"
    {0x00,0x00,0x2A,0x2A,0x36,0x00,0x00,0x00},      //"3"
    {0x00,0x18,0x14,0x16,0x3E,0x10,0x00,0x00},      //"4"
    {0x00,0x00,0x2E,0x2A,0x2A,0x1A,0x00,0x00},      //"5"
    {0x00,0x00,0x1C,0x2E,0x2A,0x3A,0x00,0x00},      //"6"
    {0x00,0x02,0x22,0x1A,0x06,0x02,0x00,0x00},      //"7"
    {0x00,0x36,0x2A,0x2A,0x2A,0x36,0x00,0x00},      //"8"
    {0x00,0x24,0x2A,0x2A,0x3A,0x1C,0x00,0x00}       //"9"
};
void delay(uint t)
{
    while(t--);
}
void main(void)
{
    uchar  i,j,n;
    P2=0;
```

```
    while(1)
    {
            for(j=0;j<10;j++)       //显示 0~9
        {
                //显示屏显示刷新 150 次,保持每个数字显示一定时间
                for(n=0;n<150;n++)
                {
                for(i=0;i<8;i++)
                {
                    P2=tab[j][i]; //通过 P2 口送 i 列的列数据,
                                   即第 i 列亮、灭的数据
                    P1=i;         //通过 P1 口选通第 i 列
                    delay(40);    //保持 i 列显示一段时间
                    P2=0;         //i 列熄灭
                    delay(2);     //保持 i 列熄灭一段时间
                    }
            }
        }
        }   //End while
}           //End main()
```

用 8×8 LED 点阵循环显示 0～9 程序的实现过程如下:首先通过 P2 口送数字“0”第 0 列的列数据,即第 0 列亮、灭的数据,通过 P1 口选通第 0 列,其他列都处于熄灭状态,并保持第 0 列显示一段时间,然后熄灭一段时间;再送出下一列的列数据,然后选通下一列,使其点亮相同的时间,然后熄灭;以此类推,到最后一列之后,就可以看到数字“0”了。反复循环,就可以循环显示 0～9 数字。

在这里 8×8 LED 点阵是逐列轮流依次点亮的,由于人眼视觉暂留效应,当每列点亮的时间小到一定程度时,人就感觉不出数字的闪烁,觉得 8×8 LED 点阵一直在显示,从而达到一种稳定的视觉效果。

用 8×8 LED 点阵循环显示 0～9 的程序设计好以后,打开“8×8LED” Proteus 电路,加载“8×8LED.hex”文件,进行仿真运行,观察 8×8 LED 点阵的显示规律是否与设计要求相符。

【例 7.2】 利用 AT89C52 单片机及 8×8 LED 点阵显示模块,采用逐列扫描方法,完成能显示 2 个汉字(“中华”)的 16×32 LED 点阵显示电路设计,如图 7.24 所示。

16×32 LED 点阵显示电路由 AT89C52 单片机最小系统、16×32 LED 点阵显示模块、行驱动电路以及列驱动电路等模块组成,如图 7.25 所示。

16×32 LED 点阵显示电路的列数据由 P0 口和 P2 口发送,P1 口送列码,通过逐列扫描实现 16×32 LED 点阵汉字显示。

构建一块 16×32 LED 点阵显示模块,需要 8 个 8×8 LED 点阵显示模块。设计 16×32 LED 点阵显示模块的具体步骤如下:

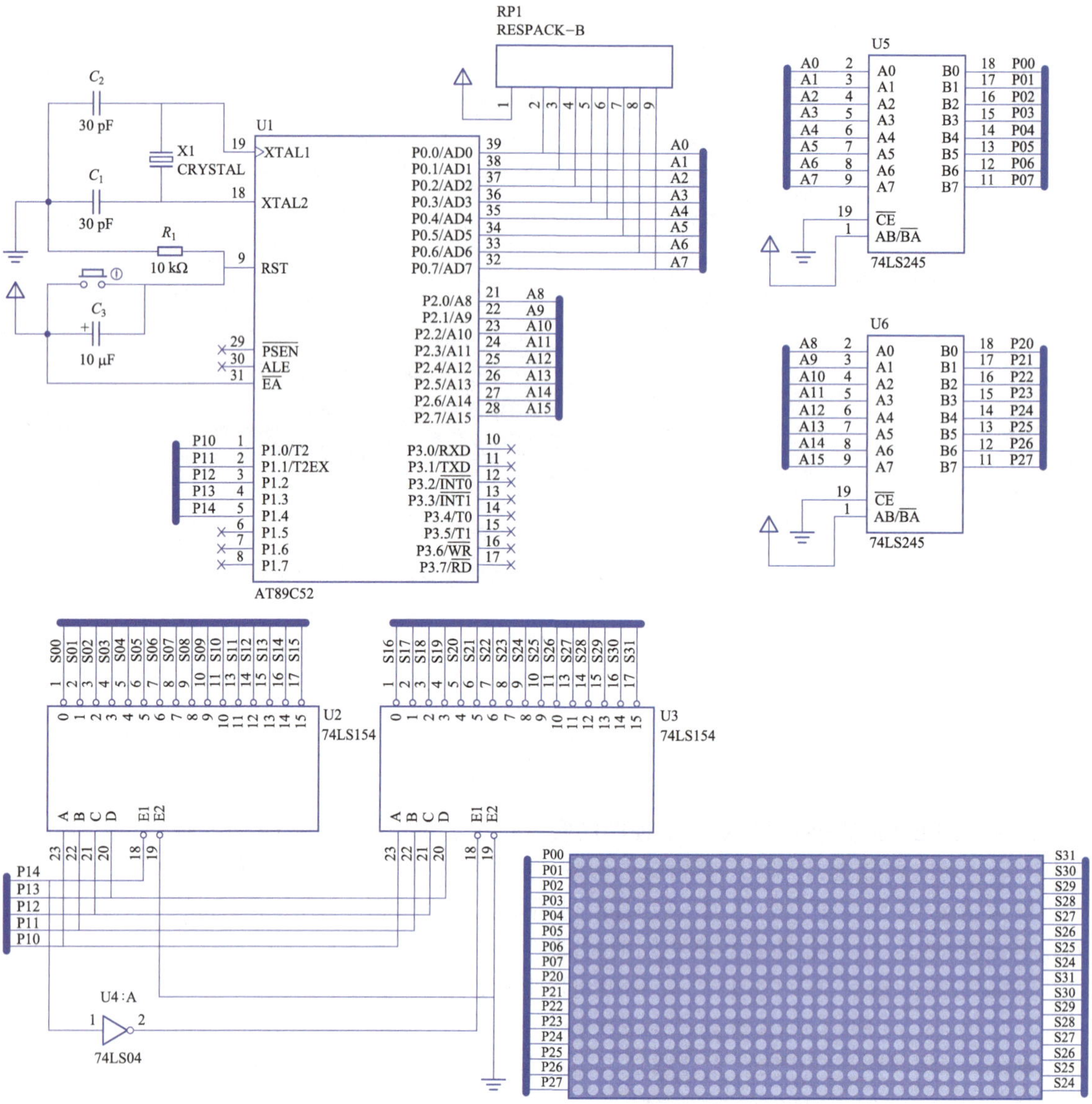

图 7.24　16×32 LED 点阵显示电路

① 把 8 个“MATRIX-8X8-RED”元器件对应的行线和列线分别进行连接，每一条行线引脚接一行 32 个 LED，每一条列线引脚接一列 16 个 LED。

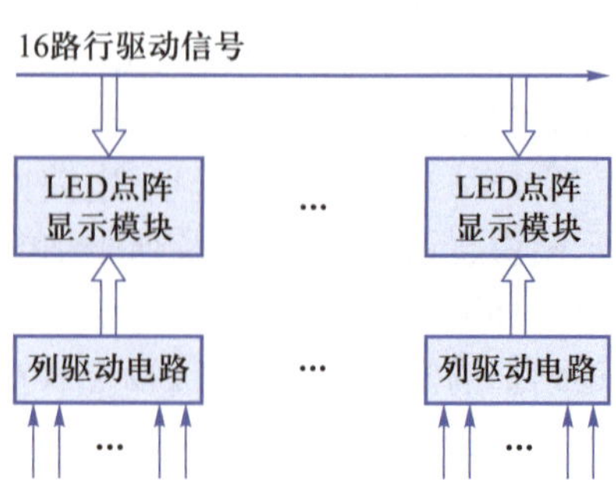

图 7.25　LED 显示系统结构

② 标注行、列引脚连线标号，相同行标注同一个连线标号，相同列标注同一个连线标号。1～8 行引脚连线标号分别为 P00～P07，9～16 行引脚连线标号分别为 P20～P27；1～32 列引脚连线标号分别为 S00～S31，如图 7.26 所示。

③ 分开的 8×8 LED 点阵显示模块并不

能达到好的显示效果，需要把 8 个 8×8 LED 点阵显示模块并拢成 16×32 LED 点阵显示模块。先选中一块 8×8 LED 点阵显示模块，拖动该模块使其与另一块 8×8 LED 点阵显示模块相并拢，原来的连线会自动隐藏。最终 16×32 LED 点阵显示模块的行线有 16 个引脚（在左侧），列线有 32 个引脚（在右侧只能看到 16 个引脚，其他 16 个引脚隐藏了），行线高电平有效，列线低电平有效，如图 7.27 所示。

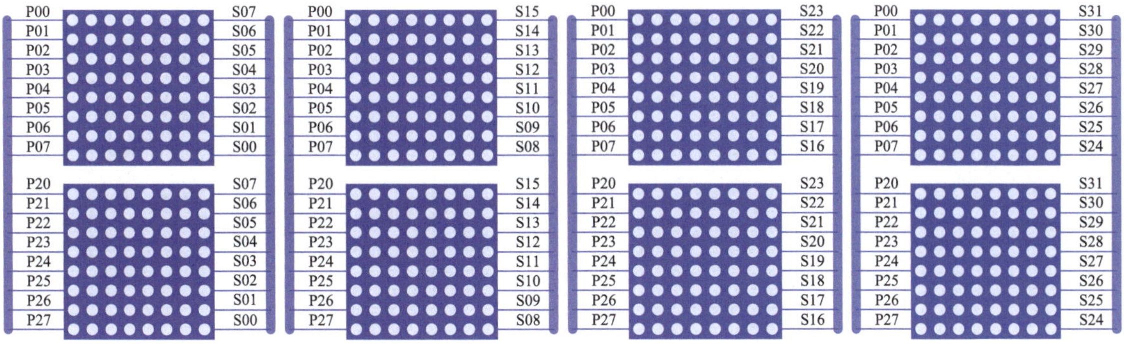

图 7.26 16×32 LED 点阵行、列引脚连线标号

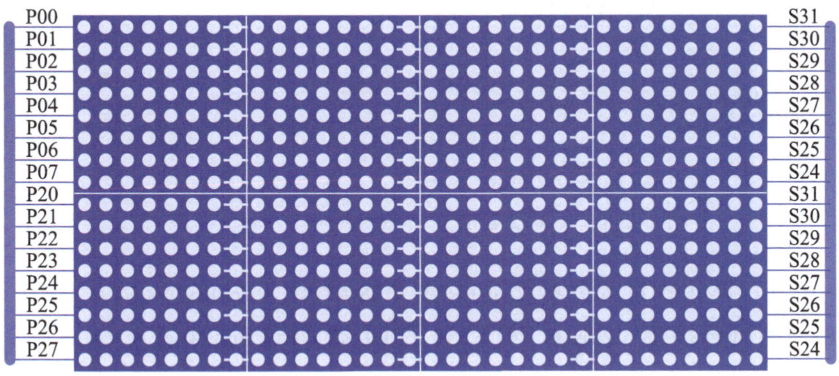

图 7.27 16×32 LED 点阵显示模块

16×32 LED 点阵显示模块的列驱动电路由两个 74LS154 译码器和一个 74LS04 反相器构成。

74LS154 译码器与 74LS138 译码器的功能基本一样，为 4 线 - 16 线译码器。其 4 个输入端（A、B、C、D）是 4 位二进制代码，有 16 种状态，16 个输出端（0～15）分别对应其中一种输入状态，输出端以低电平译出。74LS154 译码器每次可输出相应一个 I/O 端口的低电平，正好与 16×32 LED 点阵显示模块的低电平选中列相对应。74LS154 译码器的 E1 和 E2 为两个控制输入端（又称使能端）。当 E1、E2 为低电平时，译码器处于工作状态；否则，译码器被禁止，所有输出端被封锁在高电平上。

由于 16×32 LED 点阵显示模块有 32 列，而 74LS154 译码器是一个 4 线 - 16 线译码器，仅可以驱动 16×32 LED 点阵显示模块的 16 列，因此这里选择两个 74LS154 译码器来驱动 16×32 LED 点阵显示模块的 32 列，如图 7.28 所示。

图 7.28 所示电路的设计方法如下：U2 芯片 74LS154 的 4 个输入端（A、B、

C、D)接 P1 口的 P1.0、P1.1、P1.2 和 P1.3 引脚,E1 端接 P1 口的 P1.4 引脚(作为片选信号),16 个输出端(0～15)分别接 16×32 LED 点阵显示模块的前 16 列(S00～S15 列)。U3 芯片 74LS154 的 4 个输入端(A、B、C、D)接 P1 口的 P1.0、P1.1、P1.2 和 P1.3 引脚,E1 端经过 U4 芯片 74LS04 接 P1 口的 P1.4 引脚,16 个输出端(0～15)分别接 16×32 LED 点阵显示模块的后 16 列(S16～S31 列)。

笔记栏

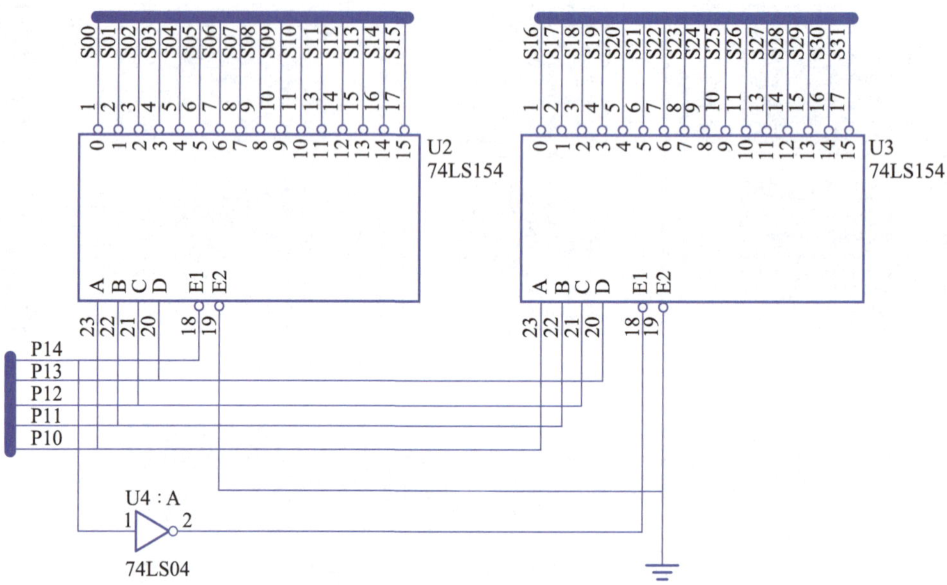

图 7.28　16×32 LED 点阵显示模块的列驱动电路

列驱动电路工作过程分析如下:在图 7.28 中,两个 74LS154 的 E2 端接地,P1 口的 P1.4 引脚直接接 U2 芯片 74LS154 的 E1 端,并通过 U4 芯片 74LS04 反相器接 U3 芯片 74LS154 的 E1 端。

当 P1.4 引脚输出低电平时,选中 U2 芯片 74LS154,驱动 16×32 LED 点阵显示模块的前 16 列;当 P1.4 引脚输出高电平时,经过 U4 芯片 74LS04 反相为低电平,选中 U3 芯片 74LS154,驱动 16×32 LED 点阵显示模块的后 16 列。这样,就可以通过 P1.0～P1.4 引脚,完成对 16×32 LED 点阵显示模块的 32 列逐列扫描控制了。

16×32 LED 点阵显示模块的行驱动电路由两个 74LS245 芯片构成,如图 7.29 所示。图中的 U5 芯片 74LS245 的 8 个输入端接 P0 口,8 个输出端接 16×32 LED 点阵显示模块的前 8 行(P00～P07 行);U6 芯片 74LS245 的 8 个输入端接 P2 口,8 个输出端接 16×32 LED 点阵显示模块的后 8 行(P20～P27 行)。

本例具体实施如下:

① 新建设计文件,设置图纸尺寸,设置网格,保存设计文件到“16×32LED”文件夹中,文件名为“16×32LED”。

② 选取 AT89C52、CRYSTAL、CAP、CAP-ELEC、RES、74LS245、BUTTON、7SEG-MPX6-CC 等元器件。

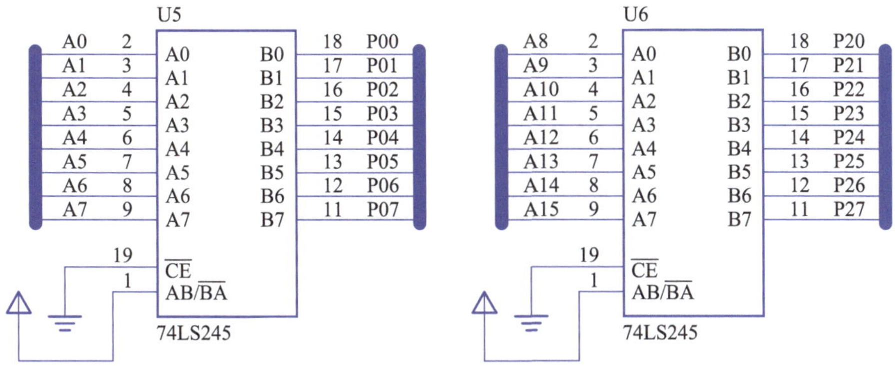

图 7.29　16×32 LED 点阵显示模块的行驱动电路

③ 放置元器件并连线。

④ 编辑元器件属性。

⑤ 单击“工具”→“电气规则检查”命令，弹出检查结果窗口，完成电气规则检查。若检查出错，根据提示修改电路图并保存，直至检查成功。

进行仿真运行时，会发现在 16×32 LED 点阵显示模块中有红绿小点不断闪烁，那是在 Proteus 中实时显示的电平信号。解决这个问题的方法是：单击“System”→“Set Animation Options”命令，打开“Anmated Circuits Configuration”对话框，取消选中“Animation Options”选项下的“Show Logic State of Pins?”复选框。设置好以后重新仿真运行，这时就不会有红绿小点闪烁了。

笔记栏

任务设计与实施

一、总体方案设计

单片机控制 8 个 8×8 LED 点阵显示器的电路主要包括驱动电路和 LED 点阵显示器，如图 7.30 所示。

图 7.30　单片机控制 LED 点阵显示器框图

二、硬件电路设计

AT89C52 单片机在外部 I/O 引脚上连接两个 74LS154 译码器、一个 74LS04 反相器、限流电阻、两个 74LS245 芯片和 8 个 8×8 LED 点阵显示模块，就构成了 LED 点阵显示器的硬件电路，其原理图如图 7.24 所示。

三、软件设计

1. 16×32 LED 点阵汉字显示

前面已经介绍了如何使用 PCtoLCD2002 提取“振兴中华”4 个汉字的字模，这里声明一个 4 行 32 列的二维数组，用来存放“振兴中华”4 个汉字的字模，代码如下：

源程序
16×32 LED 点阵汉字显示

```
uint code aFont[4][32]=
{
      /* "振",0*/
      {0x10,0x10,0x10,0xFF,0x10,0x90,0xFE,0x82,
       0x92,0x92,0x92,0x92,0x92,0x82,0x00,0x00,
       //前16个字节是"振"的上半字
       0x04,0x44,0x82,0x7F,0x81,0x60,0x1F,0x00,
       0xFF,0x80,0x47,0x18,0x24,0x42,0x80,0x00},
       //后16个字节是"振"的下半字
      /* "兴",1*/
      {0x80,0x80,0x84,0x88,0xB0,0x81,0x82,0x8C,
       0x80,0xC0,0xA0,0x98,0x87,0x80,0x80,0x00,
       0x00,0x80,0x40,0x20,0x18,0x06,0x00,0x00,
       0x00,0x02,0x04,0x08,0x30,0xC0,0x00,0x00
      },
      /* "中",2*/
      {0x00,0x00,0xF0,0x10,0x10,0x10,0x10,0xFF,
       0x10,0x10,0x10,0x10,0xF0,0x00,0x00,0x00,
       0x00,0x00,0x0F,0x04,0x04,0x04,0x04,0xFF,
       0x04,0x04,0x04,0x04,0x0F,0x00,0x00,0x00},
      /* "华",3*/
      {0x20,0x10,0x08,0xFC,0x03,0x20,0x20,0x10,
       0x7F,0x88,0x88,0x84,0x82,0xE0,0x00,0x00,
       0x04,0x04,0x04,0x05,0x04,0x04,0x04,0xFF,
       0x04,0x04,0x04,0x04,0x04,0x04,0x04,0x00}
};
```

2. 延时程序

在逐列扫描显示时，16×32 LED点阵显示汉字需要使用延时程序，其目的是要保持每列点亮一段时间和熄灭一段时间。延时时间根据形式参数t的值来决定，延时程序代码如下：

```
void delay(uint t)
{
      while(t--);
}
```

3. 分屏显示程序

显示1个汉字需要16×16 LED点阵，16×32 LED点阵可以显示2个汉字，4个汉字只能分成2屏显示，分屏显示程序代码如下：

```
/**************************************************/
/* 功    能:切换显示                              */
/* 入口参数:p 为切换显示的屏数                     /
/**************************************************/
void Leddis(uchar p)
{
    for(time=0;time<100;time++) //刷新显示 100 次,每屏保持显示一定时间
    {
            s=0;
            for(j=(p-1)*2;j<(p-1)*2+2;j++)
            {
            for(i=0;i<16;i++)
            {
                    LED_COL=s;  //逐列扫描显示
                    LED_L16=aFont[j][i];      //显示上半字
                    LED_H16=aFont[j][i+16];   //显示下半字
                    delay(40);
                    LED_L16=0;  //显示完一列,重新初始化防止重影
                    LED_H16=0;
                    delay(2);
                    s++;
            }
        }
    }
}   //End Leddis()
```

笔记栏

4. 左移显示程序

左移显示分为右进显示和左出显示两个过程。这里的左移显示每次左移 8 列,即左移半个字。

右进显示先从右边开始显示第 1 个字的前半个字,也就是从第 24 列开始显示,并保持显示一定时间,然后再左移右进 8 列显示,直至满屏显示前 2 个汉字,右进显示完成;左出显示先从第 1 个字的后半个字、第 2 个字和第 3 个字的前半个字开始显示,并保持显示一定时间,然后再左出 8 列显示,直至左出完成。

① 右进显示程序代码如下:

```
/********************************************************/
/* 功    能:右进显示(只右进显示第 1 屏)                  */
/* 入口参数:num 为一屏显示的字数,movecol 为每次右进的列数  */
/********************************************************/
void RightJ(uchar num,uchar movecol)
```

笔记栏

```
{
    start=16*num-movecol;     //计算右进显示的起始列
    while(1)
    {
            for(time=0;time<100;time++)
            {
                s=start;         //把右进显示的起始列赋给逐列扫描变量
                for(j=0;j<4;j++)
                {
                for(i=0;i<16;i++)
                {
                        LED_COL=s;
                        LED_L16=aFont[j][i];
                        LED_H16=aFont[j][i+16];
                        delay(40);
                        LED_L16=0;
                        LED_H16=0;
                        delay(2);
                        s++;
                    if(s>31) break;
                }
                if(s>31) break;
            }
        }
            if(start>0)
        {
            start-=movecol;  //每次右进显示的起始列减 movecol 列
        }
        else
        {
            break;    //如果右进显示的起始列到了第 0 列,右进显示结束
        }
    }
}
```

② 左出显示程序代码如下：

```
/****************************************************/
/*功    能:左出显示                                 */
/*入口参数:num 为左出字数,movecol 为每次左出的列数   */
```

```
/***************************************************/
void LeftC(uchar num,uchar movecol)
{
    uchar col=movecol;       //定义起始字的显示列,左出多少列
    uchar n=0;               //定义显示的起始字是从第 1 个字开始
    uchar count=0;           //统计左出次数,从 0 开始
    while(count<16*num/movecol) //判断左出显示是否完成,若已完成则退出
    {
            for(time=0;time<100;time++)
            {
            s=0;
            start=col;
            for(j=n;j<4;j++)
                {
                for(i=start;i<16;i++)
                {
                        LED_COL=s;
                        LED_L16=aFont[j][i];
                        LED_H16=aFont[j][i+16];
                        delay(40);
                        LED_L16=0;
                        LED_H16=0;
                        delay(2);
                        s++;
                    if(s>31) break;
                }
                start=0;  //第 1 个字后面的字都是从整个字开始显示
                if(s>31) break;
            }
        }
        count++;             //每次左出显示完成 count 加 1
        col+=movecol;        //累加每次左出的列数,获得下一屏左出显示起始列
        if(col==16)          //如果 col=16,下一屏是从整字的开始显示
        {
            n++;             //移出一个字了,开始移出下一个字
            col=0;
        }
    }
}
```

笔记栏

5. 电路仿真

利用 Protues 仿真软件对系统进行电路仿真，仿真结果如图 7.31 所示。

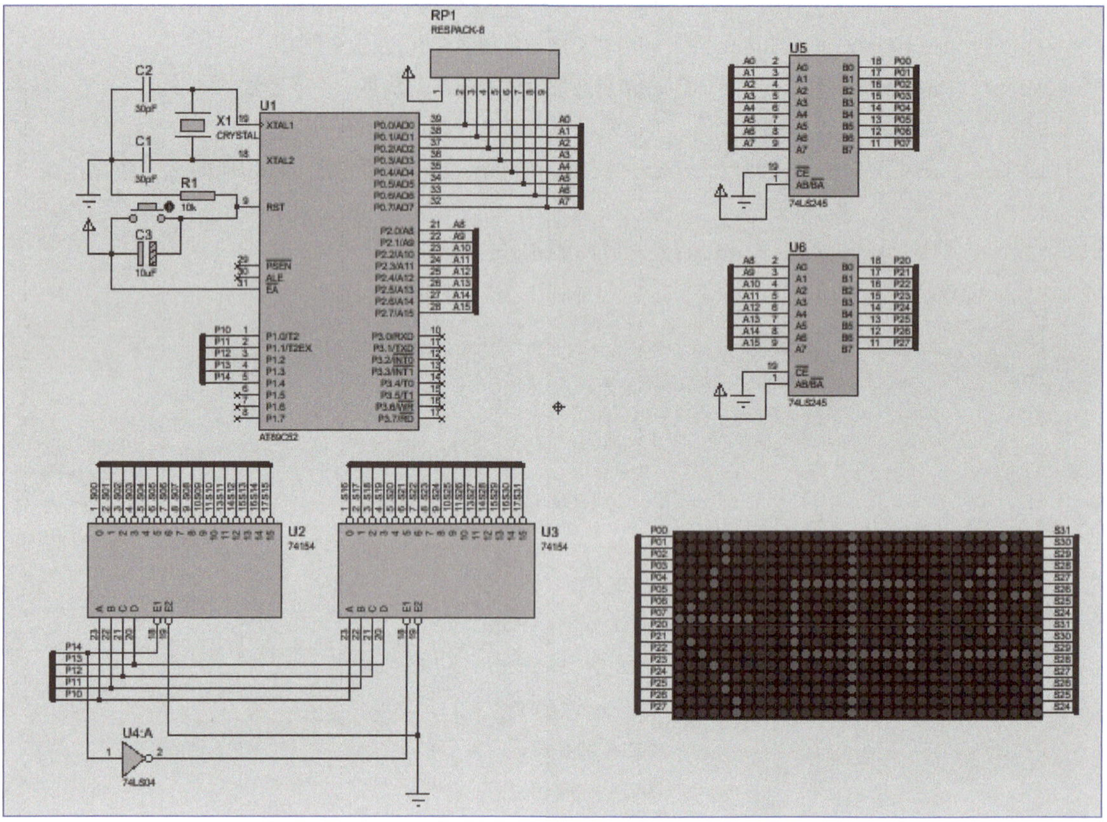

图 7.31　仿真结果

四、系统调试

1. 硬件设计

使用 Proteus 软件建立“16×32LED_MOVE”工程项目，选择合适的元器件并设置正确的参数，按照图 7.24 设计出仿真所需的电路原理图。

2. 软件调试

使用 Keil C51 软件编写并生成单片机能够运行的可执行程序文件，具体步骤如下：

① 新建“16×32LED_MOVE”工程文件，并保存在“16×32LED_MOVE”文件夹中，然后选择单片机型号为 Atmel 的 AT89C52。

② 建立并加载“16×32LED_MOVE.c”源文件，代码如下（省略了前面已经给出的代码）：

```
#include <AT89X52.H>
#define uchar unsigned char
#define uint unsigned int
```

```
#define  LED_L16  P0      //16×32 LED 点阵低 16 行接口
#define  LED_H16  P2      //16×32 LED 点阵高 16 行接口
#define  LED_COL  P1      //16×32 LED 点阵列选接口
/* 声明一个 4 行 32 列的二维数组,用来存放“振兴中华”4 个汉字的字模 */
uint code aFont[4][32]=
{
    ......// 详见本任务的“任务设计”→“三、软件设计”→“1.16×32 LED 点阵汉字显示”部分
};
uchar i,j;                    // 定义二维数组 aFont[j][i] 的下标
uchar s;                      // 定义逐列扫描变量,从 0 列到 31 列
uchar time;                   // 定义刷新显示次数变量,保持内容显示一定时间
uchar start;                  // 定义显示的起始列变量
/* 延时,t 为延时参数 */
void delay(uint t)
{
    while(t--);
}
/* 切换显示,p 为切换显示的屏数 */
void Leddis(uchar p)
{
    ......// 详见本任务的“任务设计”→“三、软件设计”→“3. 分屏显示程序”部分
}   // End Leddis()
/* 右进显示 ( 只右进显示第 1 屏 ),num 为一屏显示的字数,movecol 为每次右进的列数 */
void RightJ(uchar num,uchar movecol)
{
    ......// 详见本任务的“任务设计”→“三、软件设计”→“4. 左移显示程序”→“右进显示程序代码”部分
}
/* 左出显示,num 为左出字数,movecol 为每次左出的列数 */
void LeftC(uchar num,uchar movecol)
{
    ......// 详见本任务的“任务设计”→“三、软件设计”→“4. 左移显示程序”→“左出显示程序代码”部分
}
void main(void)
{
    LED_L16=0;
```

笔记栏

```
    LED_H16=0;
    while(1)
    {
            Leddis(1);    //显示第1屏
            Leddis(2);    //显示第2屏
            RightJ(2,8);  //右进显示2个字,每次右进8列
            LeftC(4,8);   //左出显示4个字,每次左出8列
    }   //End while
}           //End main()
```

笔记栏

③“16×32LED_MOVE”工程配置与编译。

工程配置:将“目标”标签页中的晶振频率设为 12 MHz,将“输出”标签页中的“生成 HEX 文件”选择框选中。

工程编译:工程配置后,进行“16×32LED_MOVE”工程编译。若编译发生错误,要进行分析检查,直到编译正确为止。

3. 软、硬件联调

在 Proteus 仿真软件中,运行可执行的程序文件,16×32 LED 点阵显示运行调试如下:

① 打开 16×32 LED 点阵显示仿真电路。

② 加载“16×32LED_MOVE.hex”HEX 文件。

③ 单击仿真工具栏中的“运行”按钮 ▶,令单片机全速运行程序。

观察 16×32 LED 点阵显示结果是否与任务要求一致。若运行结果与任务要求不一致,要对电路和程序进行分析检查,直至运行结果正确。

任务评价

一、任务总结

本任务在单片机最小系统的基础上,外接 8×8 LED 点阵显示器并拢实现的 16×32 LED 点阵显示器,采用逐列动态扫描的显示方式,控制列码(P1 口)和列数据(P0 口和 P2 口)的电平状态,通过点亮不同位置的 LED,从而实现“振兴中华”4 个汉字分屏显示和移动显示的任务。本任务使学习者能够掌握 LED 点阵显示模块的结构、单片机控制 LED 点阵显示的方法。本任务综合性较强,能够激发学习者对单片机智能性的探索精神。任务完成后需撰写设计报告。

二、任务评价表

本任务的评价指标及评价内容见表 7.10 ~ 表 7.15。

表 7.10　总 评 成 绩

<table>
<tr><td colspan="9">总评成绩</td></tr>
<tr><td>项目名称</td><td colspan="4"></td><td>任务名称</td><td colspan="3"></td></tr>
<tr><td>班级</td><td colspan="4"></td><td>日期</td><td colspan="3"></td></tr>
<tr><td rowspan="2">姓名</td><td rowspan="2">学号</td><td rowspan="2">组号</td><td rowspan="2">自我评价10%</td><td rowspan="2">小组互评10%</td><td colspan="3">教师评价</td><td rowspan="2">总评成绩</td></tr>
<tr><td>仿真操作30%</td><td>作品制作与调试排故30%</td><td>设计报告20%</td></tr>
<tr><td></td><td></td><td></td><td></td><td></td><td></td><td></td><td></td><td></td></tr>
</table>

笔记栏

表 7.11　自 我 评 价

<table>
<tr><td colspan="8">自我评价</td></tr>
<tr><td>项目名称</td><td colspan="3"></td><td>任务名称</td><td colspan="3"></td></tr>
<tr><td>班级</td><td colspan="3"></td><td>日期</td><td colspan="3"></td></tr>
<tr><td>姓名</td><td></td><td>学号</td><td></td><td>组号</td><td></td><td>组长</td><td></td></tr>
<tr><td>序号</td><td colspan="3">评价项目</td><td>分值</td><td colspan="3">得分</td></tr>
<tr><td>1</td><td colspan="3">参与查阅资料</td><td>5 分</td><td colspan="3"></td></tr>
<tr><td>2</td><td colspan="3">参与同组成员间的交流沟通</td><td>5 分</td><td colspan="3"></td></tr>
<tr><td>3</td><td colspan="3">参与设计程序</td><td>10 分</td><td colspan="3"></td></tr>
<tr><td>4</td><td colspan="3">参与设计仿真电路</td><td>15 分</td><td colspan="3"></td></tr>
<tr><td>5</td><td colspan="3">参与实物制作</td><td>15 分</td><td colspan="3"></td></tr>
<tr><td>6</td><td colspan="3">参与作品调试</td><td>15 分</td><td colspan="3"></td></tr>
<tr><td>7</td><td colspan="3">参与作品汇报</td><td>10 分</td><td colspan="3"></td></tr>
<tr><td>8</td><td colspan="3">撰写作品设计报告</td><td>10 分</td><td colspan="3"></td></tr>
<tr><td>9</td><td colspan="3">课程结束操作台干净</td><td>5 分</td><td colspan="3"></td></tr>
<tr><td>10</td><td colspan="3">课程结束计算机关闭</td><td>5 分</td><td colspan="3"></td></tr>
<tr><td>11</td><td colspan="3">参与交流区讨论、答疑</td><td>5 分</td><td colspan="3"></td></tr>
<tr><td>总分</td><td colspan="7"></td></tr>
</table>

表 7.12　小 组 互 评

<table>
<tr><td colspan="8">小组互评</td></tr>
<tr><td>项目名称</td><td colspan="3"></td><td colspan="2">任务名称</td><td colspan="2"></td></tr>
<tr><td>班级</td><td colspan="3"></td><td colspan="2">日期</td><td colspan="2"></td></tr>
<tr><td>被评人姓名</td><td></td><td>被评人学号</td><td></td><td>被评人组号</td><td></td><td>评价人姓名</td><td></td></tr>
<tr><td>序号</td><td colspan="4">评价项目</td><td>分值</td><td colspan="2">得分</td></tr>
<tr><td>1</td><td colspan="4">前期资料准备完备</td><td>10 分</td><td colspan="2"></td></tr>
<tr><td>2</td><td colspan="4">程序设计正确</td><td>20 分</td><td colspan="2"></td></tr>
<tr><td>3</td><td colspan="4">仿真电路显示正确</td><td>20 分</td><td colspan="2"></td></tr>
<tr><td>4</td><td colspan="4">实物制作实现功能正确</td><td>20 分</td><td colspan="2"></td></tr>
<tr><td>5</td><td colspan="4">心得体会汇总丰富翔实</td><td>10 分</td><td colspan="2"></td></tr>
<tr><td>6</td><td colspan="4">积极参与平台上的讨论、答疑</td><td>10 分</td><td colspan="2"></td></tr>
<tr><td>7</td><td colspan="4">积极对遇到困难的小组给予帮助与技术支持</td><td>10 分</td><td colspan="2"></td></tr>
<tr><td>总分</td><td colspan="7"></td></tr>
</table>

笔记栏

表 7.13　仿真操作(教师评价)

仿真操作					
项目名称			任务名称		
班级			日期		
姓名		学号		组号	
序号	评价项目			每处错误扣分值	得分
1	Keil C51 程序编写	语法		3 分	
		逻辑		5 分	
2	Proteus 仿真电路	元器件使用		5 分	
		元器件参数		3 分	
		接线		4 分	
总分					

表 7.14　作品制作与调试排故(教师评价)

作品制作与调试排故					
项目名称			任务名称		
班级			日期		
姓名		学号		组号	
序号	评价项目			分值	得分
1	调试流程合理可行			10 分	
2	实物调试	能选择合适调试设备		5 分	
		完成故障排查		10 分	
		实现效果与设计方案一致		20 分	
	故障排除	故障原因排查得当		15 分	
		故障解决方法得当		15 分	
3	仪器使用完毕后归放整齐有序			5 分	
4	完成调试记录单			10 分	
5	课程结束操作台干净			5 分	
6	课程结束计算机关闭			5 分	
总分					

表 7.15　设计报告(教师评价)

设计报告					
项目名称			任务名称		
班级			日期		
姓名		学号		组号	
序号	评价项目			分值	得分
1	设计方案描述准确			20 分	
2	元器件选用正确合理			20 分	
3	仿真效果正确可行			20 分	
4	调试方法得当有效			20 分	
5	报告排版设计美观大方			20 分	
总分					

知识拓展

8×8 LED 点阵显示模块行、列检测的方法，是在点阵显示模块的左边引脚接 V_{CC}，右边引脚接 GND，运行仿真，看点阵是不是能点亮，如果不点亮就调换 V_{CC} 和 GND，这样就能检测出点阵显示模块的行和列以及共阴或共阳等引脚信息，如图 7.32 所示。

笔记栏

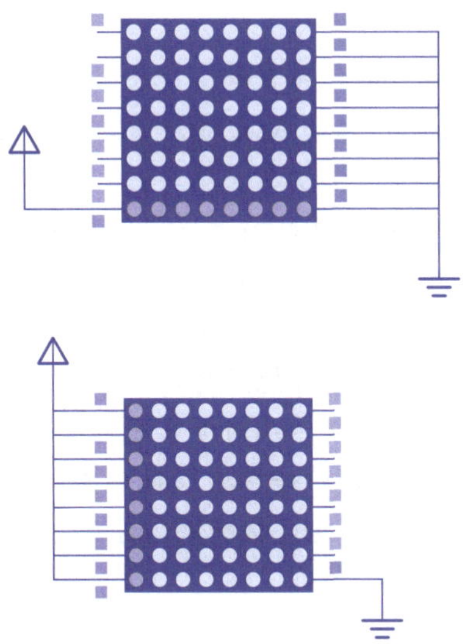

图 7.32 8×8 LED 点阵显示模块行、列检测

课后训练

用 AT89C52 单片机及 8×8 LED 点阵显示模块，列驱动采用 74LS595 芯片，行驱动采用 74LS154 芯片，通过逐行扫描方式实现 16×32 LED 点阵显示设计，显示 4 个汉字“大国工匠”。用 Keil C51、Proteus 开发工具实现此 16×32 LED 点阵显示的设计、运行及调试。

“芯”发展

将所有成像技术集成在单个成像芯片上

近年来，数字化的高速发展催生了计算光学这一交叉学科，为先进成像系统设计提供了新的思路。

早在2021年，清华大学自动化系戴琼海院士领导的成像与智能实验技术实验室研究团队发表于《细胞》期刊上的成果，就首次提出了数字自适应光学的概念，为解决空间非一致的光学像差提供了新思路。

在后续的研究成果中，该研究团队将所有成像技术集成在单个成像芯片上，使之能广泛应用于几乎所有的成像场景，而不需要对现有成像系统做额外改造，并建立了波动光学范畴下的数字自适应光学架构，通过对复杂光场的高维超精细感知与融合，在具备极大灵活性的同时，又能保持前所未有的成像精度。

戴琼海说：“这一优势使得在数字端对复杂光场的操控能够媲美物理世界的模拟调制，就好像人们真正能够在数字世界搬移每一条光线一样，将感知与校正的过程完全解耦开来，从而同时实现不同区域的高性能像差校正。”

（资料来源：光明日报）

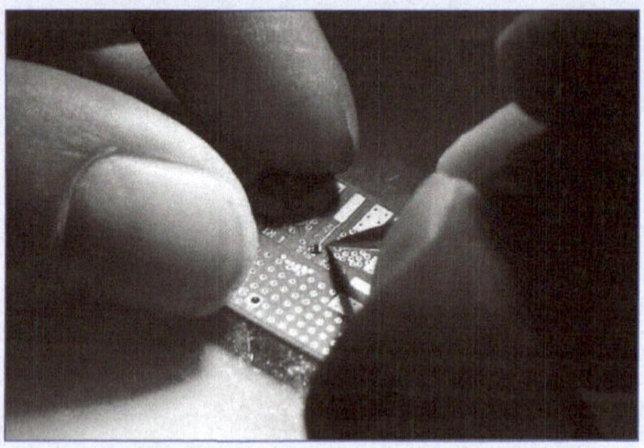

参考文献

[1] 郭增富. 单片机应用技术 [M]. 武汉：华中科技大学出版社，2017.

[2] 张毅刚. 单片机原理及接口技术（C51 编程）[M]. 北京：人民邮电出版社，2020.

[3] 王静霞. 单片机基础与应用（C 语言版）[M]. 2 版. 北京：高等教育出版社，2019.

[4] 刘丽. STC 单片机项目实例教程 [M]. 武汉：华中科技大学出版社，2019.

[5] 彭伟. 单片机 C 语言程序设计实训 100 例——基于 STC8051+Proteus 仿真与实战 [M]. 北京：电子工业出版社，2022.

● 体系化设计 ● 模块化课程
● 项目化资源

高等职业教育 智能制造专业群 新专业教学标准课程体系

机械设计方向专业

机械设计与制造 / 机械制造及自动化 / 数字化设计与制造技术 / 增材制造技术

机械制造工艺
机械 CAD/CAM 应用
工装夹具选型与设计
生产线数字化仿真技术
产品数字化设计与仿真

增材制造技术
产品逆向设计与仿真
增材制造设备及应用
增材制造工艺制订与实施

自动化方向专业

机电一体化技术 / 电气自动化技术 / 智能机电技术

机械产品数字化设计
可编程控制器技术
机电设备故障诊断与维修
电机与电气控制
自动控制原理

机电设备装配与调试
运动控制技术
自动化生产线安装与调试
工厂供配电技术
工业网络与组态技术

专业群平台课

机械制图与计算机绘图
机械设计基础
公差配合与测量技术
液压与气压传动
工程力学
工程材料及热成形工艺

电工电子技术
电气制图及 CAD
智能制造概论
工业机器人技术基础
单片机应用技术
传感器与检测技术
金工实习

机器人方向专业

工业机器人技术
智能机器人技术

工业机器人现场编程
智能视觉技术应用
工业机器人应用系统集成
协作机器人技术应用

工业机器人离线编程与仿真
数字孪生与虚拟调试技术应用
工业机器人系统智能运维

数控模具方向专业

数控技术
模具设计与制造

数控机床故障诊断与维修
数控加工工艺与编程
多轴加工技术
智能制造单元生产与管理

冲压工艺与模具设计
注塑成型工艺与模具设计
注塑模具数字化设计与智能制造

工业网络方向专业

工业互联网应用
智能控制技术

制造执行系统应用（MES）
工业网络技术
工业数据采集与可视化
工业互联网平台应用

工业互联网基础
工业互联网标识解析技术应用
工业 App 开发